普通高等教育"十三五"规划教材

基于 S3C2440 的嵌入式 WinCE 开发与实践

董 辉 主编

黄 胜 仲晓帆 吴 祥 编

电子工业出版社
Publishing House of Electronics Industry
北京·BEIJING

内 容 简 介

本书基于 ARM9 各模块的嵌入式开发，以及 ARM9 的嵌入式操作系统 Windows CE 的系统定制、驱动开发与应用程序开发，主要介绍 S3C2440 芯片各模块的功能及相对应的寄存器，以及在 Windows CE 下的应用，并给出实例程序代码来具体演示其实现过程。本书共 13 章，主要内容包括：嵌入式系统概述、WinCE 平台构建、WinCE 应用程序开发、时钟与定时器程序设计、GPIO 接口与 UART 串口应用、存储器接口设计与 WinCE BootLoader、中断系统、ADC 与触摸屏接口、LCD 程序设计、DMA 控制器介绍与应用、SD 存储卡、WinCE 5.0 驱动编写、WinCE 聊天程序和文件收发程序设计等。本书提供了大量实用案例，配套电子课件、程序代码和习题答案。

本书对于初学者、嵌入式工程师来说，是一本难得的好书，也可作为高等学校工科电类专业相关课程的教材。

未经许可，不得以任何方式复制或抄袭本书之部分或全部内容。
版权所有，侵权必究。

图书在版编目（CIP）数据

基于 S3C2440 的嵌入式 WinCE 开发与实践 / 董辉主编. — 北京：电子工业出版社，2017.8
ISBN 978-7-121-32244-0

Ⅰ.①基… Ⅱ.①董… Ⅲ.①微控制器 Ⅳ.①TP332.3

中国版本图书馆 CIP 数据核字（2017）第 171277 号

策划编辑：王羽佳
责任编辑：王羽佳　　　文字编辑：陈晓莉
印　　刷：北京虎彩文化传播有限公司
装　　订：北京虎彩文化传播有限公司
出版发行：电子工业出版社
　　　　　北京市海淀区万寿路 173 信箱　　邮编：100036
开　　本：787×1092　1/16　印张：20.25　字数：600 千字
版　　次：2017 年 8 月第 1 版
印　　次：2018 年 7 月第 2 次印刷
定　　价：55.00 元

前　言

科技飞速发展的今天，嵌入式系统的发展也越来越快，生活上和工业上的应用也越来越多。嵌入式系统一般定义为以应用为中心，以计算机技术为基础，软硬件可裁剪，适应应用系统对功能、可靠性、成本、体积、和功耗严格要求的专用计算机系统。

本书主要讲解三星公司推出的 S3C2440 芯片各模块的程序设计和 Windows CE 嵌入式操作系统的定制、驱动编写及应用程序开发。S3C2440 是以 ARM920T 为内核的处理器。由于其性能强大，S3C2440 在工业和生活中得到了广泛的应用。由于 S3C2440 中含有 MMU，因此它可以运行 Windows CE 和 Linux 等大型操作系统。当然它也可以用在没有操作系统的嵌入式领域。

本书首先介绍 S3C2440 的各功能模块及主要性能特点，然后分章详细剖析 S3C2440 的主要的硬件模块的原理和程序设计。本书深入底层，从寄存器的开始讲解各功能模块，一步步引导读者学习 ARM9 的程序开发。让读者彻底理解 S3C2440 的底层技术开发和原理，为后面的裸机开发及操作系统的驱动开发打下坚实的基础。本书的后 4 章内容主要讲解 Windows CE 操作系统的系统定制、驱动编写及应用程序开发。

本书结构安排

本书包括 13 章。各章的具体内容如下：

第 1 章简要介绍嵌入式系统及 S3C2440。比较详细地介绍主要的嵌入式操作系统，以及各操作系统的特点，最后介绍 S3C2440 所拥有的硬件资源。

第 2 章主要讲解 Windows CE 的平台构建。首先详细介绍 Platform Builder 的安装，以及使用 Platform Builder 定制 Windows CE 操作系统，并通过以太网下载操作系统；然后讲解 SDK 的输出的 Windows CE 模拟器的使用；最后讲解 Windows CE 的 Stepldr 和 Eboot 移植。

第 3 章主要介绍如何使用 Visual Studio 2005 进行 Wince5.0 应用程序开发。首先，通过测试实验简单介绍应用程序编程步骤，包括控件编程、进程编程、多线程编程、读写文件及访问注册表等；然后，通过几个基本接口实验（如 PWM 波实验）介绍基于 S3C2440A 的 Wince5.0 应用程序的开发过程。

第 4 章主要介绍时钟与定时器程序设计。首先介绍 S3C2440A 的时钟结构、振荡器、锁相环、时钟控制逻辑、慢速模式和寄存器；然后分别介绍实时时钟 CPU 定时器模块及实时时钟 RTC；最后通过实验重点学习 S3C2440A 时钟模块的应用，以及在 Windows CE 下的程序设计。

第 5 章主要讲解 S3C2440 的 GPIO 接口设计，以及 UART 串口通信程序设计。首先，详细介绍 GPIO 和 UART 模块的寄存器功能，一步步演示如何使用 ADS 新建一个新的工程，并给出 GPIO 和 UART 模块的实验，使读者有一个整体的理解；然后，演示在 Windows CE 下的程序设计。

第 6 章主要讲解 S3C2440A 的存储器接口。讲解半导体存储器的分类及工作原理、SDRAM 内存管理、NAND Flash 控制器接口等，并通过实验具体介绍存储器接口设计方法。

第 7 章主要讲解 S3C2440 的中断模块。详细分析 S3C2440 的中断处理过程，以及 S3C2440 中与中断有关的寄存器。通过一个具体实验介绍中断系统的程序设计方法。

第 8 章主要讲解 S3C2440 的 ADC 模块及触摸屏接口。首先，详细讲解触摸屏的原理及 ADC 模块的寄存器；然后，通过实验讲解触摸屏接口程序的设计方法。

第 9 章主要讲解 S3C2440 的 LCD 程序设计。从 LCD 最基本的概念，再到原理，最后通过具体实验来全面介绍 LCD 的裸机开发及 Windows CE 下的程序开发。

第 10 章主要讲解 S3C2440 的 DMA 模块。通过介绍 S3C2440A 的 DMA 控制器和 DMA 实验引导读者理解和运用 DMA。

第 11 章主要讲解 S3C2440 的 SD 卡程序设计。首先介绍 SD 卡的基本概念包括发展历史、物理特性等；然后讲解 SD 协议的总线拓扑和 SD 协议的基本内容；接下来介绍 S3C2440A 的 SD/MMC 控制器的结构和基本特性；最后展示 SD 模块的基本编程和测试实例。

第 12 章主要讲解 Windows CE 的驱动开发。首先讲解 Wince 的驱动模型；然后着重讲解流接口驱动的开发方式，并详细分析 GPIO 流接口驱动实验、驱动的动态加载与卸载实验，以及中断流驱动实验。

第 13 章主要通过一个大型实验程序讲解如何在局域网中如何实现 Windows CE 聊天程序和文件传输程序设计。

教辅提供

本书提供配套电子课件、程序代码和习题参考答案，请登录华信教育资源网（http://www.hxedu.com.cn）免费注册下载。

本书读者对象

- ARM9 开发入门者
- Windows CE 开发入门者
- 高等学校电子信息工程、计算机、自动化专业学生
- 嵌入式开发学习和研究的研究生
- 嵌入式程序员

编写分工与感谢

本书由董辉、黄胜、仲晓帆编著，参加本书编写的还有吴祥。
由于编著者水平有限，书中错误在所难免，希望读者批评指正。

作 者
2017 年 8 月

目　录

第 1 章　嵌入式系统概述

在科技高速发展的今天，几乎随处可见嵌入式设备，嵌入式系统已经全面渗入我们的日常生活中，如便携式、嵌入式终端产品：MP3、MP4、PDA、手机、数码相机、GPS 导航等，大型的嵌入式设备如车载电子、智能家电等。如今，人们的生活几乎离不开嵌入式系统，它带给了我们许多人性化的便捷服务，使得我们的生活和工作更加高效。本章将讲述嵌入式系统基本概念、系统组成，介绍几种主流的嵌入式操作系统，以及本书后续内容涉及的三星 S3C2440 嵌入式微处理器的硬件资源、编程模型和 ARM 指令集，最后介绍了本文中所使用开发板的硬件结构。

1.1　嵌入式系统基本概念

嵌入式系统（Embedded system）是一种为特定应用而设计的专用计算机系统，英国电器工程师协会（U.K. Institution of Electrical Engineer）定义嵌入式系统是控制、监视或者辅助设备、机器和车间运行的装置。目前国内普遍认为嵌入式系统是以应用为中心、以计算机技术为基础，软硬件可裁剪，应用系统对功能、成本、体积、功耗、可靠性严格要求的专用计算机系统。

我们可以这样认为，嵌入式系统是一种专用的计算机系统，作为装置或设备的一部分。与通用的个人计算机（PC）系统不同，嵌入式系统通常执行的是带有特定要求的预先定义的任务。由于嵌入式系统只针对一项特殊的任务，设计人员能够对它进行优化，减小系统尺寸，从而降低生产成本。通过以下嵌入式系统的特点，我们可以更系统地了解嵌入式系统的基本概念：

（1）系统内核小。由于嵌入式系统一般资源相对有限，因此系统内核普遍都很小。比如 Enea 公司的 OSE 分布式系统，内核只有 5KB。

（2）专用性强。嵌入式系统的个性化很强，其中的软件系统和硬件的结合非常紧密，应用于不同硬件的嵌入式操作系统一般要针对硬件进行系统的移植。

（3）系统精简。嵌入式系统一般没有系统软件和应用软件的明显区分，功能设计及实现上无需过于复杂，这样既利于控制系统成本，也实现了系统安全。

（4）高实时性。嵌入式软件要求固态存储，代码要求高质量和高可靠性，以提高速度和保证高实时性。

（5）嵌入式系统开发需要开发工具和环境。嵌入式系统本身不具备自主开发能力，开发者必须通过一套开发工具和环境才能对嵌入式系统进行开发。

（6）多任务的操作系统。区别于普通单片机系统，为了合理地调度多个任务，利用系统资源、系统函数以及专家库函数接口，用户必须自行配置实时操作系统（Real-Time Operating System，RTOS）开发平台，这样才能保证程序执行的实时性、可靠性，并减少开发时间，保证软件质量。

实际上，凡是与产品结合在一起的、具有嵌入式特点的控制系统都可以称为嵌入式系统，一个手持的 MP3 和一个 PC104 的微型工业控制计算机都可以认为是嵌入式系统，因此有时很难给它下一个准确的定义。总之，嵌入式系统是采用"量体裁衣"的方式把所需要的功能嵌入到各种应用系统中。

1.2　嵌入式系统组成

嵌入式系统是由嵌入式处理器、存储器等硬件系统和嵌入式操作系统、应用程序等软件系统组成，如图 1.2.1 所示。

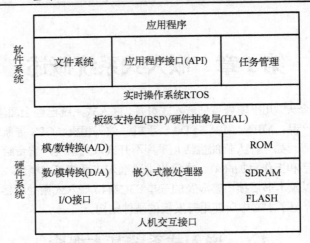

图 1.2.1　嵌入式系统组成结构

1．嵌入式硬件系统

嵌入式系统的硬件系统包括嵌入式微处理器、存储器（SDRAM、ROM、Flash 等）、通用设备接口及 I/O 接口。以嵌入式微处理器为核心，配置必要的外围接口部件，如电源电路、时钟电路和存储器电路等，就构成了一个嵌入式核心控制模块。

1）嵌入式微处理器

嵌入式微处理器与通用 CPU 最大的区别在于嵌入式微处理器大多工作在为特定用户群所专门设计的系统中，它将通用 CPU 许多由板卡完成的任务集成在芯片内部，从而有利于嵌入式系统在设计时趋于小型化，同时还具有很高的效率和可靠性。

嵌入式微处理器的体系结构可以采用冯·诺依曼体系或哈佛体系结构，指令系统可以选用精简指令系统（Reduced Instruction Set Computer，RISC）或复杂指令系统（Complex Instruction Set Computer，CISC）。嵌入式微处理器有各种不同的体系，即使在同一体系中也可能具有不同的时钟频率和数据总线宽度，或集成了不同的外设和接口。目前，市场上主流的体系有 ARM、MIPS、PowerPC、X86 和 SH 等，但与全球 PC 市场不同的是，没有一种嵌入式微处理器可以主导市场。仅以 32 位的微处理器产品而言，就有 100 种以上，用户可以根据具体的应用决定选择不同的嵌入式微处理器。

为提高嵌入式系统的实时性和高可靠性，同时满足体积、功耗及成本要求，在嵌入式系统设计中，应尽可能选择适用于系统功能接口的 SoC 芯片，以最少的外围部件构成一个应用系统。

2）存储器

嵌入式系统需要存储器来存放和执行代码。嵌入式系统的存储器包含 Cache、主存储器和辅助存储器。

Cache 是一种容量小、速度快的存储器阵列。它位于主存和嵌入式微处理器内核之间，全部功能由硬件实现。Cache 存放的是最近一段时间微处理器使用最多的程序代码和数据，可分为数据 Cache、指令 Cache 或混合 Cache，在需要进行数据读取操作时，微处理器尽可能从 Cache 中读取数据，而不是从主存中读取，这样就大大改善了系统的性能，提高了微处理器和主存之间的数据传输速率。Cache 的大小因不同处理器而定，一般中高档的嵌入式微处理器才会把 Cache 集成进去。

主存是嵌入式微处理器能直接访问的寄存器，用来存放系统和用户的程序及数据。它可以位于微处理器的内部或外部，其容量为 256KB～1GB，根据具体的应用而定。一般片内存储器容量小，速度快，片外存储器容量大。常用作主存的存储器有：NOR Flash、EPROM 和 PROM 等只读存储器（Read-Only Memory），以及 SRAM、DRAM 和 SDRAM 等随机存储器（Random Access Memory）。其中 NOR Flash 凭借其可擦写次数多、存储速度快、存储容量大、价格便宜等优点，在嵌入式领域内得到了广泛应用。

辅助存储器用来存放大数据量的程序代码或信息，它的容量大但读取速度比主存慢很多，常用来长期保存用户的信息。嵌入式系统中常用的外存有：硬盘、NAND Flash、CF 卡、MMC 和 SD 卡等。

　　3）通用设备接口及 I/O 接口

嵌入式系统通过通用设备接口及 I/O 接口与外界实现一定形式的交互，外设再通过与片外其他设备或传感器的连接来实现微处理器的输入/输出功能。目前嵌入式系统中常用的通用设备接口有 A/D（模/数转换接口）、D/A（数/模转换接口），I/O 接口有 UART（串行通信接口）、Ethernet（以太网接口）、USB（通用串行总线接口）、音频接口、VGA 视频输出接口、I^2C（现场总线）、SPI（串行外围设备接口）和 IrDA（红外线接口）等。这些也是我们设计嵌入式系统时经常会涉及的接口。

2．嵌入式软件系统

嵌入式系统软件一般可分为 4 个部分：设备驱动、实时操作系统（RTOS）、应用程序接口（API）及应用程序。也有些书籍将应用程序接口归属于实时操作系统。

　　1）设备驱动

驱动是嵌入式系统中不可缺少的重要部分，使用任何外设都需要有相应驱动程序的支持，它为上层软件提供了控制设备的接口。上层软件不用理会设备的具体内部操作，只需调用驱动程序提供的接口即可。驱动程序一般包括硬件抽象层 HAL、板极支持包 BSP 和设备驱动程序。

　　2）实时操作系统（RTOS）

嵌入式实时操作系统是一种用途广泛的系统软件，具有通用操作系统的基本特点，如负责嵌入式系统的全部软硬件资源的分配、任务调度及控制、协调并发活动；同时，它必须体现其所在嵌入式系统的特征，如能够通过装卸某些模块来达到系统所要求的功能，再通过内核映像的形式下载到目标系统中。内核中通常必需的基本部件是进程调度、进程间通信及内存管理；其他部件如文件系统、驱动程序、网络协议等都可根据用户要求进行配置。

较之通用操作系统，嵌入式操作系统在系统实时高效性、硬件的相关依赖性、软件固化以及应用的专用性等方面具有较突出的特点。在下节中将具体介绍几种常用的嵌入式操作系统。

　　3）应用程序接口（API）

应用程序接口（Application Programming Interface，API）是一些预先定义的函数，目的是提供应用程序与开发人员基于某软件或硬件访问一组例程的能力，而又无需访问源码，或理解内部工作机制的细节。嵌入式操作系统下的 API 和一般操作系统下的 API 在功能、含义及知识体系上完全一致。可这样理解 API：在计算机系统中有很多可通过硬件或外部设备去执行的功能，这些功能的执行可通过计算机操作系统或硬件预留的标准指令调用，而软件人员在编写应用程序时，就不需要为每种可通过硬件或外设执行的功能重新编写程序，只需按系统或某些硬件事先提供的 API 调用即可完成功能的执行。因此在操作系统中提供标准的 API 函数，可加快用户应用程序的开发，统一应用程序的开发标准，也为操作系统版本的升级带来了方便。在 API 函数中，提供了大量的常用模块，可大大简化用户应用程序的编写。

　　4）嵌入式系统应用程序

嵌入式应用软件是基于特定的硬件平台开发的，直接为终端用户完成某些特定功能所设计的程序。开发者主要通过调用系统的 API 函数对系统进行操作，完成应用功能的开发。在用户的应用程序中，也可创建用户自己的任务，任务之间的协调主要依赖于系统的消息队列。其特点在于，软件要求固化在存储器中、代码质量要求高和软件实时性高。大多数嵌入式设备的应用软件和操作系统是紧密结合的，这也是嵌入式系统与通用系统最大的区别。

1.3　主流嵌入式操作系统

随着集成电路规模的不断提高，涌现出大量价格低廉、结构小巧、功能强大的微处理器，这样给嵌入式系统提供了丰富的硬件平台。从 20 世纪 80 年代开始，陆续出现了一些嵌入式操作系统。这些操作系统经过不断的发展，已经逐渐成熟，在各个领域得到了广泛的应用。目前，比较常用的嵌入式操作系统有 VxWorks、μC/OS-II、Linux 和 Windows CE 等。

1.3.1　VxWorks

VxWorks 是美国 Wind River System 公司（即风河公司，简称 WRS 公司）于 1983 年设计开发的一种无内存管理单元（Memory Management Unit，MMU）的嵌入式实时操作系统。它具有良好的持续发展能力、高性能的内核以及友好的用户开发环境，特别的 VxWorks 只占用很小的存储空间，并可以高度裁剪，保证了系统能以高效率运行，因此被广泛应用于通信、军事、航空等高精度技术领域及实时性要求极高的领域，如卫星通信、军事演习、弹道制导、飞机导航等。如美国 F-16 与 FA-18 战斗机、爱国者导弹及火星探测车上都使用了 VxWorks 操作系统。

Tornado 是为开发 VxWorks 应用系统提供的集成开发环境。Tornado 中包含的工程管理软件可将用户自己写的代码与 VxWorks 的核心有效的组合起来，可按照用户的具体需求，裁剪配置 VxWorks 内核。VxSim 原型仿真器可让程序员在不用目标机的情况下，直接开发系统原型，做出系统评估。CrossWind 调试器可提供任务级和系统级的调试模式，还可实现多目标机的联调，功能十分强大。优化分析工具可帮助程序员以多种方式真正地观察、跟踪系统的运行，排除人的思维很难检查出的逻辑错误，优化性能。

1.3.2　μC/OS-II

μC/OS-II 是由美国工程师 Jean J. Labrosse 开发的实时操作系统内核。这个内核的产生与 Linux 优点相似，他花了一年多的时间开发了这个最初名为 μC/OS 的实时操作系统，于 1992 年将介绍文章发表在嵌入式系统编程杂志上，其源代码公布在该杂志的网站上，1993 年出书。这本书的热销以及源代码的公开推动了 μC/OS-II 本身的发展，已有成千上万的开发者把它成功地应用于各种系统，安全性和稳定性也已得到认证。μC/OS-II 目前已经被移植到 Intel、Philips、Motorola 等公司不同的处理器上。

μC/OS-II 是一种可移植，可裁剪，抢占式的典型实时操作系统内核，它总是执行处于就绪队列中优先级最高的任务。μC/OS-II 公开源代码，它只包含了进程调度、时钟管理、内存管理和进程间的通信与同步等基本功能，没有 I/O 管理、文件系统、网络等额外模块，全部核心代码只有 8.3KB，可以简单的视其为一个多任务调度器。

μC/OS-II 的源代码绝大部分是用 C 语言编写的，经过编译就能在 PC 上运行。仅有与 CPU 密切相关的一部分是用汇编语言写成的。在 μC/OS-II 操作系统中涉及系统移植的源代码文件只有 3 个，只要编写 4 个汇编语言的函数、6 个 C 函数、定义 3 个宏和 1 个常量，代码长度不过二三百行，移植起来并不困难。它的应用非常广泛，如医疗器械、音响设备、发动机控制、高速公路电话系统、自动提款机及航空航天领域等。

1.3.3　Windows CE

Windows CE 是 Microsoft 公司于 1996 年推出的一个 32 位、多线程、多任务的嵌入式实时操作系统。它的核心全部是由 C 语言开发的，操作系统本身还包含许多由各个厂家用 C 语言和汇编语言开发的驱动程序。Windows CE 的内核提供内存管理、抢先多任务和中断处理功能。内核的上面是图形用户界面（Graphical User Interface，GUI）和桌面应用程序。在 GUI 内部运行着所有的应用程序，而且多个应用程序可以同时运行。

与 Windows 98/NT 的 API 相比，Windows CE 的 API 是微缩版的 Win32 API，且专门为体积小、资源要求低、便携的机器而设计，是桌面 Windows 系统 API 的一个子集。因此，许多基于微软桌面 Windows 操作系统开发的应用程序只需要经过少许改动就能应用于 Windows CE 中。

Windows CE 拥有完善的软件支持开发工具。Windows CE 的核心移植和驱动开发使用专门的操作系统定制工具：Windows CE Platform Builder。而应用程序的开发则有嵌入式开发工具包 Embedded Visual C++和 Embedded Visual Basic 等。在 Embedded Visual Tools 下还可以进行部分驱动程序的开发。同时，在 Windows CE 中还提供了用于 Windows CE 开发的 Bootloader：Eboot。

Windows CE 是针对有限资源的平台而设计的多线程、完整优先权、多任务的操作系统，但它不是一个强实时操作系统，高度模块化是它的重要特性，它适合作为可裁剪的 32 位嵌入式操作系统。Windows CE 凭借其优秀的人机交互界面，既适用于工业设备的嵌入式控制模块，也适用于消费类电子产品，如电话、机顶盒和掌上计算机等。针对不同的目标设备硬件环境，可以在内核基础上添加各种模块，从而形成一个定制的嵌入式操作系统。但是，由于它内核相对 VxWorks 等操作系统显得很笨拙，占用内存过大，应用程序庞大，实时性不强，因此在通信、军事、航空、航天等高端技术领域、实时性要求极高的领域，以及系统硬件资源非常有限的应用中无法得到使用。

1.3.4　嵌入式 Linux

Linux 是由芬兰赫尔辛基大学学生 Linux Torvalds 在 1991 年开发的源码开放的类 UNIX 操作系统。通过对标准 Linux 进行内核裁剪和优化后形成了适用于专用场合的软实时、多任务嵌入式 Linux。由于它是免费的，没有其他商业性嵌入式操作系统需要的许可证费用，所以得到了 IT 巨头的支持。嵌入式 Linux 的设计也随着广泛应用而获得了巨大的成功。

目前，Linux 已经拥有了许多版本，包括强实时的嵌入式 Linux（RT-Linux）和一般的嵌入式 Linux（μClinux）。其中，RT-Linux 通过把通常的 Linux 任务优先级设为最低，而所有的实时任务的优先级都高于它，以达到既兼容通常的 Linux 任务，又保证强实时性的目的；而 μClinux 对 Linux 经过小型化裁剪后，能够固化在容量只有几百 KB 或几 MB 的存储器芯片或单片机中，是针对没有 MMU 的处理器而设计的。它不能使用处理器的虚拟内存管理技术，即对内存的访问是直接的，所有程序中的地址都是实际的物理地址。

嵌入式 Linux 可移植到多个不同结构的嵌入式微处理器和硬件平台上，性能稳定，支持升级能力，而且开发容易。其特点有：

① 源代码开放，易于定制裁剪，在价格上极具竞争力；
② 内核小、功能强大、运行稳定、效率高；
③ 支持多种嵌入式微处理器体系；
④ 有多种成熟的开发工具和开发环境；
⑤ 可方便地获得众多第三方软硬件厂商的支持；
⑥ Linux 内核的结构在网络方面非常完整，它提供了对 10M/100M/1000M 以太网、无线网络、令

牌网、光纤网、卫星等多种联网方式的全面支持。此外在图像处理、文件管理及多任务支持等方面也都非常出色。

　　一个可用的 Linux 系统包括两个部分：内核和应用程序。Linux 内核为应用程序提供了一个虚拟的硬件平台，以统一的方式对资源进行访问，并且透明地支持多任务。它可分为 6 部分：进程调度、内存管理、文件管理、进程间通信、网络和驱动程序。Linux 应用程序包括系统的部分初始化、基本的人机界面和必要的命令等内容。由于嵌入式系统越来越追求数字化、网络化和智能化，因此要求整个系统必须是开放的、提供标准的 API，并能够方便地与第三方的软硬件沟通，这也是 Linux 成为主流嵌入式操作系统的主要原因。

1.4　ARM 处理器系列

　　ARM（Advanced RISC Machines）既是一个公司的名字，也是一类微处理器的通称。1990 年 11 月，ARM 公司成立于英国剑桥，是专门从事基于 RISC 技术芯片设计开发的公司，主要出售芯片设计技术的授权，作为知识产权供应商，本身不直接从事芯片生产，靠转让设计许可由合作公司生产各具特色的芯片。半导体生产商从 ARM 公司购买其设计的 ARM 微处理器核，根据各自不同的应用领域，加入适当的外围电路，从而形成自己的 ARM 微处理器芯片进入市场。

1. ARM7 系列

　　ARM7 系列微处理器包括 ARM7TDMI、ARM7TDMI-S、ARM720T、ARM7EJ 几种类型，是低功耗的 32 位嵌入式 RISC 处理器。其中 ARM7TDMI 是目前使用最广泛的 ARM7 处理器，主频最高可达 130 MIPS，采用能够提供 0.9 MIPS/MHz 的三级流水线结构，支持 16 位 Thumb 指令集，支持片上 Debug，内嵌硬件乘法器（Multiplier），嵌入式 ICE，支持片上断点和调试点。指令系统与 ARM9 系列、ARM9E 系列和 ARM10E 系列兼容，支持 Windows CE、Linux、Palm OS 等操作系统。

2. ARM9 系列

　　ARM9 系列微处理器包含 ARM920T、ARM922T 和 ARM940T 几种类型，在高性能和低功耗两方面都有出色表现。采用 5 级整数流水线，指令执行效率更高。提供 2.1 MIPS/MHz 的哈佛结构，支持 32 位 ARM 指令集和 16 位 Thumb 指令集，支持数据 Cache 和指令 Cache，具有更高的指令和数据处理能力，支持 32 位的高速 AMBA 总线接口，全性能的 MMU，支持 Windows CE、Linux、Palm OS 等多种主流嵌入式操作系统，MPU 支持实时操作系统。

3. ARM9E 系列

　　ARM9E 系列微处理器包含 ARM926EJ-S、ARM946E-S 和 ARM966E-S 三种类型，使用单一的处理器内核提供了微控制器、DSP、Java 应用系统的解决方案，减少了芯片的面积和系统的复杂程度。ARM9E 系列微处理器提供了增强的 DSP 处理能力，适合于那些需要同时使用 DSP 和微控制器的应用场合。ARM9E 系列微处理器支持 DSP 指令集，采用 5 级整数流水线，支持数据 Cache 和指令 Cache，主频最高可达 300 MIPS，支持 32 位 ARM 指令集和 16 位 Thumb 指令集，支持 32 位的高速 AMBA 总线接口，支持 VFP9 浮点处理协处理器，MMU 支持 Windows CE、Linux、Palm OS 等多种主流嵌入式操作系统，MPU 支持实时操作系统。

4. ARM10E 系列

　　ARM10E 系列微处理器包含 ARM1020E、ARM1022E 和 ARM1026EJ-S 几种类型，由于采用了新

的体系结构,与同等的 ARM9 器件相比较,在同样的时钟频率下,性能提高了近 50%。同时采用了两种先进的节能方式,使其功耗极低。ARM10E 系列微处理器支持 DSP 指令集,采用 6 级整数流水线,指令执行效率更高,支持数据 Cache 和指令 Cache,主频最高可达 400MIPS,支持 32 位 ARM 指令集和 16 位 Thumb 指令集,支持 32 位的高速 AMBA 总线接口,支持 VFP10 浮点处理协处理器,MMU 支持 Windows CE、Linux、Palm OS 等多种主流嵌入式操作系统,内嵌并行读/写操作部件。

5. SecurCore 系列

SecurCore 系列微处理器包含 SecurCore SC100、SecurCore SC110、SecurCore SC200 和 SecurCore SC210 几种类型。SecurCore 系列微处理器除了具有 ARM 体系结构各种主要特点外,在系统安全方面还有如下出色表现:

① 带有灵活的保护单元,以确保操作系统和应用数据的安全;
② 采用软内核技术,防止外部对其进行扫描探测;
③ 可集成用户自己的安全特性和其他协处理器。

6. StrongARM 系列

StrongARM 系列处理器包含 SA110 处理器、SA1100、SA1110PDA 系统芯片和 SA1500 多媒体处理器芯片等,是 Intel 公司开发的 ARM 体系结构高度集成的 32 位 RISC 微处理器,采用在软件上兼容 ARMv4 且具有 Intel 技术优点的体系结构。

7. XScale 微处理器

Intel XScale 是一款基于 ARMv5TE 体系结构的高性能、超低功耗微处理器。它分别拥有 32KB 的数据 Cache 和 32KB 的指令 Cache 以及 7 级超级流水线,指令执行效率更高。它在 0.75V 时工作频率最高可达 150 MHz,在 1.0V 时工作频率可达 400MHz,在 1.65V 下工作频率则可高达 800 MHz。超低功率与高性能的特色使得 Intel XScale 处理器广泛应用于互联网接入设备,数字移动电话,个人数字处理产品等领域。

1.5　S3C2440A 处理器

1.5.1　S3C2440A 简介

S3C2440A 是三星公司开发生产的 16/32 位精简指令集(RISC)微处理器,其处理器核心是由 ARM 公司设计的 16/32 位 ARM920T 的 RISC 处理器。ARM920T 实现了 MMU,AMBA 总线和哈佛结构高速缓冲体系结构。这一结构具有独立的 16KB 指令 Cache 和 16KB 数据 Cache。每个 Cache 都是由具有 8 字节长的行组成。它采用了新的总线架构如先进微控制总线构架(AMBA)。低功耗、简单、精致,且全静态的独特设计使其适合于对成本和功率敏感型的应用。为了降低整体系统成本,S3C2440A 还提供了丰富的内部设备。通过提供一套完整的通用系统外设,S3C2440A 开发者无需配置额外的组件,减少了整体系统成本。图 1.5.1 所示为 S3C2440A 系统结构框图。以下将根据结构框图,简单介绍 S3C2440A 处理器特性。

1. 体系结构

(1) 手持设备的完整系统和普通嵌入式应用;

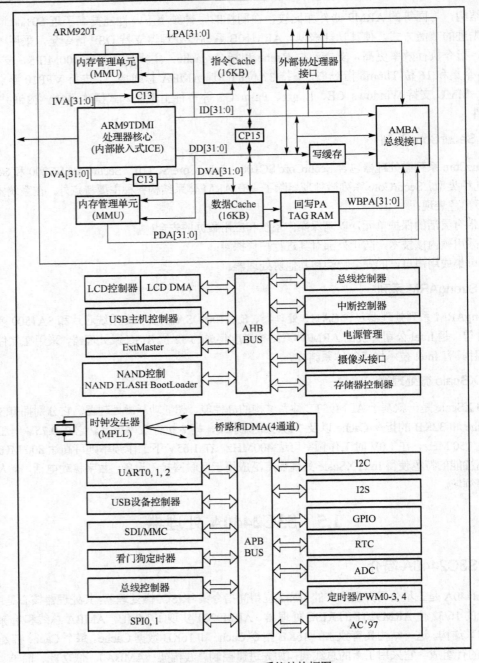

图 1.5.1　S3C2440A 系统结构框图

（2）16/32 位 RISC 体系架构和 ARM920T CPU 核心的强大的指令集；

（3）增强型 ARM 架构 MMU 以支持 WinCE，EPOC 32 和 Linux；

（4）指令高速缓存，数据高速缓存，写缓冲和物理地址 TAG RAM 以减少执行主存储器带宽和延迟性能的影响；

（5）ARM920T CPU 核支持 ARM 调试架构；

（6）内部先进微控制器总线架构（AMBA2.0，AHB/APB）。

2. 系统管理

（1）支持大/小端；

（2）地址空间：每 Bank 128M 字节（总共 1G 字节）；

（3）支持可编程的每 Bank 8/16/32 位数据总线宽度；

（4）BANK 0 到 BANK 6 固定 Bank 的起始地址；

（5）BANK 7 具有可编程 Bank 起始地址和大小；

（6）8 个存储器 Bank：其中 6 个存储器 Bank 为 ROM，SRAM 和其他；2 个存储器 Bank 为 ROM/SRAM/SDRAM；

（7）所有存储器具备完整可编程访问周期；

（8）支持外部等待信号来扩展总线周期；

（9）支持 SDRAM 掉电时自刷新模式；

（10）支持从各种类型 ROM 启动（NOR/NAND Flash，EEPROM 或其他）。

3. NAND Flash 启动引导（BootLoader）

（1）支持从 NAND Flash 启动；

（2）4KB 的启动内部缓冲区；

（3）支持启动后 NAND Flash 作为存储器；

（4）支持先进 NAND Flash。

4. 高速缓存存储器

（1）64 路指令缓存（16KB）和数据缓存（16KB）的组相联高速缓存；

（2）每行 8 字节长度，其中含一个有效位和两个 dirty 位；

（3）伪随机或循环 robin 置换算法；

（4）执行直写或回写高速缓存刷新主存储器；

（5）写缓冲区可以保存 16 字的数据和 4 个地址。

5. 时钟和电源管理

（1）片上 MPLL 和 UPLL：UPLL 产生时钟运作 USB 主机/设备；MPLL 产生时钟运作 1.3V 下最高 400MHz 的 MCU。

（2）用软件可以有选择的提供时钟给各功能模块。

（3）电源模式：普通、慢速、空闲和睡眠模式。其中普通模式：正常运行模式；慢速模式：无 PLL 的低频率时钟；空闲模式：只停 CPU 的时钟；睡眠模式：关闭包括所有外设的核心电源。

（4）EINT[15:0]或 RTC 闹钟中断触发从睡眠模式中唤醒。

6. 中断控制器

（1）60 个中断源（1 个看门狗，5 个定时器，9 个 UART，24 个外部中断，4 个 DMA，2 个 RTC，2 个 ADC，1 个 IIC，2 个 SPI，1 个 SDI，2 个 USB，1 个 LCD ，1 个电池故障，1 个 NAND ，2 个摄像头，1 个 AC'97）；

（2）外部中断源中电平/边沿模式；

（3）可编程边沿和电平的极性；

（4）支持快速中断请求（FIQ ）给非常紧急的中断请求。

7. 脉宽调制（PWM）定时器

（1）4 通道 16 位具有 PWM 功能的定时器，1 通道 16 位基于 DMA 或基于中断运行的内部定时器；

（2）可编程的占空比，频率和极性；

（3）能产生死区；

（4）支持外部时钟源。

8. 内部设备

（1）1.2V 内核供电，1.8V/2.5V/3.3V 储存器供电，3.3V 外部 I/O 供电，具备 16KB 的指令缓存和 16KB 的数据缓存和 MMU 的微处理器；

（2）外部存储控制器（SDRAM 控制和片选逻辑）；

（3）LCD 控制器（最大支持 4K 色 STN 和 256K 色 TFT）提供 1 通道 LCD 专用 DMA；

（4）4 通道 DMA 并有外部请求引脚；

（5）3 通道 UART（IrDA1.0，64 字节发送 FIFO 和 64 字节接收 FIFO）；

（6）2 通道 SPI；

（7）1 通道 IIC 总线接口（支持多主机）；

（8）1 通道 IIS 总线音频编码器接口；

（9）AC'97 编解码器接口；

（10）兼容 SD 主接口协议 1.0 版和 MMC 协议 2.11 兼容版；

（11）2 通道 USB 主机/1 通道 USB 设备（1.1 版）；

（12）4 通道 PWM 定时器和 1 通道内部定时器/看门狗定时器；

（13）8 通道 10 位 ADC 和触摸屏接口；

（14）具有日历功能的 RTC；

（15）摄像头接口（最大支持 4096×4096 像素输入，2048×2048 像素输入支持缩放）；

（16）130 个通用 I/O 口和 24 通道外部中断源；

（17）具有普通，慢速，空闲和掉电模式；

（18）具有 PLL 片上时钟发生器。

1.5.2　基本编程模型

（1）处理器运行状态

S3C2440 的处理器运行状态一共有两种：ARM 状态和 Thumb 状态。ARM 状态下执行的是 ARM 指令。Thumb 状态下执行的是 Thumb 指令。ARM 指令是以 32 位对齐的，而 Thumb 指令则是 16 位对齐的。

（2）状态切换

Thumb 状态和 ARM 状态可以互相切换，当程序执行一个 BX 指令的时候（设置操作数寄存器），处理器就进入了 Thumb 状态。如果 Thumb 状态下发生异常，当异常返回时，处理器将自动切换回 Thumb 状态。类似的，也可以通过执行 BX 指令进入 ARM 状态。值得注意的是当处理器发生异常时，将会进入 ARM 状态。

（3）存储格式

S3C2440A 可以处理大端格式和小端格式。

（4）数据类型

ARM920T 支持字节（8 位）、半字（16 位）和字（32 位）的数据类型。字必须按 4 字节对齐边界，半字必须按 2 字节对齐边界。

（5）运行模式

S3C2440 中一共有 7 种运行模式，分别为用户模式、快中断模式，中断模式、管理模式、中止模式、系统模式、未定义模式。它们的具体作用如下。

用户模式：当程序正常执行的情况下，处理器运行在用户模式。

快中断模式：快中断模式是 S3C2440A 为了数据的高速传输和通道处理而设计的。

中断模式：中断模式是为了满足处理器的一般中断处理而设计的。

管理模式：管理模式是操作系统所使用的保护模式。

中止模式：中止模式用于数据的存储保护。

系统模式：系统模式是操作系统的特权模式，可以放完所有的资源，并且可以进行处理器模式的切换。

1.5.3 ARM 寄存器

S3C2440A 中的寄存器一共有 37 个。包括程序寄存器在内，通用的寄存器有 31 个。通用寄存器都是 32 位的。除了通用寄存器，S3C2440A 还有 6 个状态寄存器。

通用寄存器包括：R0～R15、R13_svc、R14_svc、R13_abt、R14_abt、R13_und、R13_irq、R14_irq、R8_frq～R14_fig。其中 R13 通常为堆栈指针，R14 为链接寄存器，R15 为程序计数器。

状态寄存器包括：CPSR、SPSR_sev、SPSR_abt、SPSR_und、SPSR_irq、SPSR_fiq。

S3C2440A 一共有 7 种处理器模式，在不同的模式下所能访问的寄存器是不同的。其中所有的处理器模式下，都能够访问的有 15 个通用寄存器（R0～R15）、一个或者两个状态寄存器以及程序计数器。

1. 未分组寄存器（R0～R7）

在处理器中，未分组寄存器在所有的运行模式中都是共用的。在中断或者异常处理的时候，会引起处理器运行模式的切换，这些切换可能会引起寄存器中数据的破坏。所以，在程序开发过程中必须引起足够的重视。

2. 分组寄存器（R8～R14）

分组寄存器所对应的物理寄存器与处理器的运行模式有关。其中，R8～R12 分别对应了两组不同的物理寄存器，在快速中断模式下，访问 R8_fiq～R12_fiq。在除了快速中断以外的模式下，访问 R8_usr～R12_usr。而 R13～R14 中，每个寄存器对应了 6 个不同的物理寄存器。除了系统模式和用户模式是共同使用同一个物理寄存器以外，其他 5 种运行模式都有自己独有的物理寄存器。这些寄存器可以使用采用 R13_<mode>或者 R14<mode>的方式来表示，其中 mode 表示运行模式，分别是：usr、svc、abt、und、irq、fiq。

ARM 指令中，寄存器 R13 一般用作堆栈指针 SP，当然也可以使用其他寄存器当做 SP，只是习惯上将 R13 作为堆栈指针。在 Thumb 指令集中，有一些指令必须使用 R13 作为 SP。

R14 称为链接寄存器。当程序中执行 BL 或者 BLX 指令来调用子程序的时候，R14 会将程序计数器 PC 中的值复制并保存起来。当子程序程序返回时，R14 中保存的值被重新复制到程序计数器 PC 中。当发生异常的时候，对应的异常模式的 R14（R14_svc、R14_irq、R14_fiq、R14_abt、R14_und）用来保存程序寄存器 PC 中的值。R14 也可以当作通用寄存器来使用。

3. 程序计数器（PC）

R15 通常用作程序计数器 PC。在 ARM 状态下，位[1:0]为 0，位[31:2]为 PC 值；当处于 Thumb 状态下，位[0]为 0，位[31:1]为 PC 值。由于 ARM 采用了流水线技术，PC 值所指向的地址是正在取指令的地址，而不是正在执行的地址，PC 指向的是当前正在执行指令的下两条指令的地址。通常情况下，R15 不会作为通用寄存器来使用。

4．CPSR 与 SPSR

CPSR 指的是当前程序状态寄存器，其中存储着当前程序的运行状态。CPSR 可以在所有的处理器模式下访问，而且各运行模式共享同一个 CPSR。ARM 中除了用户模式和系统模式外，其余的异常模式中都有一个独立的备份的程序状态寄存器，称为 SPSR。当发生异常时，SPSR 负责保存 CPSR 中的值，当异常返回时，可以使用 SPSR 中的值来恢复 CPSR。

CPSR 中包含条件标志位、中断禁止位、当前处理器模式与一些状态和控制信息。其中条件标志位分别为 N、Z、C、V。大多数的 ARM 指令会根据这些标志位有条件地执行，而在 Thumb 状态下，只有分支指令是有条件执行的。CPSR 中的低 8 位（I、F、T、M[4:0]）称为控制位。I 位和 F 位是中断禁止位。当 I 位置位时，IRQ 中断被禁止。当 F 位置位时，FIQ 中断被禁止。T 位是处理器的工作状态选择位，当 T 位置位时，处理器运行在 Thumb 状态；当 T 位清零时，处理器运行在 ARM 状态。M[4:0]为处理器模式选择位，决定了处理器的运行模式。

1.5.4　ARM 异常的种类

当正常的程序被打断而发生暂停 S3C2440A 就会进入异常模式。比如发生一个中断的时候，首先处理器将当前的状态信息进行保存，然后处理中断，当中断服务处理完成后，将现场恢复然后继续执行向下执行程序。

ARM 支持的异常类型一共有 7 种，分别是复位、未定义指令、软件中断、指令预取中止、数据中止、外部中断请求以及快速中断请求。

（1）复位：当处理器的复位电平有效的时候，会发生复位异常，程序将跳转到复位异常的处理程序处执行。系统加电以及系统复位都将引起复位异常的发生。

（2）未定义指令：当 ARM 处理器或者协处理器遇到无法处理的指令时，将发生未定义指令的异常中断。通常使用该异常进行软件仿真。

（3）软件中断：当处理器执行 SWI 指令时，将发生软件中断。一般用在用户模式下调用特权操作指令。可以利用软件中断可以进入管理模式，请求特定的管理功能。

（4）指令预取中止：当处理器预取的指令的地址不存在或者该地址无法访问的时候，存储器发送中止信号给处理器。应该注意的是，当预取的指令被执行时，指令预取中止异常才会发生。

（5）数据中止：当处理器访问的数据的地址不存在或者该数据的地址没有访问权限时，将发生数据中止异常。

（6）外部中断请求：当处理器的外部中断引脚有效且 CPSR 的 I 位为 0 的时候，处理器将发生外部中断。系统外设使用该中断来请求相应的中断服务程序。

（7）快速中断请求：当处理器的快速中断引脚有效且 CPSR 的 F 位为 0 时，处理器将发生快速中断请求。快速中断通常是为了支持数据传输和通道处理。

1.5.5　ARM 异常的处理

当处理器发生异常的时候，ARM 处理器会执行以下的步骤：

（1）为了让异常返回后程序能够从正确的地址开始执行，首先将下一条指令的地址存入链接寄存器（LR）中。需要注意的是，如果是 ARM 状态下，LR 保存的是下一条指令的地址。如果是 Thumb 状态下，LR 保存的则是 PC 的偏移量。

（2）将 CPSR 中的值复制到 SPSR 中，从而保存处理器当前的处理器状态，中断禁止位、以及其他的状态和控制信息。

（3）根据发生的异常，设置 CPSR 中相应的运行模式位。

（4）将异常向量地址填入程序计数器 PC 中，从而使得程序跳转到相应的异常处理服务程序中去。

当异常返回的时候，ARM 处理器执行以下步骤：

（1）将链接寄存器（LR）中的值减掉相应的偏移量后赋值给 PC。

（2）将 SPSR 中的值复制到 CPSR 中。

（3）如果进入异常时禁止了中断，在该步骤中清除。

1.6　ARM 指令集介绍

1.6.1　ARM 指令集概述

ARM 处理器是基于精简指令集处理器架构设计的。ARM 处理器的指令集分为 ARM 指令和 Thumb 指令。Thumb 指令是 ARM 指令的子集。其中 ARM 指令是 32 位的，以字对齐方式保存在存储器中，ARM 指令效率高但代码密度比较低。Thumb 指令是 16 位的，以半字对齐方式保存在存储器中，Thumb 具有较高的代码密度，而且保存了 ARM 大多数性能上的优势。

ARM 指令主要分为跳转指令、数据处理指令、程序状态寄存器（PSR）传输指令、Load/Store 指令、协处理器指令以及异常中断产生指令。

ARM 指令的格式如下：

```
<opcode>{<cond>} {S}  <Rd>,<Rn> {,<operand2>}
```

● <opcode>：指令助记符，表示不同的指令。
● <cond>：可选的条件码，为指令的执行条件。
● {S}：可选的后缀，表示指令是否影响 CPSR 中的值。
● <Rd>：此处为目标寄存器。
● <Rn>：此处为第一个操作数的寄存器。
● <operand2>：此处为第二个操作数。

1.6.2　数据处理指令

数据处理指令主要用来完成算术和逻辑运算，主要有数据传送指令、算数逻辑运算指令、比较指令以及乘法指令。

1. 数据传送指令

（1）MOV 传送指令

```
MOV{cond} {S} <Rd>, <operand2>
```

MOV 指令将一个数据<operand2>传送到目标寄存器<Rd>中。

MOV 指令的例子如下：

```
MOV R1,#0x20 ; R1=0x20;
```

（2）MVN 传送指令

```
MVN{cond} {S} <Rd>, <operand2>
```

MVN 指令将<operand2>的数据按位取反后传送给目标寄存器< Rd>中。

MVN 指令的例子如下：

```
MVN R1 ,#0; R1=-1
```

2. 算数逻辑运算指令

（1）ADD 加法运算指令

```
ADD{<cond>} {S} <Rd>, <Rn>, <operand2>
```

ADD 指令将<operand2>中的数据与寄存器<Rn>中的值相加后传送到目标寄存器<Rd>中。

ADD 指令的例子如下：

```
ADD R1, R1, #1; R1=R1+1
```

（2）SUB 减法运算指令

```
SUB{<cond>} {S} <Rd>, <Rn>, <operand2>
```

SUB 指令将寄存器<Rn>中的值减去<operand2>中的数据，然后将结果传送到目标寄存器<Rd>中。

SUB 指令的例子如下：

```
SUB R1, R1,#1; R1=R1-1
```

（3）ADC 带进位的加法

```
ADC{<cond>} {S} <Rd>, <Rn>, <operand2>
```

ADC 指令将<operand2>中的值与寄存器<Rn>中的值相加，然后再加上 CPSR 中 C 条件标志位，最后将结果传送到目标寄存器<Rd>。

ADC 指令的例子如下：

```
ADC R1 , R2 ,R3;
```

（4）RSB 逆向减法指令

```
RSB{<cond>} {S} <Rd>, <Rn>, <operand2>
```

RSB 指令将<operand2>中的值减去寄存器<Rn>，然后将结果传送到目标寄存器<Rd>中。

RSB 指令的例子如下：

```
RSB R2, R1, #0; R2=-R1
```

（5）SBC 带位减法指令

```
SBC{<cond>} {S} <Rd>, <Rn>, <operand2>
```

SBC 指令将寄存器<Rn>减去<operand2>中的数据，再减去 CPSR 中 C 条件标志位的非（如果 C 标志位为 0，则减去 1），然后将结果传送到目标寄存器<Rd>中。

SBC 指令的例子如下：

```
SBC R0, R0, R1;
```

（6）RSC 带位逆向减法指令

```
RSC{<cond>} {S} <Rd>, <Rn>, <operand2>
```

RSC 指令将<operand2>中的数据减去寄存器<Rn>中的值，再减去 CPSR 中 C 条件标志位，最后将计算结果传送到目标寄存器<Rd>中。

RSC 指令的例子如下：

```
RSC R0, R1, R2;
```

（7）AND 逻辑与操作指令

```
AND{<cond>} {S} <Rd>, <Rn>, <operand2>
```

AND 指令将<operand2>中的数据与寄存器<Rn>中的值按位作逻辑与操作，然后将结果传送到目标寄存器<Rd>中。

AND 指令的例子如下：

```
AND R1, R2, R3; R1=R2&R3
```

（8）ORR 逻辑或操作指令

```
ORR{<cond>} {S} <Rd>, <Rn>, <operand2>
```

ORR 指令将<operand2>中的数据与寄存器<Rn>中的值按位作逻辑或操作，然后将结果传送到目标寄存器<Rd>中。

ORR 指令的例子如下：

```
ORR R1, R1, #3;
```

（9）EOR 逻辑异或操作指令

```
EOR{<cond>} {S} <Rd>, <Rn>, <operand2>
```

EOR 指令将<operand2>中的数据与寄存器<Rn>中的值按位作逻辑异或操作，然后将结果传送到目标寄存器<Rd>中。

EOR 指令的例子如下：

```
EOR R1, R1, #3;
```

（10）BIC 位清除指令

```
BIC{<cond>} {S} <Rd>, <Rn>, <operand2>
```

BIC 指令将<operand2>中的数据与寄存器<Rn>中的值的反码按位作逻辑与操作，然后将结果传送到目标寄存器<Rd>中。

BIC 指令的例子如下：

```
BIC R2, R2, #0x0F;
```

3. 比较指令

（1）CMP 比较指令

```
CMP{<cond>} <Rn>, <operand2>
```

CMP 指令将寄存器<Rn>中的值减去<operand2>中的数据，然后根据结果更新 CPSR 中的相应的条件标志位。

CMP 指令的例子如下：

```
CMP R0, R1;
```

（2）CMN 负数比较指令

```
CMN{<cond>} <Rn>, <operand2>
```

CMN 指令将寄存器<Rn>中的值加上<operand2>中的数据，然后根据结果更新 CPSR 中的相应的条件标志位。

CMN 指令的例子如下：

```
CMN R1, #1;
```

（3）TST 位测试指令

```
TST{<cond>} <Rn>, <operand2>
```

TST 指令将<operand2>中的数据与寄存器<Rn>中的值按位作逻辑与操作，然后根据结果更新 CPSR 中的相应的条件标志位。

TST 指令的例子如下：

```
TST R1, #0x01;
```

（4）TEQ 相等测试指令

```
TEQ{<cond>} <Rn>, <operand2>
```

TEQ 指令将<operand2>中的数据与寄存器<Rn>中的值按位作逻辑异或操作，然后根据结果更新 CPSR 中相应的条件标志位。

TEQ 指令的例子如下：

```
TEQ R1, R2;
```

4．乘法指令

（1）MUL 指令

```
MUL {<cond>} {S} <Rd>, <Rm>, <Rs>
```

MUL 是 32 位乘法指令，该指令将寄存器<Rm>中的值与寄存器<Rs>中的值相乘，然后取结果的低 32 位传送到寄存器<Rd>中。

MUL 指令的例子如下：

```
MUL R1, R2, R3;
```

（2）MLA 指令

```
MLA{<cond>} {S} <Rd>, <Rm>, <Rs>, <Rn>
```

MLA 是 32 位乘加指令，该指令先将寄存器<Rm>中的值与寄存器<Rs>中的值相乘，然后再加上第 3 个操作数（即<Rn>中的数据），最后取结果的低 32 位传送到寄存器<Rd>中。

MLA 指令的例子如下：

```
MLA R1, R0, R2, R3;
```

（3）SMULL 指令

```
SMULL{<cond>} {S} <RdLo>, <RdHi>, <Rm>, <Rs>
```

SMULL 是 64 位有符号乘法指令，该指令将寄存器<Rm>中的值与寄存器中的值作有符号相乘，然后将计算结果的低 32 位传送到寄存器<RdLo>中，将计算结果的高 32 位保存到寄存器<RdHi>中。

SMULL 指令的例子如下：

```
SMULL R1, R2, R3, R4;
```

（7）SMLAL 指令

```
SMLAL{<cond>} {S} <RdLo>, <RdHi>, <Rm>, <Rs>
```

SMLAL 是 64 位有符号乘加指令，该指令先将寄存器<Rm>中的值与寄存器<Rs>中的值相乘，然后再与<RdHi>和<RdLo>中的值相加，将计算结果的高 32 位传送到寄存器<RdHi>中，将计算结果的低 32 位保持到寄存器<RdLo>中。

SMLAL 指令的例子如下：

```
SMLAL R1, R2, R3, R4;
```

1.6.3 分支指令

分支指令用于实现程序的跳转。在 ARM 处理器中一共有两种方式实现程序的跳转，一种是使用分支指令，另一种则是直接向 PC 寄存器中赋值。

分支和带链接的分支指令如下。

```
B{L}{cond}<expression>
```

分支指令 B 和带链接的分支指令 BL 都用来完成程序的跳转。其中 B 指令只是单纯完成跳转操作，而 BL 指令先将下一条指令的地址复制到 LR 中，然后完成跳转操作。

1.6.4 程序状态寄存器（PSR）传输指令

（1）MRS 指令

```
MRS{cond} Rd, <psr>
```

MRS 指令将状态寄存器中的内容传送到寄存器 Rd 中。

MRS 指令的例子如下：

```
MRS R1, CPSR;
```

（2）MSR 指令

```
MSR{cond} <psr>, Rm
```

MRS 指令将寄存器 Rm 中的内容传送到状态寄存器中。

```
MSR{cond} <psrf>, Rm
```

MSR 指令将寄存器 Rm 中的内容传送到 PSR 的状态标志位。

```
MSR{cond} <psrf>,<#expression>
```

MSR 指令将立即数传送到 PSR 的状态标志位。
MSR 指令的例子如下：

```
MSR CPSR, R0;
```

1.6.5　Load/Store 指令

（1）LDR 指令

```
LDR{cond} Rd, <Address>
```

LDR 指令将<Address>所在内存地址中的字读取到目标寄存器 Rd 中。
LDR 指令的例子如下：

```
LDR R1, [R2];
```

（2）STR 指令

```
STR{cond} Rd, <Address>
```

STR 指令将寄存器 Rd 中的 32 位的字数据保存到内存地址为<Address>的内存中。
STR 指令的例子如下：

```
STR R1, [R2,#12];
```

（3）LDM 指令

```
LDM{cond}<FD|ED|FA|EA|IA|IB|DA|DB> Rn{!},<Rlist>{^}
```

LDM 指令可以将从连续内存中读取到寄存器列表中的寄存器中。
LDM 指令的例子如下：

```
LDMIA R1!,{R3-R9};
```

（4）STM 指令

```
STM{cond}<FD|ED|FA|EA|IA|IB|DA|DB> Rn{!},<Rlist>{^}
```

STM 指令可以将寄存器列表中的寄存器中的值写入到连续的内存中。
STM 指令的例子如下：

```
STMIA R0!, {R3-R9};
```

1.6.6　协处理器指令

（1）CDP 指令

```
CDP{cond} p#,<expression1>, cd, cn, cm {,<expression2>}
```

CDP 指令用于通知 ARM 协处理器完成特定的操作。其中 p#为协处理器独有的标识号，cd、cn、cm 均为协处理器。cd 为目标寄存器，cn 和 cm 为存放操作数的协处理器。<expression1>与<expression2>

为所要执行的操作。

```
CDP p1, 10, c1, c2, c3;
```

（2）LDC 指令

```
LDC{cond}{L} p#,cd,<Address>
```

LDC 指令将地址为<Address>的连续内存单元的数据读取到目标寄存器 cd 中。其中 L 表示长传输。

LDC 指令的例子如下：

```
LDC p1, C2, [R1];
```

（3）STC 指令

```
STC{cond}{L} p#,cd,<Address>
```

STC 指令将寄存器 cd 中的值写入到地址为<Address>的内存中。

STC 指令的例子如下：

```
STC p5, c1, [R1];
```

（4）MCR 指令

```
MCR{cond} p#,<expression1>,Rd,cn,cm{,<expression2>}
```

MCR 指令可以将 ARM 寄存器中的数据传送到 ARM 协处理器的寄存器中。其中 p#为协处理器独有的标识号。Rd 为 ARM 寄存器，cn 与 cm 为协处理器寄存器。

MCR 指令的例子如下：

```
MCR p5, 3, R1, c1, c2, 6;
```

（5）MRC 指令

```
MRC{cond} p#,<expression1>,Rd,cn,cm{,<expression2>}
```

MRC 指令可以将协处理器寄存器中的数据传送到 ARM 寄存器 Rd 中。其中 cn 与 cm 为协处理器寄存器，<expression1>与<expression2>为协处理器需要执行的操作。

MRC 指令的例子如下：

```
MRC p5, 3, R1, c1, c2, 6;
```

1.6.7　异常中断指令

软件中断 SWI 指令为：

```
SWI{cond}<expression>
```

SWI 指令用来产生软中断。其中<expression>为立即数。

SWI 指令的例子如下：

```
SWI 0x02;
```

1.7 开发板简介

在本文中使用的主芯片为 S3C2440A，其中 NAND Flash 芯片型号为 K9F1208，SDRAM 则采用两片 HY57V561620BT-H 组成，从而配置成 32 位数据宽度。开发板上还有两个串口、两个 USB 主口，一个主/从可切换的 USB 口，一个 SD 卡口，一个音频输入口和一个音频输出口，一个 LCD/触摸屏接口，一个网口，一个 JTAG 调试接口以及若干按键。开发板如图 1.7.1 所示。

图 1.7.1 开发板

习 题

1. 简述嵌入式系统的基本特点。
2. 高速缓存、主存和辅助存储器有何异同点？
3. 嵌入式操作系统内核一般有哪些部件组成？其中必须包含哪些部件？
4. 三星 S3C2440A 处理器有哪些优点？
5. 简述 ARM 基本编程模型。
6. 简述 ARM 指令集。

第 2 章　WinCE 平台构建

　　WinCE（Windows CE）是 Microsoft 公司于 1996 年推出的一个 32 位、多线程、多任务的嵌入式软实时操作系统。它的核心全部是由 C 语言开发的，操作系统本身还包含许多由各个厂家用 C 语言和汇编语言开发的驱动程序。Windows CE 拥有完善的软件支持开发工具，其核心移植和驱动开发使用专门的操作系统定制工具：Windows CE Platform Builder。本章将介绍如何构建一个符合自己实际要求的 WinCE 5.0 操作系统。

2.1　开发平台构建

2.1.1　Platform Builder 简介

　　Platform Builder 是微软公司提供给开发人员进行基于 WinCE 嵌入式操作系统定制的集成开发环境。它提供了所有进行设计、创建、编译、测试和调试的工具。同时，开发人员还可以利用 Platform Builder 来进行驱动程序开发和应用程序项目的开发等。Platform Builder 的强大功能，已使其成为 WinCE 嵌入式操作系统开发和定制的必备工具。其 SDK 输出模板可以将特定系统的 SDK 导出。通过该 SDK，应用程序开发人员开发特定嵌入式系统软件。具体来说，Platform Builder 主要有以下开发特性：

　　① 平台开发向导 Platform Wizard 和 BSP 开发向导 BSP Wizard 可引导开发人员去创建一个简单的系统平台和 BSP，提高了平台和 BSP 创建效率。

　　② 特性目录 Catalog 中列出了操作系统的可选特性，开发人员可以选择相应的特性来定制操作系统，操作简单方便。

　　③ 系统为驱动程序开发提供了基本的测试工具集 Windows CE Test Kit。

　　④ 导出向导 Export Wizard 可以向其他 Platform Builder 用户导出自定义的特性目录。

　　⑤ 导出 SDK 向导 Export SDK Wizard 使用户可以导出一个自定义的软件开发工具包 SDK。即可以将客户定制的 SDK 导出到特定的开发环境中去（如 EVC 等）。这样开发人员就可以使用特定的 SDK 写出符合特定的操作系统平台要求的应用程序。

　　⑥ Platform Builder 支持通过 USB、串口等远程调试基于 WinCE 的目标设备。

　　⑦ 硬件仿真工具加速并简化了系统的开发，用户可以在开发平台上对应用程序进行测试，大大简化了系统开发流程，缩短了开发时间。

　　以上列出的是比较常用的特性，通过 Platform Builder 可高效的定制出一个嵌入式 WinCE 系统。此外，灵活运用 Platform Builder 的配置文件 REG、BIB、DAT 和 DB 是定制适合目标平台的 Windows CE 操作系统的关键。

2.1.2　Platform Builder 安装

　　在提供的 WinCE 相关软件中，包括了 Platform Builder 安装程序。在安装 Platform Builder 之前，首先需安装 Microsoft.net Framwork1.1 软件。该软件对应的安装文件 dotnetfx.exe 可在 WinCE 相关软件中找到，也可以在微软官网上下载得到。Platform Builder 的安装流程如下所示。

　　（1）运行安装包中的 Setup.exe，将出现图 2.1.1 所示界面。

单击 Install 进行安装，将出现图 2.1.2 所示的准备安装界面，该过程将检测和配置安装环境。

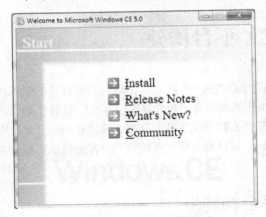

图 2.1.1　WinCE 5.0 安装界面

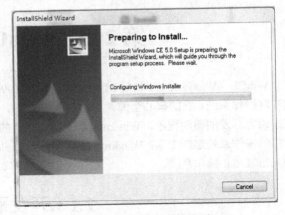

图 2.1.2　准备安装界面

（2）完成准备工作后，安装软件进入图 2.1.3 的欢迎界面中，单击 Next 按钮，选择继续安装。

（3）安装过程中会询问用户是否接受许可协议，如图 2.1.4 所示，选择接受并单击 Next 按钮继续安装。

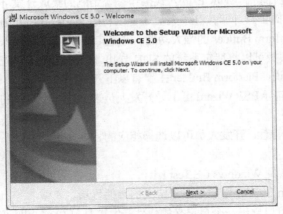

图 2.1.3　WinCE 5.0 安装欢迎界面

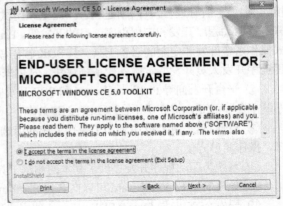

图 2.1.4　接受用户许可协议

（4）接受许可协议后，需要在图 2.1.5 所示界面中填入 Product Key。填写完后，单击 Next 按钮继续安装。

（5）在图 2.1.6 所示的安装形式选择中，有普通安装模式，只安装工具模式。在这里我们选择普通安装模式，如图 2.1.6 所示，并单击 Next 按钮继续安装。

（6）在出现的安装路径选择中，选择需要安装的地址，如图 2.1.7 所示路径，并单击 Next 按钮继续安装。

（7）在图 2.1.8 所示的选项中选择需要安装的特性。在此选择安装 Platform Builder 组件、Share source for Windows CE 5.0 组件、Windows CE 5.0 Test Kit 组件，以及 Windows CE 5.0 Operating System 中的 Emulator 和 ARMV4I。其中 Emulator 是 Windows 环境下 WinCE 5.0 的模拟器，而 ARMV4I 是运行于 ARM 微控制器上的 WinCE 5.0 操作系统。

（8）在图 2.1.9 所示界面选择共享源代码的相关协议，选择同意后单击 Next 继续安装。

（9）完成好上述操作步骤后再次确认安装，单击图 2.1.10 所示界面中的 Install 按钮，选择安装，并等待安装过程结束。

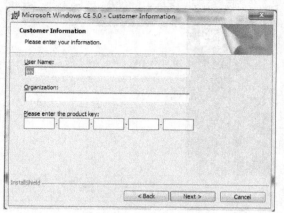

图 2.1.5　输入 Product Key

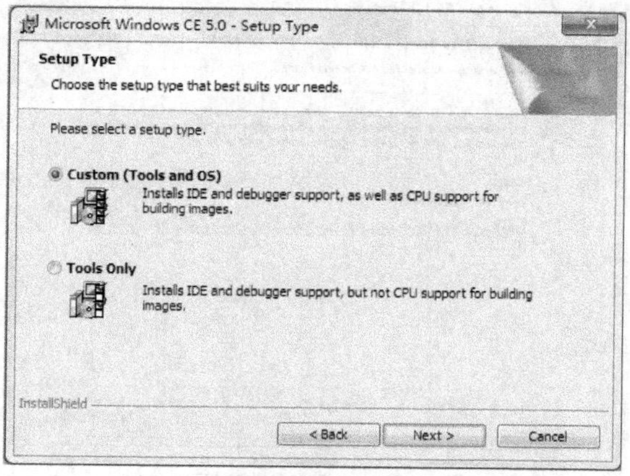

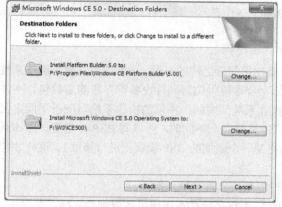

图 2.1.6　选择安装形式

图 2.1.7　选择安装路径

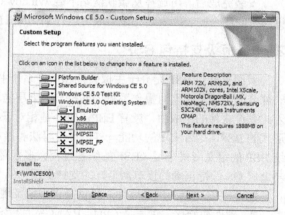

图 2.1.8　选择安装特性

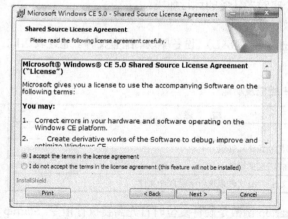

图 2.1.9　选择同意共享源代码协议

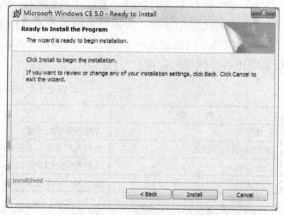

图 2.1.10　确定安装界面

（10）安装过程如图 2.1.11 所示。等待一段时间后，出现图 2.1.12 所示界面后则表示 Platform Builder 安装成功。

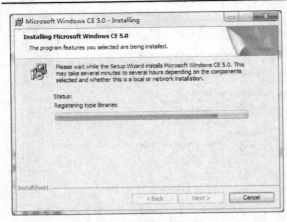

图 2.1.11   确定安装过程

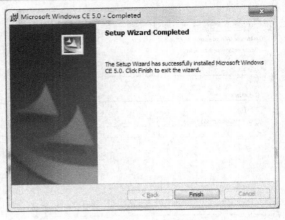

图 2.1.12   完成安装

安装完成后，可选择从微软网站下载 Windows CE 5.0 的 ARMV4I 补丁，需要注意的是必须按照更新时间逐个安装。安装完成后即可运行 Platform Builder 5.0 了。

2.1.3   板级支持包 BSP

板级支持包 BSP 是介于主板硬件和操作系统中驱动层程序之间的一层，一般认为它属于操作系统一部分，主要是实现对操作系统的支持，为上层的驱动程序提供访问硬件设备寄存器的函数包。在嵌入式系统软件的组成中，就有 BSP。BSP 是相对于操作系统而言的，不同的操作系统对应于不同定义形式的 BSP，尽管实现的功能一样，可是写法和接口定义是完全不同的，所以写 BSP 一定要按照该系统 BSP 的定义形式来写（BSP 的编程过程大多数是在某一个成型的 BSP 模板上进行修改）。这样才能与上层 OS 保持正确的接口，良好的支持上层 OS。

BSP 主要功能为屏蔽硬件，提供操作系统及硬件驱动，具体功能包括：

① 硬件初始化，主要是 CPU、RAM 等的初始化，为整个软件系统提供底层硬件支持。

② 为操作系统提供设备驱动程序和系统中断服务程序。

③ 定制操作系统的功能，为软件系统提供一个实时多任务的运行环境。

④ 初始化操作系统，为操作系统的正常运行做好准备。

WinCE 5.0 的板级支持包包括引导程序、OEM 抽象层（OAL）、设备驱动、配置文件。通过表 2.1.1 可以看出各个模块的功能。

表 2.1.1   BSP 组成及功能

内　　容	描　　述
引导程序	加载操作系统映像
OEM 抽象层（OAL）	连接内核映像，支持硬件的初始化和管理
设备驱动	支持相关外围设备以及动态安装的设备
配置文件	通过修改环境变量、bib 文件、reg 文件来重新配置 BSP 文件

引导程序可分为 Startup、Eboot 两部分。其中 Startup 函数是硬件复位时首先需要执行指令。Startup 中需要初始化以下模块：

① 设置为超级用户模式。

② 执行必需的硬件初始化：例如 CPU、内存控制器、系统时钟、串口、缓存、快表等。

用户可根据使用的 CPU 修改 Startup.s 实现以上初始化内容。

Eboot 主要包括 EbootMain、OEMDebugInit、OEMPlatformInit、OEMPreDownload、OEMLaunch。EbootMain 是 C 代码运行的入口，调用 BLCOMMON 库。BLCOMMON 库源文件在 Blcommon.c 文件中，路径为%_WINCEROOT%\Public\Common\Oak\Drivers\Ethdbg。OEMDebugInit 用来初始化串口，作为调试输出。OEMDebugInit 初始化完成后，一个 Windows CE 的标记会出现，表示这个接口可以使用了。OEMPlatformInit 提供各种 OEM 硬件平台初始化函数，包括时钟、PCI 接口、或者 NIC 接口等。NIC 接口用于下载映象。OEMPreDownload 在加载一个映象时首先被 BLCOMMON 调用。用于查找硬件设备的 IP 地址，并与宿主机相连，如果出错返回-1。OEMLaunch 是引导程序需要运行的最后一个函数，负责跳转到需要运行的映象。跳转到由 dwLaunchAddr 指定的第一条指令，这条指令在映象的启动函数里。WinCE 5.0 的 Eboot 控制引导流程如图 2.1.13 所示。

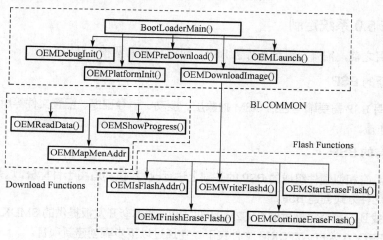

图 2.1.13 EBoot 控制流程图

OAL 是 OEM 适配层（OEM Adaptation Layer），用来引导系统核心映像和初始化、管理硬件。从逻辑结构上看，它位于操作系统内核与硬件之间，是连接系统与硬件的枢纽。从功能上看，OAL 颇似 PC 上的 BIOS，具有初始化设备、引导操作系统以及抽象硬件功能等作用。与 BIOS 不同的是，OAL 隶属于操作系统，是操作系统的一部分。从存在方式上，OAL 是一组函数的集合体，这些函数体现出 OAL 的功能，如图 2.1.14 所示。

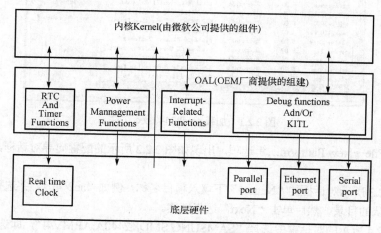

图 2.1.14 OAL 构架

　　其中 Startup 是内核启动期间调用的第一个函数。Startup 完成初始化 CPU 后，接着调用函数 KernelStart。KernelStart 完成的功能：初始化 OEMAddressTable；打开 MMU 和 Cache；初始化堆栈然后调用 ARMInit 函数。ARMInit 函数中调用 OEMInitDebugSerial 初始化调试串口，通过调试串口显示 WinCE 消息；调用 OEMInit 初始化硬件平台，包括时钟、GPIO、中断系统以及 LCD 等，最后调用 OALKitlStart 启动 KITL 服务。一般来说，只要 OEMInit 函数能够运行正常，WinCE 5.0 启动就不会有太大问题。

2.2　系统定制实验

2.2.1　WinCE 5.0 系统定制

　　在创建新项目之前，需开发板级支持包 BSP。创建 BSP 有两种方法：

1. 编写全新的 BSP

　　这种方法编写 BSP 需要编写包括 OEM 抽象层、驱动、引导程序、配置文件等所有部分，大约消耗 20 人/月的工作量。

2. 改写现有的 BSP

　　在与目标板具有相似硬件组成的 BSP 的基础上进行改写，使其适用于目标板，这是最简单的方式。一般情况下选择这种方式创建 BSP。

　　通过网络可找到三星公司提供的 S3C2440A 的 BSP，如本套开发板提供的 SMDK2440A。将该 BSP 复制到%_WINCEROOT%\PLATFORM 文件夹下。在通过以下步骤创建新项目。

　　（1）打开 PB5.0，选择"File→Manage Catalog Items…"，弹出如图 2.2.1 所示对话框，选择"Import…"进入之前复制好的 SMDK2440A 文件夹下找到 "smdk2440a.cec"，并加载。

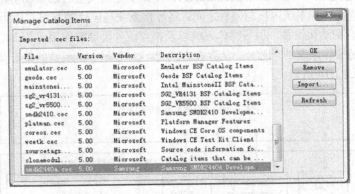

图 2.2.1　加载 smdk2440.cec 文件

　　（2）选择 "File→New Platform…" 选项，出现如图 2.2.2 所示的配置向导对话框，再单击 "Next" 继续。

　　（3）在图 2.2.3 所示对话框的 "Name：" 下填入项目名称，例如 "ac2440"，并选择工程保存目录，在此建议使用默认的目录，然后单击 "Next" 选择继续。

　　（4）在图 2.2.4 所示的对话框中选择 "SAMSUNG SMDK2440A:ARMV4I"，即选择构建一个基于 S3C2440A 的 WinCE 5.0 系统映像，然后单击 "Next" 选择继续。

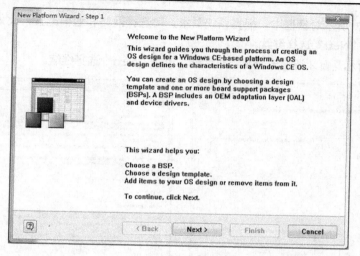

图 2.2.2　配置向导

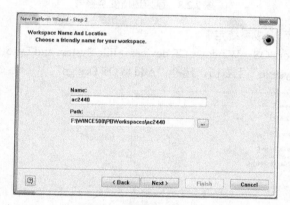

图 2.2.3　项目名称与目录

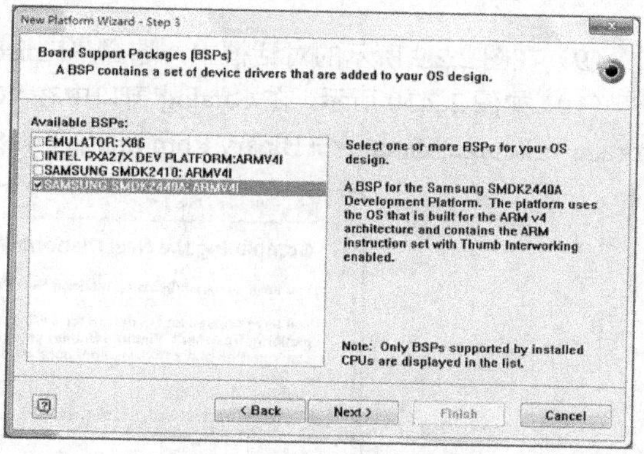

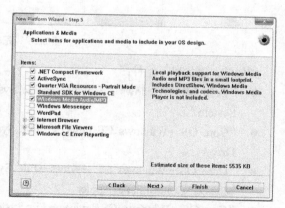

图 2.2.4　选择 BSP

（5）图 2.2.5 所示的对话框中，选择 "Mobile Handheld"，然后单击 "Next" 选择继续。

（6）在图 2.2.6 所示的对话框中，可根据系统需求，选择应用程序以及多媒体配置，然后单击 "Next" 选择继续。

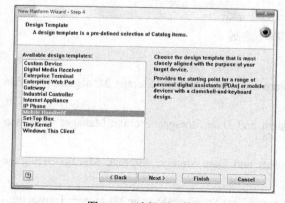

图 2.2.5　选择项目模版

图 2.2.6　选择应用程序及多媒体配置

（7）在图 2.2.7 所示对话框中，根据系统需求，可选择网络和通信配置，此处可移除红外模块"IrDA"，然后单击"Next"选择继续。

（8）图 2.2.8 所示是蓝牙通信安全警告对话框，单击"Next"选择继续。

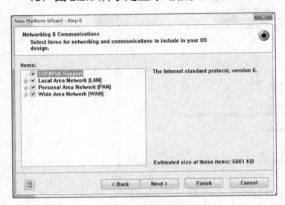

图 2.2.7　选择网络和通信配置

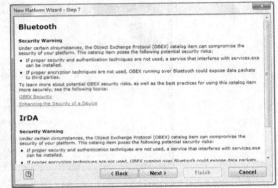

图 2.2.8　蓝牙通信安全警告

（9）在图 2.2.9 所示的对话框中，选择"Finish"完成系统定制。

（10）如图 2.2.10 所示，在 Catalog 窗口中在"Core OS→Windows CE devices→File System and Date Storage→Storage Manager→Binary Rom Image File System"上右击，选择"Add to OS Design"。

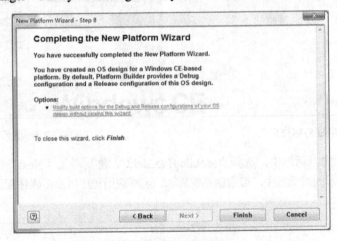

图 2.2.9　完成系统定制

类似的，添加以下组件：
- "Core OS→Windows CE devices→File System and Date Storage→Storage Manager→FAT File System"
- "Core OS→Windows CE devices→File System and Date Storage→Storage Manager→Partition Driver"
- "Core OS→Windows CE devices→File System and Date Storage→Storage Manager→Storage Manager Control Panel Applet"
- "Core OS→Windows CE devices→File System and Date Storage→Storage Manager→Transaction-afe FAT file system (TFAT)"

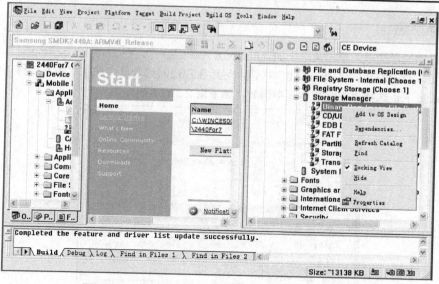

图 2.2.10　加入 "Binary Rom Image File System" 组件

- "Core OS→Windows CE devices→Core OS Services→USB Host Support→USB Human Input Device (HID) Class Driver"
- "Core OS→Windows CE devices→Core OS Services→USB Host Support→USB Storage Class Driver"
- "Core OS→Windows CE devices→Core OS Services→USB Host Support→USB Human Input Device (HID) Class Driver→USB HID Keyboard and Mouse"
- "Core OS→Windows CE devices→Applications and Services Development→Object Exchange Protocol (OBEX)→OBEX Client"
- "Core OS→Windows CE devices→Applications and Services Development→Object Exchange Protocol (OBEX)→OBEX Server"。在加入该组件时，会跳出 Special Feature Notification 窗体，直接单击 "Close" 按钮关闭它。
- "Core OS→Windows CE devices→Applications and Services Development→Object Exchange Protocol (OBEX)→OBEX Server→OBEX File Browser"
- "Core OS→Windows CE devices→Applications and Services Development→Object Exchange Protocol (OBEX)→OBEX Server→OBEX Inbox"
- "Device Drivers→SDIO→SDIO Host→SDIO Standard Host Controller"
- "Device Drivers→USB Function→USB Function Clients→Serial"
- "Core OS→Windows CE devices→Graphics and Multimedia Technologies→Media→Windows Media Player →Windows Media Player"
- "Core OS→Windows CE devices→Graphics and Multimedia Technologies→Media→Audio Codecs and Renderers→MP3 Codec"
- "Core OS→Windows CE devices→Applications and Services Development→Microsoft Foundation Classes(MFC)"

以上仅添加了几个常用设备的驱动和组件，也可以根据具体系统需要，继续从 Catalog 中添加其他设备驱动和组件。

2.2.2　编译系统

首先需设置编译选项。单击菜单中的"Platform→Setting…"，在 Platform Setting 对话框中，选择 Locale 标签页，单击右边的"Clear All"按钮，然后在左边的列表框中选中"中文简体（中国）"，在 Default language 下也选择"中文简体（中国）"，如下图 2.2.11 所示。

图 2.2.11　设置编译语言

接着选中"Build Options"页面，去掉以下内容：

"Enable CE Target Control Support (SYSGEN_SHELL=1)"

"Enable Full Kernel Mode (no IMGNOTALLKMODE=1)"

"Enable KITL (no IMGNOKITL=1)"

然后单击"OK"按钮保存设置。如图 2.2.12 所示。

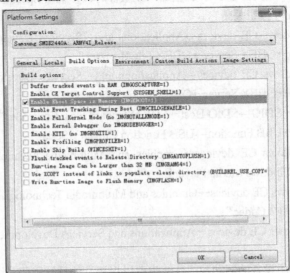

图 2.2.12　设置编译选项

在编译菜单"Build OS"下选择"Clear Before Building"，在通过单击"Build and Sysgen"开始编译。如图 2.2.13 所示。

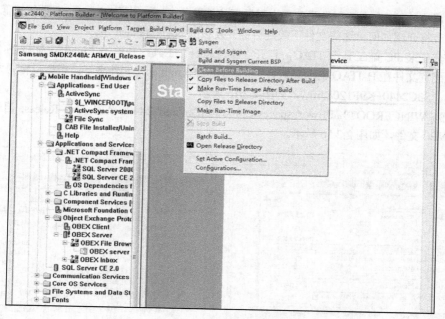

图 2.2.13　选择编译前 Clear

编译时间长短与机器的配置有关，一般在 10～20 分钟之间，当输出窗口输出如图 2.2.14 所示信息时，表示编译成功。

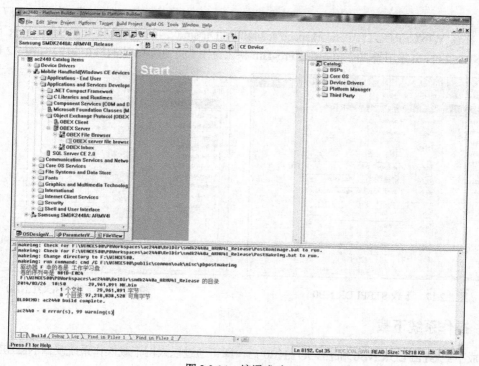

图 2.2.14　编译成功

2.2.3　Eboot 下载

　　系统编译成功后，会在工程目录下产生引导系统需要的 Eboot 以及 WinCE 5.0 系统镜像 NK.bin 等文件。本小节将介绍如何将这些文件下载到目标开发板的 NAND Flash 中。

　　（1）首先安装 PC 端工具 H-JTAG，打开"H-Flasher"工具，并单击"load"，加载 H-JTAG 的配置文件，该配置文件在 H-JTAG 的安装路径下的"HFC Examples"文件夹下。根据目标开发板的硬件配置，选择"S3C2440+K9F1208.hfc"，如图 2.2.15 所示。

　　（2）在%_WINCEROOT%\PBworkspace\ac2440\RelDir\smdk2440a_ARMV4I_Release 目录下，选择 STEPLDR.NB0 文件，如图 2.2.16 所示。

图 2.2.15　加载 HFC 文件

图 2.2.16　选择 STEPLDR.NB0 文件

　　（3）通过 Program 将 STEPLDR.NB0 下载到 NAND Flash 的第 0 块，第 0 页。如图 2.2.17 所示。

　　（4）在%_WINCEROOT%\PBworkspace\ac2440\RelDir\smdk2440a_ARMV4I_Release 目录下，选择 EBOOT.NB0 文件，并采用类似的方法通过 Program 将该文件下载到第 16 块的第 0 页中，如图 2.2.18 所示。

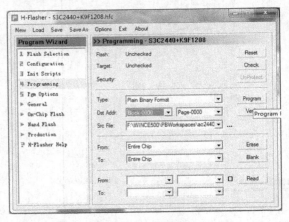

图 2.2.17　下载 STEPLDR.NB0

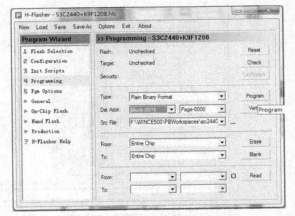

图 2.2.18　下载 EBOOT.NB0

2.2.4　操作系统下载

　　完成下载 STEPLDR.NB0 和 EBOOT.NB0 后，即可通过以太网下载操作系统映像 NK.BIN 文件。具体步骤如下：

（1）首先将串口 0 与网线与 PC 相连，在 PC 上打开串口调试工具 DNW。然后打开目标开发板电源，此时，串口打印信息如图 2.2.19 所示。

（2）将 PC 端的 IP 地址设置好，为"192.168.1.2"，如图 2.2.20 所示。

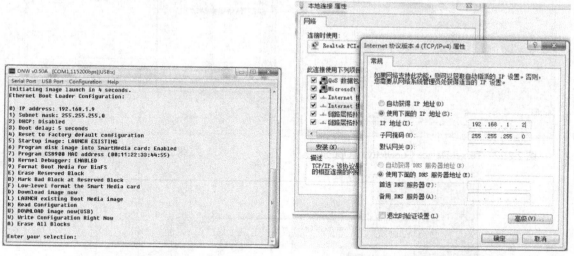

图 2.2.19　配置 EBOOT　　　　　　　　　　图 2.2.20　配置 PC 端 IP 地址

（3）设置好 IP 地址，为 192.168.1.1 与物理地址 0.1.2.3.4.5 并保存。按"6"选择"Program disk image into Smart Media card：Enabled"，再按"F"选择"Low-level format the Smart Media card"。等待几十秒后，在按"D"选择"DOWNLOAD image now"。如图 2.2.21 所示。

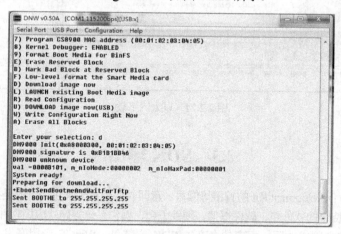

图 2.2.21　DOWNLOAD 界面

（4）在 Platform Builder 中，单击"Target→Connectivity Options"，弹出如图 2.2.22 所示"Target Device Connectivity Options"对话框。在"Download"以及"Transport"选项中选择"Ethernet"方式。

（5）单击"Settings"选项，弹出如图 2.2.23 所示对话框，接收到来自开发板的请求通信信息。选择该设备后，单击"OK"按钮。

（6）在单击 Apply 之后，选择"Target→Attach Device"菜单，开始以太网下载。如图 2.2.24 所示。等待 2 分钟左右，下载完成后系统开始将系统映像烧写到 NAND Flash 中。重启开发板后即可。

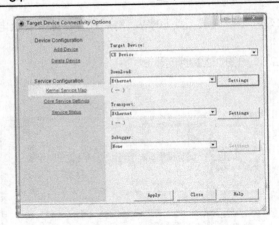

图 2.2.22   Target Device Connectivity Options

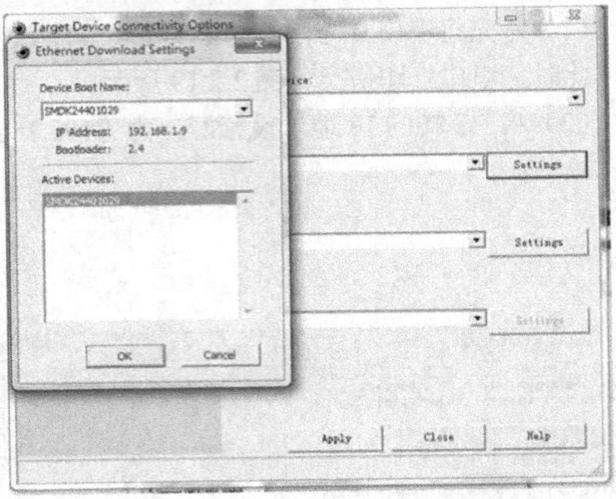

图 2.2.23   选择设备

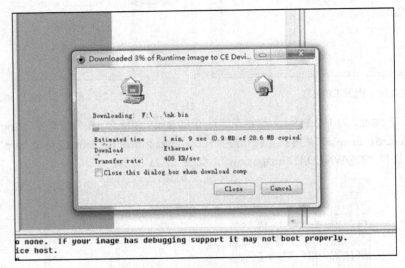

图 2.2.24   以太网下载

2.3   SDK 输出

　　SDK 是 Software Development Kit 的首字母缩写，意即软件开发工具包。一般是被一些被 Windows 软件开发工程师用于为特定的软件包、软件框架、硬件平台、操作系统等建立应用软件的开发工具的集合。

　　WinCE 5.0 系统定制成功后，相应的会产生 SDK 安装包。WinCE 应用开发工程师需要在安装了 SDK 后，才能在该系统平台上开发软件。SDK 的生成主要通过下列步骤实现。

　　（1）首先，单击 Platform Builder5.0 菜单项中的"Platform→SDK→New SDK"，弹出如图 2.3.1 所示对话框，单击"下一步"继续。

　　（2）在图 2.3.2 所示对话框中填入 SDK 名称，以及开发商名称等信息。单击"下一步"选择继续。

　　（3）在图 2.3.3 所示对话框中，选择"eMbedded Visual C++ 4.0 support"选项，并单击"下一步"选择继续。

　　（4）在图 2.3.4 所示对话框中，单击"Finish"完成 SDK 向导。

图 2.3.1　输出 SDK 安装包

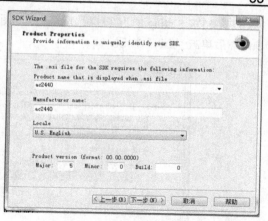

图 2.3.2　填写名称信息

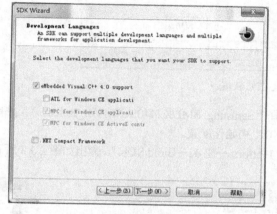

图 2.3.3　选择支持开发语言

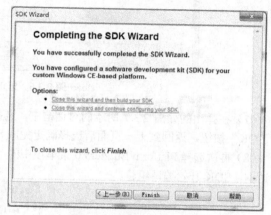

图 2.3.4　完成 SDK 向导

（5）单击 Platform Builder5.0 菜单项中的 "Platform→SDK→Configure SDK"。弹出如图 2.3.5 所示对话框。在 "Install" 选项卡中，填写好 SDK 路径、OS design name 以及 MSI file name 等信息。

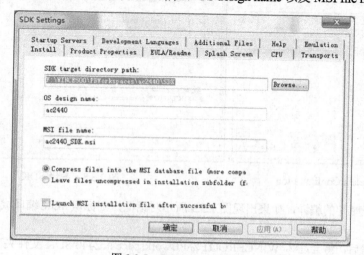

图 2.3.5　SDK Install Setting

（6）在 SDK Setting 的"CPU"选项卡中，如图 2.3.6 所示，首先选择 Configuration 下的"ARMV4I"选项，然后单击"Edit"按钮。

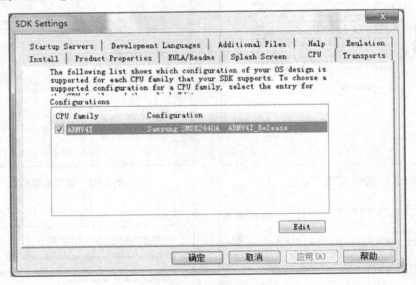

图 2.3.6　SDK CPU Setting

（7）在弹出的如图 2.3.7 所示的对话框中，选择"Samsung SMDK2440:ARMV4I_Release"。并单击"OK"按钮，返回到上一页面后选择确定完成 SDK 初始化配置。

（8）再次选择 Platform Builder5.0 菜单项中的"Platform→SDK→Build SDK"，弹出如图 2.3.8 所示对话框，SDK 开始编译组建。

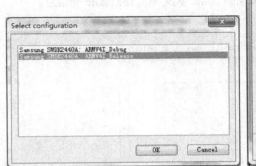

图 2.3.7　Select Configuration

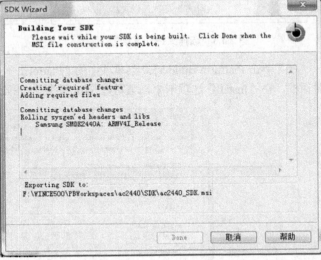

图 2.3.8　编译 SDK

（9）经过一段时间的编译，如果出现图 2.3.9 所示对话框，则标识 SDK 编译成功。单击"Done"按钮退出。

完成以上步骤后，将会在%_WINCEROOT%\PBworkspace\ac2440\SDK 文件夹下生成"ac_SDK"。

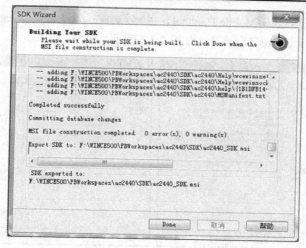

图 2.3.9　完成编译 SDK

2.4　WinCE 5.0 调试

2.4.1　WinCE 模拟器

WinCE 模拟器是一个虚拟的硬件平台，它不需要硬件并可以模拟运行 WinCE 环境。对于测试一些 WinCE 5.0 界面程序非常实用。但是一般和底层硬件相关的程序（如 GPIO 驱动程序等）无法在模拟器上面调试的，因为模拟器只是模拟 WinCE 系统。

本实验介绍如何定制基于 ARM4I 平台 Visual Studio 2005 环境中文 WinCE 模拟器，建立用于 Platform Builder5.0+Visual Studio 2005 嵌入式 WinCE 5.0 开发环境。WinCE 5.0 的 ARM 中文模拟器定制步骤如下：

（1）首先在微软官方网站上下载 "Device Emulator: ARMV4I BSP for Windows CE 5.0"，并将其安装在 WINCE500 目录下，如图 2.4.1 所示。

（2）定制 WinCE 5.0 系统。运行 Platform Builder5.0，新建一个名为 "myemu" 的 Platform 并在选择 BSP 时，选择 "MICROSOFT DEVICEEMULATOR:ARMV4I"，如图 2.4.2 所示。

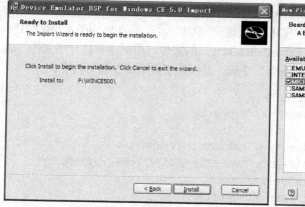

图 2.4.1　安装 DeviceEmulatorBSP.msi

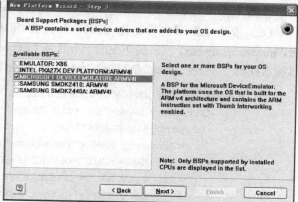

图 2.4.2　选择模拟器 BSP

（3）在 Design Template 选择 Mobile Handheld；在 Networking & Communications 只选择 Local Area Network(LAN)→Wired Local Area Network，如图 2.4.3 所示。

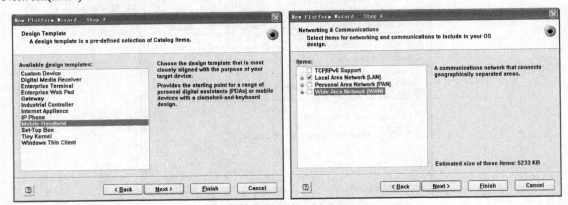

图 2.4.3　选择模拟器系统模版与网络组建

（4）完成 Platform 新建向导后，按照 11.2.1 节中系统定制的步骤加入需要的系统组件：

- "Device Drivers→Networking→Local Area Networking(LAN) devices→NE2000- compatible (PCMCIA card)"
- "Core OS→Windows CE Devices→Applications–End User→CAB File Installer/Uninstaller"
- "BSP→Microsoft Device Emulator→Storage Drivers→MSFlash Drivers→SmartMedia NAND Flash Driver (SMFLASH)"
- "Core OS→Windows CE Devices→File Systems and Data Store→Storage Manager→Partition Driver"
- "Core OS→Windows CE Devices→File Systems and Data Store→Storage Manager→FAT File System"

其他组件可根据开发需求自行添加。

（5）打开菜单中的 "Platform→Setting"，需要设置以下 3 个编译选项：

- 在 Build Options 标签页，去掉 "Enable CE Target Control Support" 和 "Enable KITL"；
- 在 Environment 标签页，添加环境变量 CE_MODULES_SERIAL=1，这是用来将 DMA 添加进来；
- 在 Locale 标签页，单击右边的 "Clear All" 按钮，然后在左边的列表框中选中 "中文"。

在编译菜单 "Build OS" 下选择 "Clear Before Building"，再通过单击 "Sysgen" 开始编译。

（6）按照 2.3 节内容新建 SDK，新建完 SDK。新建完 SDK 后，将在%_WINCEROOT%\PBWorkspaces\myemu 文件夹下生成一个名为 "ExportSdk.sdkcfg" 的文件。用记事本打开该文件，通过搜索找到 "<PropertyBag NAME="DeviceEmulation">" 字段，并在该字段下添加如下内容：

```
<PropertyBag NAME="DeviceEmulation">
    <Property NAME="Default Image">1</Property>
    <PropertyBag NAME="1">
        <Property NAME="ImageName">My Emulator</Property>
    <Property NAME="VMID">{68D7C19F-6C0A-4B99-BEE3-DF0A79328860}</Property>
        <Property NAME="Default Skin"/>
        <Property NAME="Height">480</Property>
        <Property NAME="Width">800</Property>
```

```
<Property NAME="BitDepth">16</Property>
<Property NAME="Memory">128</Property>
<Property NAME="Bin Dest">Emulator\NK.bin</Property>
<Property NAME="Fixed Screen">1</Property>
<Property NAME="CpuName">ARMV4I</Property>
<Property NAME="DPIX">96</Property>
<Property NAME="DPIY">96</Property>
<Property NAME="SupportRotation">0</Property>
<Property NAME="Enabled">1</Property>
<Property NAME="Bin Path"></Property>
<Property NAME="Ethernet">1</Property>
<Property NAME="Ports">1</Property>
<Property NAME="AdditionalParameters">
</Property>
<PropertyBag NAME="Skins"/>
</PropertyBag>
</PropertyBag>
<PropertyBag NAME="Added Files">
<PropertyBag NAME="{3B388597-0924-4102-ADFA-2519D2C3E11B}">
<Property NAME="Source">F:\WINCE500\PBWorkspaces\myemu\Addfile</Property>
<Property NAME="Destination">Emulation</Property>
<Property NAME="Subfolders">0</Property>
</PropertyBag>
</PropertyBag>
```

其中"ImageName"是虚拟设备的镜像文件名;"VMID"是一个 GUID"<PropertyBag NAME="DeviceEmulation">"下的 VMID,可以直接复制 ExportSDK.sdkcfg 中"<PropertyBag NAME="Emulation">"下的 VMID 号;"Height"、"Width"、"BitDepth"分别用于设置模拟器的分辨率和色彩深度;"Memory"用于设置分配给模拟器的 RAM 大小;"DPIX/DPIY"设置屏幕的 DPI。

保存修改好的 ExportSDK.sdkcfg 文件,在 Platform Builder5.0 中选择 BUILD SDK。等 SDK 生成后,安装该 SDK。

(7)打开 VS2005,选择"Tools→Options",打开选项对话框。在对话框左侧,选择"DeviceTools→Device",在右侧下拉对话框中选择刚安装好的 platform,如图 2.4.4 所示。

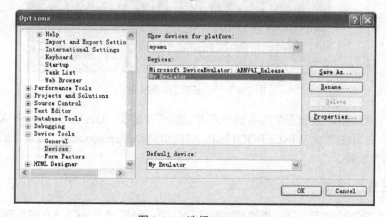

图 2.4.4　选择 platform

（8）双击 myemu 下的 My Emulator 模拟器，配置该模拟器，Transport 选择 DMA Transport，如图 2.4.5 所示。

单击图 2.4.5 中"My Emulator Properties"对话框下的"Emulator Options…"。根据要求，在 General 标签页下，设置 NK.BIN 的路径为"%_WINCEROOT%\PBWorkspaces\myemu\ RelDir\DeviceEmulator_ ARMV4I_Release\NK.bin"；在 Display 标签页下设置模拟器显示屏的分辨率、色彩深度等信息，如图 2.4.6 所示。

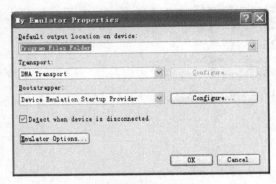

图 2.4.5　配置模拟器传输方式　　　　　　　　图 2.4.6　配置模拟器特性

（9）新建一个基于模拟器系统的 SDK 的智能设备对话框程序。当加载完该项目后，在 TARGET DEVICE 栏中显示 My Emulator 的模拟器设备。单击"Tools"菜单下的"Connect to Device…"，将自动打开定制的 WinCE 5.0 模拟器，如图 2.4.7 所示。

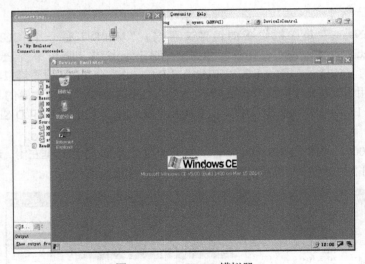

图 2.4.7　WinCE 5.0 模拟器

关于 WinCE 5.0 模拟器系统定制的实验步骤可以参考安装了"Device Emulator: ARMV4I BSP for Windows CE 5.0"之后在"%_WINCEROOT%\PLATFORM\Deviceemulator"目录下的"Using the CE DeviceEmulator.rtf"文件。

2.4.2　WinCE 5.0 调试

在 WinCE 5.0 下调试应用程序一般通过两种方法，第一种通过 WinCE 5.0 模拟器调试一般的对话框程序。这些程序往往不需要涉及底层硬件，而只是调用 API 函数或者 MFC 函数实现功能，或者只用到一些模拟器支持的设备。通过模拟器调试应用程序的步骤如下：

（1）打开新建的智能设备对话框程序，添加一个按钮控件，如图 2.4.8 所示。

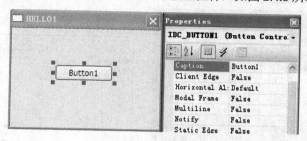

图 2.4.8　对话框程序

（2）双击按钮控件，进入源文件中编辑控件功能函数，实现弹出一个消息对话框，显示"hello world!"，添加程序代码如下：

```
void CHELLO1Dlg::OnBnClickedButton1()
{
    //TODO: Add your control notification handler code here
    MessageBox(_T("hello world!"));
}
```

（3）设置断点，调试程序。选择 MessageBox 函数所在行，单击"Debug→Toggle BreakPoint"在该行设置断点，如图 2.4.9 所示。

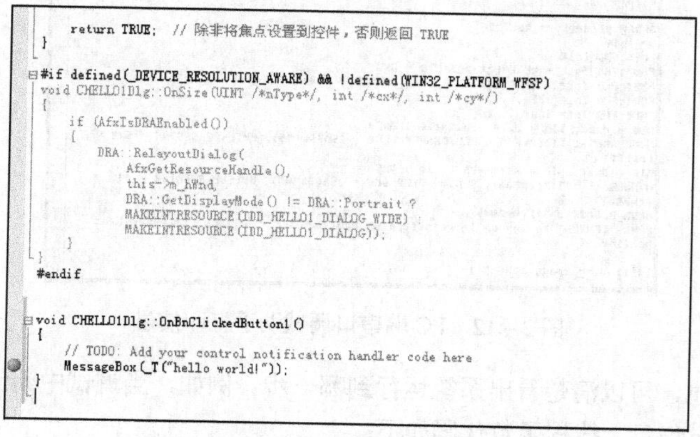

```
        return TRUE;  // 除非将焦点设置到控件，否则返回 TRUE
}

#if defined(_DEVICE_RESOLUTION_AWARE) && !defined(WIN32_PLATFORM_WFSP)
void CHELLO1Dlg::OnSize(UINT /*nType*/, int /*cx*/, int /*cy*/)
{
    if (AfxIsDRAEnabled())
    {
        DRA::RelayoutDialog(
            AfxGetResourceHandle(),
            this->m_hWnd,
            DRA::GetDisplayMode() != DRA::Portrait ?
            MAKEINTRESOURCE(IDD_HELLO1_DIALOG_WIDE) :
            MAKEINTRESOURCE(IDD_HELLO1_DIALOG));
    }
}
#endif

void CHELLO1Dlg::OnBnClickedButton1()
{
    // TODO: Add your control notification handler code here
    MessageBox(_T("hello world!"));
}
```

图 2.4.9　设置断点

（4）单击菜单栏中"Debug→Start Debugging"选项，开始编译并调试。在 WinCE 5.0 模拟器中将加载编写好的对话框 APP，如图 2.4.10 所示。

（5）单击 APP 上的按钮，应用程序并未弹出消息对话框。因为程序运行到 MessageBox()函数前将遇到断点，程序被暂停。单击 Visual Studio 2005 上的继续运行按钮，如图 2.4.11 左上角的开始符号，才可继续运行程序。

通过以上步骤可以实现对一般应用程序的调试。当然在程序被加载到模拟器后，开发者依然可以在 Visual Studio 2005 中添加断点调试，也可以在 Visual Studio 2005 中通过单步调试等方法调试程序。

根据以上描述可以看出，WinCE 5.0 模拟器确实可以方便地调试一般的应用程序，但是涉及 WinCE

驱动或者嵌入式系统底层硬件的应用程序将无法通过模拟器调试。此时,往往需要通过串口打印 Debug 信息来调试程序。开发人员根据串口打印信息,判断程序可能出现 BUG 的环节。

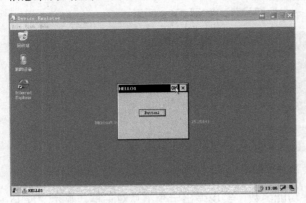

图 2.4.10 模拟器中运行的 APP

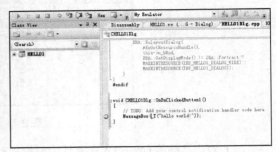

图 2.4.11 产生断点

下面将通过介绍 WinCE 5.0 启动时打印的串口 Debug 信息,分析串口调试步骤:

(1)通过串口线连接开发板与 PC。在 PC 端打开串口助手,设置波特率为 115200;在开发板上,串口线接在串口 1 上,因为 BSP 中设置的串口 0 为普通串口,而串口 1 为调试串口。

(2)打开开发板电源,在串口调试助手上将打印 WinCE 5.0 系统信息,如图 2.4.12 所示。

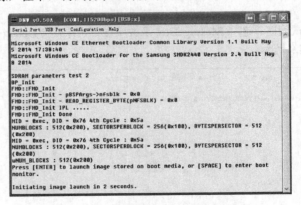

图 2.4.12 PC 端串口调试助手打印信息

(3)通过调试信息,可以清楚看出系统运行到哪一步。例如,当调试中断流驱动时,在中断线程中会出现很多串口调试信息,线程函数代码如下:

```
DWORD IntProcessThread(void)
{
    //创建外部中断事件
    IntEvent = CreateEvent(NULL, FALSE, FALSE, NULL);
    if (!IntEvent)
    {
        RETAILMSG(1, (TEXT("ERROR: Failed to create event.\r\n")));
        return FALSE;
    }
    if (!InterruptInitialize(g_KeySysIntr, IntEvent, NULL, 0))
```

```
    {
        RETAILMSG(1,(TEXT("ERROR:Fail to initialize interrupt event\r\n")));
        CloseHandle(IntEvent);
        return FALSE;
    }
    while(1)
    {
//挂起当前线程，除非产生中断事件
        DWORD ret = WaitForSingleObject(IntEvent, INFINITE);
        //EINT4
        if(ret == WAIT_OBJECT_0)
        {
            //创建读按键事件
            if(!SetEvent(ReadEvent[0]))
                RETAILMSG(1,(TEXT("INFO::Event Create Failed!\r\n")));

            RETAILMSG(1,(TEXT("INFO::Key4 is interruptted!\r\n")));
            LED_CONTROL();
        }
        else
        {
            CloseHandle(IntEvent);
            RETAILMSG(1,(TEXT("INFO::Exit the thread!\r\n")));
            return 0;
        }
        //中断处理结束
        InterruptDone(g_KeySysIntr);
    }
    return 1;
}
```

在该中断流驱动被调用时，将产生以下串口调试信息：

```
INT_GPIO_Setting...
EINT:Mapped Irq 0x3 to SysIntr 0x19.
INT_init...OK!

INFO::Key4 is interruptted!
INFO::Key4 is interruptted!
INFO::Key4 is interruptted!
```

习　题

1. 根据本章各节内容，自行构建 WinCE 5.0 开发环境。
2. 动手定制一个适合开发板的 WinCE 5.0 嵌入式系统，并生成相应的 SDK。
3. 动手定制一个 WinCE 5.0 模拟器，并通过 Visual Studio 2005 连接该模拟器。

第 3 章　WinCE 应用程序开发

　　本章主要介绍如何使用 Visual Studio 2005 进行 WinCE 5.0 应用程序开发。首先，介绍了开发环境的构建，然后简单介绍应用程序编程步骤，最后介绍了控件编程、进程编程、多线程编程、读写文件以访问注册表和网络编程。

3.1　开发环境的构建

3.1.1　Visual Studio 2005 的安装

　　WinCE 5.0 应用程序的开发可以使用 EVC++或者 Visual Studio 2005。其中，Visual Studio 2005 是基于.NET 2.0 框架的，同时支持 Windows 操作系统下开发跨平台的应用程序，如开发基于 Windows CE 操作系统或 Windows Phone 操作系统的应用程序等。它是一款功能非常强大的开发软件，甚至包括代码测试功能。

　　首先，通过如下步骤完成 Visual Studio 2005 的安装。

　　（1）双击运行 Visual Studio 2005 安装目录下的 Setup.exe 文件。弹出如图 3.1.1 所示对话框。单击"Install Visual Studio 2005"开始安装。

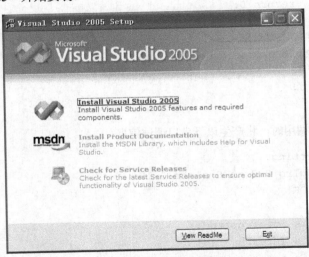

图 3.1.1　准备安装界面

　　（2）在开始安装 Visual Studio 2005 后，出现如图 3.1.2 所示对话框，需等待复制好安装文件。

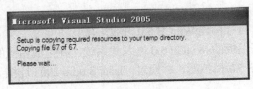

图 3.1.2　等待复制

（3）复制完安装文件后，弹出如图 3.1.3 所示对话框，安装程序加载组建。

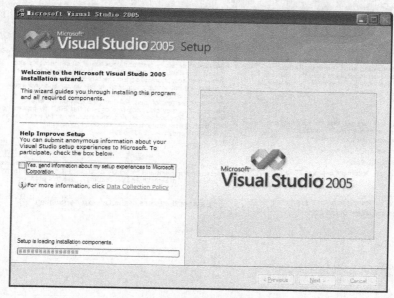

图 3.1.3 加载组建

（4）加载完组建后，在弹出的如图 3.1.4 对话框中，单击"Next"按钮选择继续安装。

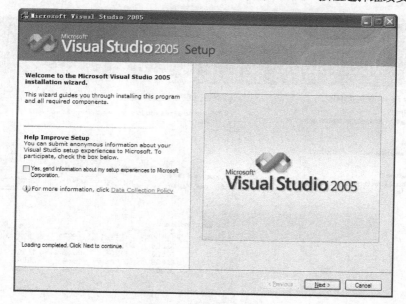

图 3.1.4 加载组建完成

（5）在如图 3.1.5 所示对话框中，勾选上"I accept the terms of the License Agreement"，并单击"Next"选择继续安装。

（6）图 3.1.6 所示对话框中，选择安装特性，并选择安装路径。此处，选择"Custom"形式安装，可自由选择需要安装的组建。单击"Next"选择继续安装。

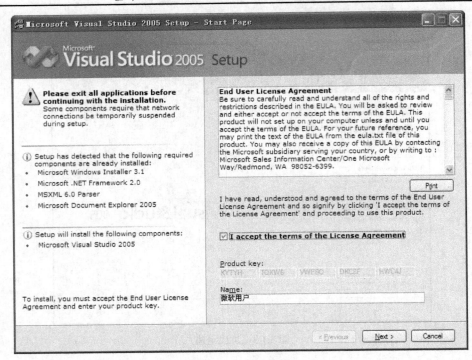

图 3.1.5   接受用户许可协议

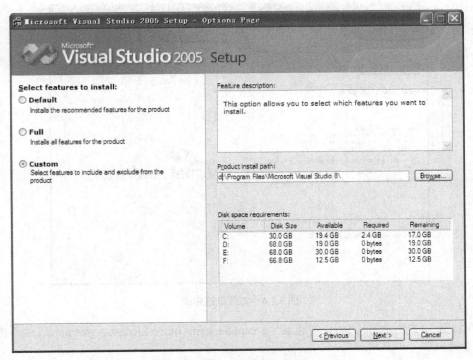

图 3.1.6   安装特性与路径

（7）在图 3.1.7 所示对话框中，选择需要安装的组建，单击"Next"选择继续安装。

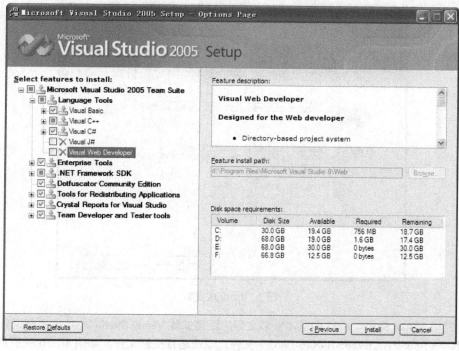

图 3.1.7　选择安装组建

（8）图 3.1.8 所示对话框显示的安装进度，只需等待安装结束即可。

图 3.1.8　安装进度

（9）在弹出如图 3.1.9 所示对话框后，即表示安装已完成，单击"Exit"选择完成安装。

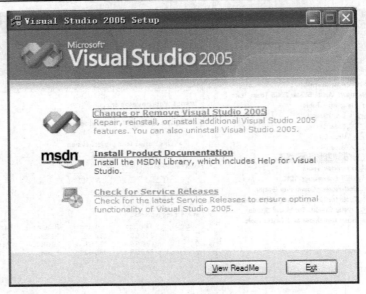

图 3.1.9　完成安装

（10）完成 Visual Studio 2005 的基本安装之后，还需安装 Visual Studio 2005 的更新文件。在安装目录下找到 "VS80SP1-KB926601-X86-ENU" 文件，双击运行更新文件。如图 3.1.10 所示对话框。

（11）图 3.1.11 所示是等待配置 Visual Studio 2005。

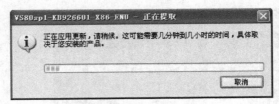

图 3.1.10　提取更新文件

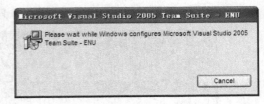

图 3.1.11　等待配置

（12）在图 3.1.12 所示对话框中，单击 "OK" 选择确认更新 Visual Studio 2005。

（13）在图 3.1.13 所示对话框中，单击 "I accept" 选择接受用户许可协议。

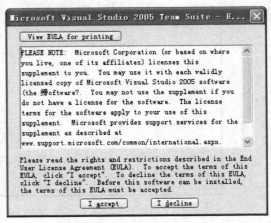

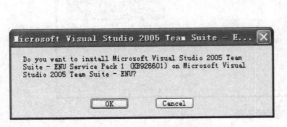

图 3.1.12　确认更新

图 3.1.13　接受用户许可协议

（14）图 3.1.14 所示是更新程序进度，等待数分钟后，即可完成更新 Visual Studio 2005。

（15）当弹出如图 3.1.15 所示对话框后，说明更新已完成，单击"OK"完成更新。

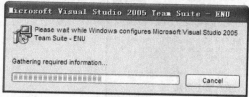

图 3.1.14　更新进度

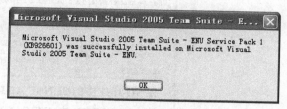

图 3.1.15　更新完成

至此，Visual Studio 2005 的安装已完成。

3.1.2　SDK 的安装

在第 2 章中，已经介绍了如何输出 WinCE 5.0 嵌入式系统的 SDK。在开发 WinCE 5.0 下的应用软件之前，需要安装相应的 SDK。通过以下步骤安装该 SDK。

（1）首先，在%_WINCEROOT%\PBWorkspaces\ac2440\SDK 文件夹下找到"SDK.msi"文件，该文件是在定制系统后用户自行生成的。双击"SDK.msi"运行安装程序，弹出如图 3.1.16 准备安装界面。单击"Next"选择继续安装。

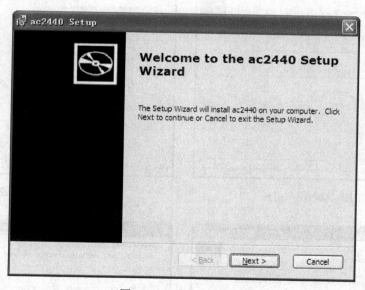

图 3.1.16　准备安装界面

（2）图 3.1.17 所示是用户许可协议界面，选择"Accept"选择同意用户许可协议，并单击"Next"选择继续安装。

（3）在图 3.1.18 所示对话框中，填入用户名称和公司名称，并单击"Next"选择继续安装。

（4）在图 3.1.19 所示对话框中，选择"Custom"，并单击"Next"选择继续安装。

（5）在图 3.1.20 所示对话框中，选择安装组建以及安装路径。此处建议默认安装，直接单击"Next"选择继续安装。

（6）图 3.1.21 所示对话框提示用户已配置好安装信息，是否确定安装。单击"Install"选择确定安装该 SDK。

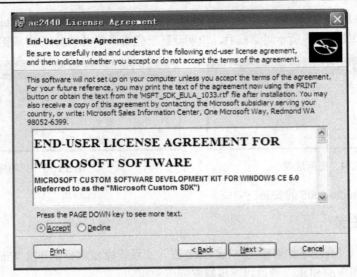

图 3.1.17　准备安装界面

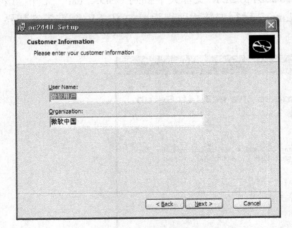

图 3.1.18　填入用户信息

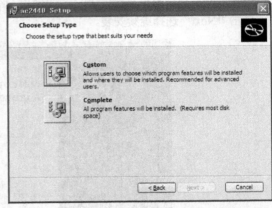

图 3.1.19　选择安装模式

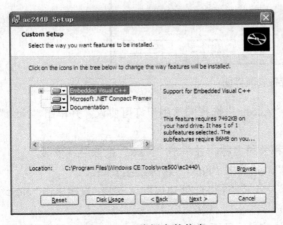

图 3.1.20　选择安装信息

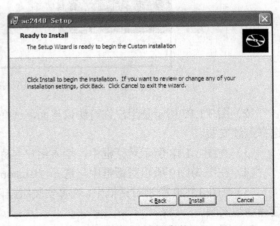

图 3.1.21　确认安装

（7）图 3.1.22 所示是 SDK 安装进度，等待数分钟后，即可完成安装。

（8）当弹出如图 3.1.23 所示对话框后，即标识已完成安装。单击"Finish"结束安装该 SDK。

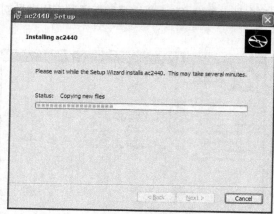

图 3.1.22　安装进度

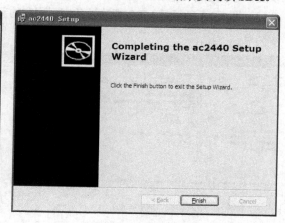

图 3.1.23　安装完成

完成 Visual Studio 2005 和 SDK 的安装，开发者即可开始 WinCE 5.0 应用程序的开发。

3.2　应用程序开发

WinCE 5.0 应用程序开发包括对话框控件编程、进程编程、多线程编程、读写文件编程、访问注册表及网络编程等。本节编程实验目的在于：①熟悉如何使用 Visual Studio 2005 创建新项目，熟悉 Visual Studio 2005 的对话框控件及编程；②熟悉进程、多线程的编程；③熟悉如何在应用程序中读写文件；④熟悉访问注册表；⑤学习网络编程。

3.2.1　新建项目

在应用程序开发前，首先需新建一个项目。Visual Studio 2005 提供多种编程语言开发应用程序。其中开发者通过 Visual C++可新建多种项目类型，如 MFC 类型项目、WIN32 类型项目、智能设备类型项目等。WinCE 5.0 嵌入式系统应用程序的开发主要通过 MFC 智能设备类型项目进行开发。

通过以下步骤新建 Visual Studio 2005 项目：

（1）打开 Visual Studio 2005，如图 3.2.1 所示，选择"File→New→Project"。开始新建项目。

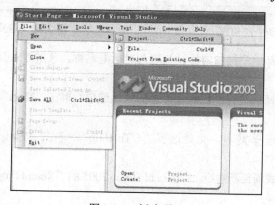

图 3.2.1　新建项目

（2）在图 3.2.2 所示界面中，选择"Smart Device→MFC Smart Device Application"，并填入项目名称以及保存路径等信息。单击"OK"选择继续。

（3）图 3.2.3 所示是 MFC 智能设备应用程序的新建向导，单击"Next"选择继续通过应用向导创建新项目。

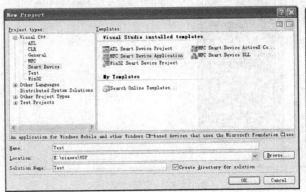

图 3.2.2 填入项目信息

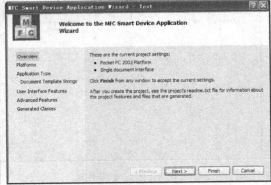

图 3.2.3 项目创建向导

（4）在图 3.2.4 中，选择平台 SDK，如图中选择的"ac2440"，单击"Next"选择继续通过应用向导创建新项目。

（5）在图 3.2.5 中，选择基于对话框的应用类型，并使用 MFC 静态库，在语言选项中可选择中文或英文。单击"Next"选择继续通过应用向导创建新项目。

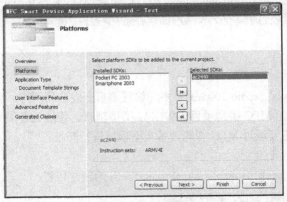

图 3.2.4 选择平台 SDK

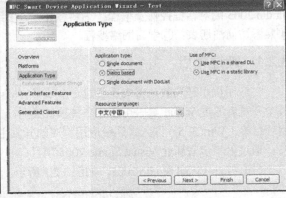

图 3.2.5 选择应用类型

（6）在图 3.2.6 中，选择用户接口特性，并填入对话框名称。单击"Next"选择继续通过应用向导创建新项目。

（7）在图 3.2.7 中，选择高级特性，此处可选择默认选项。单击"Next"选择继续通过应用向导创建新项目。

（8）在图 3.2.8 中，选择类库，此处选择"CTestDlg"。单击"Finish"选择完成创建新项目向导。

（9）图 3.2.9 所示已完成项目新建后，在 Visual Studio 2005 的"Resent Projects"栏目中，多了"Test"的工程项目。

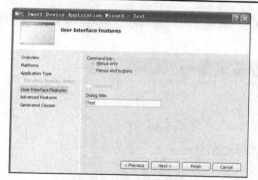

图 3.2.6　选择用户特性

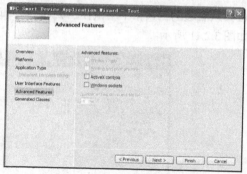

图 3.2.7　选择高级特性

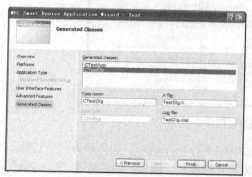

图 3.2.8　选择类库

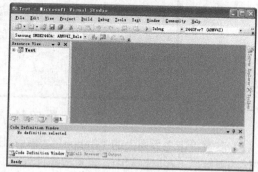

图 3.2.9　完成项目新建

3.2.2　控件编程

控件是对数据和方法的封装，是 Windows 图形用户界面主要的组成部分之一。控件可以有自己的属性，是控件数据的简单访问者；而控件的方法则是控件功能的实现。WinCE 5.0 提供了多种对话框控件，极大地方便了用户编写基于对话框的应用程序。WinCE 5.0 中最常见的对话框控件包括标签、按钮、编辑框、组合框、微调按钮、进度条、列表框和复选框等。本测试实验目的在于熟悉 WinCE 5.0 的对话框控件，并能熟练运用以上的控件进行应用程序编程。

测试实验主要涉及按钮控件、编辑框控件以及静态文本控件，具体步骤如下：

（1）按照上一小节介绍的步骤新建项目。在新建好的 Test 项目目录下，打开对话框主界面，如图 3.2.10 所示。

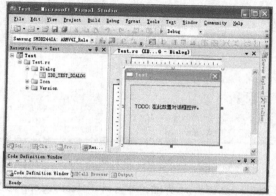

图 3.2.10　打开对话框

（2）从右边的工具箱中用鼠标左键选中"Button"按钮控件，将其拖到对话框主界面合适的位置中，如图 3.2.11 所示。

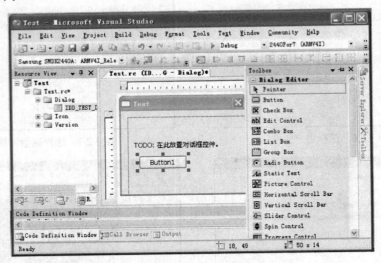

图 3.2.11　添加按钮控件

（3）右键单击主界面上的"Button1"按钮，出现如图 3.2.12 所示选项，选择最后一个属性，出现该控件的属性栏。在属性栏中，可更改控件外观、行为等具体属性。例如，通过更改"Caption"后字符串，可以更改该按钮控件名称。

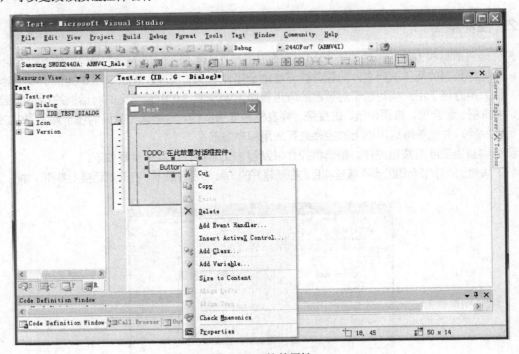

图 3.2.12　控件属性

（4）双击该控件，出现如图 3.2.13 所示界面，即打开了 TestDlg.cpp 源文件。在该文件中，可以通过修改对象的成员函数 OnBnClickedButton1()，实现该控件方法。

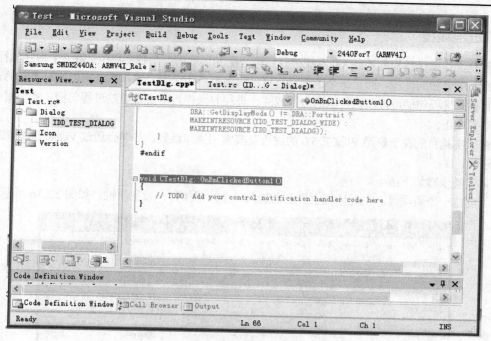

图 3.2.13　修改源文件

（5）上述步骤完成后，加入编辑框控件和静态文本控件，并编辑其属性，在编辑框和文本框中分别通过右键控件添加变量 Mul1、Mul2 以及 Mul_Value，如图 3.2.14 所示。

（6）在 **OnBnClickedButton1()** 成员函数中，增加以下代码，实现该按钮功能。

```
void CTestDlg::OnBnClickedButton1()
{
    //TODO: Add your control notification handler code here
    UpdateData();
    Mul_Value = Mul1*Mul2;
    UpdateData(FALSE);
}
```

（7）单击菜单栏中"Debug→Start Debugging"选项，开始编译并调试。本实验通过 WinCE 5.0 模拟器中调试，调试结果如图 3.2.15 所示。

图 3.2.14　设置控件属性

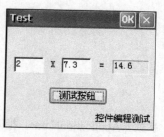

图 3.2.15　调试结果

3.2.3　进程编程

进程是操作系统结构的基础，是系统进行资源分配和调度的一个独立单位。每一个程序执行之后，就会编程一个单独的进程，而且每个进程都有自己的虚拟内存空间。操作系统可以列举系统的活动进程，并且根据进程句柄可控制执行激活进程或终止进程等操作。本实验通过进程句柄，实现对一个进程的启动和终止。

本测试实验目的在于熟悉 WinCE 5.0 的进程及其常用操作函数，并学会通过 Visual Studio 2005 创建一个进程。

具体实验步骤如下：

（1）创建一个新项目，在对话框主界面上加入一个按钮控件，设置属性，如图 3.2.16 所示。

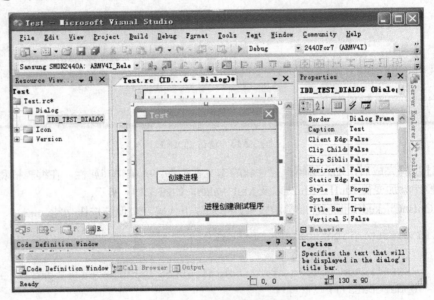

图 3.2.16　进程测试主界面

（2）双击按钮控件，在 **OnBnClickedButton1**()函数中添加创建进程函数。创建进程函数原型如下：

```
BOOL CreateProcess(LPCTSTR lpApplicationName,
                   LPTSTR lpCommandLine,
                   LPSECURITY_ATTRIBUTES lpProcessAttributes,
                   LPSECURITY_ATTRIBUTES lpThreadAttributes,
                   BOOL bInheritHandles,
                   DWORD dwCreationFlags,
                   LPVOID lpEnvironment,
                   LPCTSTR lpCurrentDirectory,
                   LPSTARTUPINFO lpStartupInfo,
                   LPPROCESS_INFORMATION lpProcessInformation)
```

参数 lpApplicationName：指向一个 NULL 结尾的、用来指定可执行模块的字符串。这个字符串可以是可执行模块的绝对路径，也可以是相对路径，在后一种情况下，函数使用当前驱动器和目录建立可执行模块的路径。

- 参数 lpcommandline：指向一个 NULL 结尾的、用来指定要运行的命令行。这个参数可以为空，那么函数将使用参数指定的字符串当作要运行的程序的命令行。
- 参数 lpprocessattributes：指向一个 security_attributes 结构体，这个结构体决定是否返回的句柄可以被子进程继承。
- 参数 lpthreadattributes：指向一个 security_attributes 结构体，这个结构体决定是否线程可以被继承。
- 参数 binherithandles：指示新进程是否从调用进程处继承了句柄。
- 参数 dwcreationflags：指定附加的、用来控制优先类和进程的创建的标志。以下的创建标志可以除下面列出的方式外的任何方式组合后指定。
- 参数 lpenvironment：指向一个新进程的环境块。
- 参数 lpcurrentdirectory：指向一个以 NULL 结尾的字符串，这个字符串用来指定子进程的工作路径。这个字符串必须是一个包含驱动器名的绝对路径。如果这个参数为空，新进程将使用与调用进程相同的驱动器和目录。
- 参数 lpstartupinfo：指向一个用于决定新进程的主窗体如何显示的 startupinfo 结构体。
- 参数 lpprocessinformation：指向一个用来接收新进程的识别信息的 process_information 结构体。

根据 CreateProcess()函数原型，在控件编程中加入代码如下：

```
void CTest1Dlg::OnBnClickedButton1()
{
    //TODO: Add your control notification handler code here
    STARTUPINFO sui;
    PROCESS_INFORMATION processinfo;
    ZeroMemory(&sui,sizeof(STARTUPINFO));
    if(!CreateProcess(_T("\\Storage Card\\Test.exe"),NULL,NULL,NULL,NULL,
        0,NULL,NULL,&sui,&processinfo))
    {
        MessageBox(_T("创建进程失败！"));
        return;
    }
    else
    {
        CloseHandle(processinfo.hProcess);
        CloseHandle(processinfo.hThread);
    }
}
```

（3）同样创建一个按钮控件，通过 ExitProcess()函数结束进程。需要注意的是 ExitProcess() 用于结束自己的进程。具体代码如下：

```
void CTest1Dlg::OnBnClickedButton2()
{
    //TODO: Add your control notification handler code here
    ExitProcess(0);
}
```

（4）单击菜单栏中 "Debug→Start Debugging" 选项，开始编译并调试。本实验在 WinCE 5.0 模拟器中调试，单击创建进程，则启动处于 Storage Card 目录下的 Test.exe。调试结果如图 3.2.17 所示。

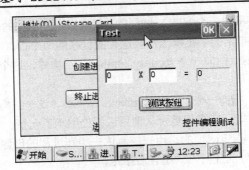

图 3.2.17   测试结果

3.2.4   多线程编程

线程（Thread）有时被称为轻量级进程（Light Weight Process，LWP），是程序执行流的最小单元。一个标准的线程由线程 ID、当前指令指针（PC）、寄存器集合和堆栈组成。另外，线程是进程中的一个实体，是被系统独立调度和分派的基本单位，线程自己不拥有系统资源，只拥有很少的一些在运行中必不可少的资源，但它可与同属一个进程的其他线程共享进程所拥有的全部资源。一个线程可以创建和撤销另一个线程，同一进程中的多个线程之间可以并发执行。由于线程之间的相互制约，致使线程在运行中呈现出间断性。线程也有就绪、阻塞和运行三种基本状态。每一个程序都至少有一个线程，若程序只有一个线程，那就是程序本身。

WinCE 5.0 是一个多任务操作系统，采用了一种新的任务调度策略。它将一个进程划分为多个子线程，每个子线程轮流占用 CPU 的运行时间和资源，这样 CPU 的调度单元更小，从而使 CPU 的并发处理能力更强。

本实验目的在于熟悉 WinCE 5.0 操作系统的线程及其常用操作函数，并学习通过 Visual Studio 2005 创建一个多线程任务。

实验步骤如下：

（1）创建一个新项目，在对话框主界面上加入一个按钮控件，以及两个编辑框控件，并设置其属性，如图 3.2.18 所示。

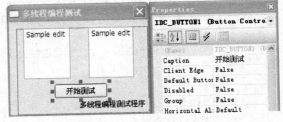

图 3.2.18   多线程编程主界面

（2）双击按钮控件，在 OnBnClickedButton1()函数中添加创建线程函数。创建线程函数 CreateThread 原型如下：

```
HANDLECreateThread(LPSECURITY_ATTRIBUTES lpThreadAttributes,
                   SIZE_T dwStackSize,
                   LPTHREAD_START_ROUTINE lpStartAddress,
                   LPVOID lpParameter,
                   DWORD dwCreationFlags,
                   LPDWORD lpThreadId)
```

● 参数 lpThreadAttributes：指向 SECURITY_ATTRIBUTES 型态的结构的指针。
● 参数 dwStackSize：设置初始栈的大小，以字节为单位。如果为 0，那么默认将使用与调用该函数的线程相同的栈空间大小，Windows 根据需要动态延长堆栈的大小。
● 参数 lpStartAddress：指向线程函数的指针。

- 参数 lpParameter：向线程函数传递的参数，是一个指向结构的指针，不需传递参数时，为 NULL。
- 参数 dwCreationFlags：线程标志。
- 参数 lpThreadId：保存新线程的 ID。

在 CTest2Dlg 类中加入成员函数 ThreadProc(PVOID pArg)，该成员函数设置为私有类型，并声明为静态（static），函数返回值为 DWORD。该函数实现如下：

```
DWORD CTest2Dlg::ThreadProc(PVOID pArg)
{
    int i;
    TCHAR tmp[10];
    CEdit *pEdit;
    pEdit = (CEdit*)pArg;
    i = 0;
    while(1)
    {
        _itow(i,tmp,10);
        CString str;
        pEdit->GetWindowText(str);
        str.Insert(wcslen(tmp+2),tmp);
        pEdit->SetWindowText(str);
        i++;
        Sleep(200);
    }
    return i;
}
```

然后根据 CreateThread ()函数原型，在按钮控件编程中加入代码如下：

```
void CTest2Dlg::OnBnClickedButton1()
{
    DWORD dwThread1,dwThread2;
    HANDLE handle1,handle2;
    handle1 = CreateThread(NULL,0,ThreadProc,&pEdit1,0,&dwThread1);
    handle2 = CreateThread(NULL,0,ThreadProc,&pEdit2,0,&dwThread2);
    if(!handle1)
    {
        AfxMessageBox(_T("创建线程失败！"));
    }
    if(!handle2)
    {
        AfxMessageBox(_T("创建线程失败！"));
    }
    CloseHandle(handle1);
    CloseHandle(handle2);
}
```

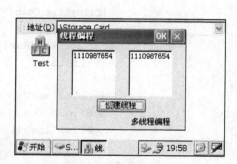

（3）单击菜单栏中 "Debug→Start Debugging" 选项，开始编译并调试。本实验通过 WinCE 5.0 模拟器中调试，单击创建线程。调试结果如图 3.2.19 所示。

图 3.2.19　测试结果

3.2.5　读写文件

文件的基本操作主要包括文件的新建、文件读取以及文件写入等。WinCE 5.0 有两种方式操作文件：使用 WinCE 5.0 提供的 API 函数和使用 MFC 类库的 Cfile 类。这两种方式在实质上是相同的，Cfile 类只是对 API 函数进行了封装。实验利用 Visual Studio 2005 编写一个运行与 WinCE 5.0 操作系统上的对话框应用程序。通过使用 MFC 中 Cfile 类创建一个文件，并通过"写入""读取""清除"等按钮控件控制实现文件的读写操作。

本实验目的在于熟悉 WinCE 5.0 文件操作及其常用操作函数，并学习如何通过 Visual Studio 2005 编写读写文件程序。

实验步骤如下：

（1）建一个新项目，在对话框主界面上加入按钮控件，编辑框控件，并设置其属性，如图 3.2.20 所示。

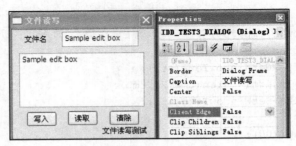

图 3.2.20　读写文件主界面

在主界面中，文件名后面编辑框用于输入文件名，对应变量为 CString 类型的变量 m_Filename；下面的编辑框用于输入文件内容，对应变量为 CString 类型变量 m_Content。其余三个按钮控件分别用于写入、读取文件以及清除编辑框内容。

（2）双击按钮控件，分别在三个按钮控件的成员函数中实现相应的控件功能。代码如下：

```
void CTest3Dlg::OnBnClickedButton1()
{
    //TODO: Add your control notification handler code here
    CFile MyFile;
    UpdateData();
    if(m_Filename != _T(""))
    {
        if(!MyFile.Open(_T("\\"+m_Filename),CFile::modeCreate|CFile::modeWrite))
        {
            MessageBox(_T("创建文件失败！"));
            return;
        }
        MyFile.SeekToBegin();
        MyFile.Write(m_Content,m_Content.GetLength()*2);
        MyFile.Close();
    }
    else
        MessageBox(_T("请输入文件名！"));
```

```
    }

void CTest3Dlg::OnBnClickedButton2()
{
    //TODO: Add your control notification handler code here
    CFile MyFile;
    TCHAR str[100];
    DWORD count;
    ZeroMemory(str,100);
    UpdateData();

    if(m_Filename != _T(""))
    {
        if(!MyFile.Open(_T("\\"+m_Filename),CFile::modeRead))
        {
            MessageBox(_T("创建文件失败！"));
            return;
        }
        long dwLength = MyFile.GetLength();
        count = MyFile.Read(str,dwLength);
        m_Content = str;
        m_Content = str;
        MyFile.Close();
        UpdateData(FALSE);
    }
}

void CTest3Dlg::OnBnClickedButton3()
{
    //TODO: Add your control notification handler code here
    CEdit* pEditContent;
    pEditContent = (CEdit*)GetDlgItem(IDC_EDIT1);
    m_Content = _T("");
    UpdateData(FALSE);
}
```

（3）单击菜单栏中"Debug→Start Debugging"选项，开始编译并调试。在图 3.2.21 所示测试程序对话框中，输入"hello.dat"（此处文件后缀不可省略），并在编辑内容中输入写入文件的内容，如图中的"hello world！"，然后单击写入按钮，此时字符串"hello world！"已被写入 hello.dat 文件中。单击"清除"按钮可清除文本编辑框内容，再单击"读取"按钮，文本框中弹出 hello.dat 文件中的字符串"hello world！"。

图 3.2.21　测试程序及结果

3.2.6　访问注册表

WinCE 5.0 注册表记录了操作系统配置信息、用户配置信息、环境配置信息以及应用程序配置信息等。因此，注册表中存储着应用程序必要的配置信息。WinCE 5.0 的 API 接口函数提供了用于访问注册表的程序接口，包括创建注册表、打开注册表、写入注册表键值、读取注册表键值、删除注册表键等。本实验主要通过 Visual Studio 2005 编写一个基于对话框的程序，通过按钮"写入键值"在 HEKY_CURRENT_USER 根键下创建 Mysoftware\RegTest 键，并在此键下写入键值；通过按钮"读取键值"读取该注册表键下的键值。

本实验目的在于熟悉 WinCE 5.0 操作系统下的注册表操作及其操作函数，并学会利用 Visual Studio 2005 编写应用程序访问注册表。

实验步骤如下：

（1）建一个新项目，在对话框主界面上加入按钮控件，编辑框控件，并设置其属性，如图 3.2.22 所示。

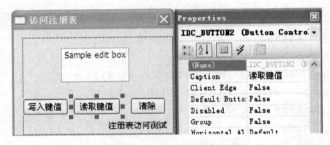

图 3.2.22　访问注册表主界面

（2）使用 WinCE 5.0 注册表操作函数，对注册表进行创建键、写入键值、读取键值等操作。创建注册表 API 函数如下：

```
LONG RegCreateKeyEx(HKEY hKey,
                    LPCTSTR lpSubKey,
                    DWORD Reserved,
                    LPTSTR lpClass,
                    DWORD dwOptions,
                    REGSAM samDesired,
                    LPSECURITY_ATTRIBUTES lpSecurityAttributes,
                    PHKEY phkResult,
                    LPDWORD lpdwDisposition)
```

● 参数 hKey：一个打开键的句柄。调用该函数的进程必须拥有 KEY_CREATE_SUB_KEY 的权力。该句柄可以是 RegCreateKeyEx 或者 RegOpenKeyEx 的返回值，也可以是以下预定义的值 HKEY_CLASSES_ROOT、HKEY_CURRENT_CONFIG、HKEY_CURRENT_USER、HKEY_LOCAL_MACHINE、HKEY_USERS 等键名。

● 参数 lpSubKey：标识子键名称。该参数不能为空，不能存在"\"符号。

● 参数 Reserved：保留值，必须为 0。

● 参数 pClass：指向一个字符串，该字符串定义了该键的类型。

● 参数 dwOptions：一般使用 0。

- 参数 samDesired：定义访问权限。
- 参数 lpSecurityAttributes：定义返回的句柄是否可以被子进程继承，为 NULL 时不能继承。
- 参数 phkResult：保存返回的句柄。
- 参数 pdwDisposition：返回改建是否为新建的键。如果为空，则不返回。

该程序执行成功则返回 ERROR_SUCCESS。

写入注册表键值的 API 函数如下：

```
LONG RegSetValueEx(HKEY hKey,
                   LPCTSTR lpValueName,
                   DWORD Reserved,
                   DWORD dwType,
                   CONST BYTE *lpData,
                   DWORD cbData)
```

- 参数 hKey：与创建注册表键函数一样，该参数是一个打开键的句柄。
- 参数 pValueName：指向一个字符串的指针，该字符串包含了欲设置值的名称。
- 参数 Reserved：保留值，必须为 0。
- 参数 dwType：指定将被存储的数据类型。
- 参数 lpData：指向一个缓冲区，该缓冲区包含了欲为指定值名称存储的数据。
- 参数 cbData：指定由 lpData 参数所指向的数据的大小，单位是字节。

```
LONG RegOpenKeyEx(HKEY hKey,
                  LPCTSTR lpSubKey,
                  DWORD ulOptions,
                  REGSAM samDesired,
                  PHKEY phkResult)
```

- 参数 hKey：一个打开键的句柄。
- 参数 lpSubKey：标识子键名称。
- 参数 ulOptions：保留，必须设置为 0。
- 参数 samDesired：安全访问标记，也就是权限。
- 参数 phkResult：得到的将要打开键的句柄。

读取注册表键值的 API 函数如下：

```
LONG RegQueryValueEx(HKEY hKey,
                     LPCTSTR lpValueName,
                     LPDWORD lpReserved,
                     LPDWORD lpType,
                     LPBYTE lpData,
                     LPDWORD lpcbData)
```

- 参数 hKey：一个打开键的句柄。
- 参数 lpValueName：要获取值的名字，注册表键的名字。
- 参数 lpReserved：保留，必须设置为 0。
- 参数 lpType：用于装载取回数据类型的一个变量。
- 参数 lpData：用于装载指定值的一个缓冲区。
- 参数 lpcbData：用于装载 lpData 缓冲区长度的一个变量。

使用上述函数，对注册表进行操作，对注册表访问主界面的按钮控件进行编程，代码如下：

```cpp
void CTest4Dlg::OnBnClickedButton1()
{
    //TODO: Add your control notification handler code here
    HKEY hOpenK;
    DWORD dwOpenStyle;
    long lResult = 0;

    UpdateData();
    LPCTSTR keyname = L"Mysoftware\Regtest";
    lResult = RegCreateKeyEx(HKEY_CURRENT_USER,keyname,0,L"",
                             0,0,NULL,&hOpenK,&dwOpenStyle);
    ASSERT(lResult == ERROR_SUCCESS);
    LPCTSTR dwKeyname = L"test";
    lResult = RegSetValueEx(hOpenK,dwKeyname,0,REG_DWORD,
                            (BYTE*)&m_KeyValue,sizeof(m_KeyValue));
    ASSERT(lResult == ERROR_SUCCESS);

    RegCloseKey(hOpenK);
    MessageBox(_T("写注册表成功!"));
}


void CTest4Dlg::OnBnClickedButton2()
{
    //TODO: Add your control notification handler code here
    HKEY hOpenK = 0;
    long lResult = 0;
    LPDWORD dwKeyValueType = 0;
    DWORD dwKeyValueLength = 0;

    LPCTSTR keyname = L"Mysoftware\Regtest";

    lResult = RegOpenKeyEx(HKEY_CURRENT_USER,keyname,0,0,&hOpenK);
    ASSERT(lResult == ERROR_SUCCESS);
    LPCTSTR dwKeyname = L"test";
    dwKeyValueLength = sizeof(m_KeyValue);
    lResult = RegQueryValueEx(hOpenK,dwKeyname,0,dwKeyValueType,
                              (BYTE*)&m_KeyValue,&dwKeyValueLength);
    ASSERT(lResult == ERROR_SUCCESS);

    RegCloseKey(hOpenK);
    UpdateData(FALSE);
}


void CTest4Dlg::OnBnClickedButton3()
{
```

```
//TODO: Add your control notification handler code here
CEdit* pEditContent;
pEditContent = (CEdit*)GetDlgItem(IDC_EDIT1);
m_KeyValue = 0;
UpdateData(FALSE);
}
```

（3）单击菜单栏中"Debug→Start Debugging"选项，开始编译并调试。在图 3.2.23 所示测试程序对话框中，输入数字"15"，单击"写入键值"按钮，即可新建"Mysoftware\Regtest"注册表键值，并将"15"写入注册表中的 test 键值中。然后单击"清除"按钮，清除编辑框中数字，再单击"读取键值"读取 test 键值。

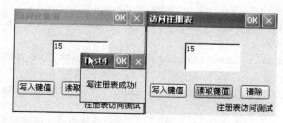

图 3.2.23　测试结果

3.2.7　网络编程

Windows Sockets 是 Windows 下支持多种协议并得到广泛应用的开放的网络编程接口。在 Intel、Microsoft 等公司的全力支持下它不断完善，已成为 Windows 网络编程标准。Windows Sockets 通信的基础是套接口（Socket），一个套接口代表通信的一端。一个正在被使用的套接口都有它的类型和与其相关的进程。

在 MFC 中 Mircrosoft 为套接口提供了相应的类 CAsyncSocket 和 CSocket。CAsyncSocket 提供基于异步通信的套接口封装功能；CSocket 则是 CAsyncSocket 类的派生，它对 WinSocket API 进行了更多的封装，并且利用 CArchive 类进行数据传输，提供更加高层次的功能。例如，可以将套接口上发送和接收的数据和一个文件对象（CSocketFile）关联起来，通过读写文件来达到发送和接收数据的目的。此外，CSocket 提供的通信为同步通信，数据未接收到或是未发送完之前调用不会返回。

在一次网络通信中需要设置几个参数：本地 IP 地址、本地端口号、对方端口号、对方 IP 地址。左边两部分称为一个半关联，当与右边两部分建立连接后就称为一个全关联。在这个全关联的套接口上可以双向的交换数据。如果是使用无连接的通信则只需要建立一个半关联，在发送和接收时指明另一半的参数就可以了，所以可以说无连接的通信是将数据发送到另一台主机的指定端口。此外不论是有连接还是无连接的通信都不需要双方的端口号相同。

本实验通过编制基于流式套接字的网络应用程序，完成服务器端与客户端之间的通信测试。

首先编写服务器端应用程序，实验步骤如下：

（1）新建一个支持"Windows Socket"的对话框项目。在对话框主界面上加入编辑框控件并设置其属性。此外右键单击资源视图中的 Test5.rc，选择添加资源。在弹出的对话框中选择添加菜单资源。编辑添加菜单项，如图 3.2.24 所示。

（2）在对话框主界面的界面初始化函数中初始化菜单项，添加代码如下：

```
BOOL CTest5Dlg::OnInitDialog()
```

```
{
    CDialog::OnInitDialog();
    //设置此对话框的图标。当应用程序主窗口不是对话框时，框架将自动
    //执行此操作
    SetIcon(m_hIcon, TRUE);                    //设置大图标
    SetIcon(m_hIcon, FALSE);                   //设置小图标
    //TODO：在此添加额外的初始化代码
    //创建一个菜单栏
    HINSTANCE  hInst  =  AfxGetResourceHandle();
    HWND  hwndCB  =  CommandBar_Create(hInst,this->GetSafeHwnd(),1);
    if(hwndCB  ==  NULL)
    {
        TRACE0("Failed  to  create  CommandBar/n");
    }
    if(!CommandBar_InsertMenubar(hwndCB,hInst,IDR_MENU1,2) )
    {
        TRACE0("Failed  Insert  Menu  to  CommandBar/n");
    }
    return TRUE;                               //除非将焦点设置到控件，否则返回 TRUE
}
```

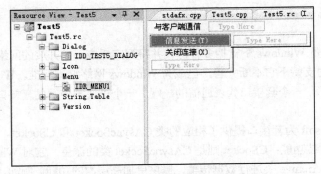

图 3.2.24 添加菜单项

（3）创建 CSocket 的继承类 CMySocket，并在该类中加入成员变量与函数，在该类的构造函数中初始化对话框对象 m_dlg，使 CMySocket 对象能与对话框相关联。具体代码如下：

```
#pragma once
//CMySocket 命令目标
class CTest5Dlg;

class CMySocket : public CSocket
{
public:
    virtual ~CMySocket();
public:
    int m_status;
    CTest5Dlg *m_dlg;
    CMySocket(CTest5Dlg *dlg);
};
```

同样，在对话框类 CTest5Dlg 中，需添加共有成员 CMySocket 类型对象 m_ServerSocket，使该对话框函数能够使用 CMySocket 的套接字类。

（4）在 CMySocket 类下创建 OnAccept 与 OnReceive 重载函数。在类视图界面下选择 CMySocket 类，右边属性栏中选择"Overrides"查看成员函数，如图 3.2.25 所示。在"OnAccept"选项中选择添加 OnAccept 函数重载。再次选择"OnAccept"选项中的"Edit Code"编辑代码。

图 3.2.25　重载函数

（5）编辑新创建的重载函数。在创建的重载函数 OnAccept 与 OnReceive 中，分别填入函数实现。代码如下：

```cpp
void CMySocket::OnAccept(int nErrorCode)
{
    //TODO: Add your specialized code here and/or call the base class
    CMySocket *pSocket = new CMySocket(m_dlg);
    if(Accept(*pSocket))
    {
        m_dlg->m_ServerSocket = pSocket;        //回传套接字给对话框对象
    }
    else
        delete pSocket;
    CSocket::OnAccept(nErrorCode);
}


void CMySocket::OnReceive(int nErrorCode)
{
    //TODO: Add your specialized code here and/or call the base class
    char strMessage[15];
    int ByteCount;
    ByteCount = Receive(strMessage,sizeof(strMessage));
    if(ByteCount > sizeof(strMessage) || ByteCount < sizeof(strMessage))
    {
        AfxMessageBox(_T("数据接收错误"));
        return;
    }
    m_dlg->m_Edit = CString(strMessage);
    m_dlg->UpdateData(FALSE);
    CSocket::OnReceive(nErrorCode);
}
```

（6）在对话框构造函数中，初始化对象 m_pMySocket，并通过 gethostname 查询本地 IP 地址，并显示在静态文本框中。在虚构函数中，通过 delete 释放资源。代码如下：

```cpp
CTest5Dlg::CTest5Dlg(CWnd* pParent /*=NULL*/)
    : CDialog(CTest5Dlg::IDD, pParent)
    , m_IPAddress(_T(""))
    , m_Edit(_T(""))
{
```

```
    m_hIcon = AfxGetApp()->LoadIcon(IDR_MAINFRAME);
    m_pMySocket = NULL;
    char HostName[100];
    gethostname(HostName, sizeof(HostName));  //获得本机主机名.
    hostent* hn;
    hn = gethostbyname(HostName);                    //根据本机主机名得到本机 ip
    m_IPAddress = inet_ntoa(*(struct in_addr *)hn->h_addr_list[0]);
}
//析构函数
CTest5Dlg::~CTest5Dlg()
{
    if (m_pMySocket != NULL)
    {
        delete m_pMySocket;
        m_pMySocket = NULL;
    }
}
```

（7）在初始化函数 **OnInitDialog** 中，添加代码实现 Socket 套接字的构建以及初始化端口，和监听连接请求。代码如下：

```
    BOOL CTest5Dlg::OnInitDialog()
    {
        CDialog::OnInitDialog();

        //设置此对话框的图标。当应用程序主窗口不是对话框时，框架将自动
        //执行此操作
        SetIcon(m_hIcon, TRUE);             //设置大图标
        SetIcon(m_hIcon, FALSE);            //设置小图标

        //TODO：在此添加额外的初始化代码
        //创建一个菜单栏
        HINSTANCE hInst = AfxGetResourceHandle();
        HWND hwndCB = CommandBar_Create(hInst,this->GetSafeHwnd(),1);
        if(hwndCB == NULL)
        {
            TRACE0("Failed to create CommandBar/n");
        }
        if(!CommandBar_InsertMenubar(hwndCB,hInst,IDR_MENU1,2) )
        {
            TRACE0("Failed Insert Menu to CommandBar/n");
        }
        m_ServerSocket = new CMySocket(this);     //构造套接字
        if(m_ServerSocket->Create(8001))          //初始化端口
        {
            if(!m_ServerSocket->Listen(5))        //监听连接请求
            {
                MessageBox(_T("设置监听 Socket 失败"),_T("错误信息"),MB_OK);
```

```
            delete m_ServerSocket;
        }
    }
    else
    {
        MessageBox(_T("生成 Socket 失败"),_T("错误信息"),MB_OK);
        delete m_ServerSocket;
    }
    //初始化参数
    return TRUE;                        //除非将焦点设置到控件,否则返回 TRUE
}
```

（8）编辑菜单项，将"信息发送"ID 编辑为"ID_SEND"，将"关闭连接"ID 编辑为"ID_UNLINK"，并分别右键单击菜单项，添加事件处理程序。在弹出的事件处理程序向导中选择 COMMAND 消息处理类型，并编辑消息处理程序。消息处理程序代码如下：

```
void CTest5Dlg::OnSend()
{
    //TODO: Add your command handler code here
    if(!m_ServerSocket)
    {
        MessageBox(_T("客户端还没有进行与服务器的连接"),_T("错误信息"),MB_OK);
        return;
    }
    char str[15] = "hello!客户端";
    m_ServerSocket->Send(&str,sizeof(str));
}

void CTest5Dlg::OnUnlick()
{
    //TODO: Add your command handler code here
    m_ServerSocket->Close();
    if(!m_ServerSocket)
    {
        delete m_ServerSocket;
        m_ServerSocket = NULL;
        MessageBox(_T("已关闭连接"),_T("提示信息"),MB_OK);
    }
    else
    {
        MessageBox(_T("未连接客户端"),_T("错误信息"),MB_OK);
    }
}
```

（9）单击菜单栏中"Debug→Start Debugging"选项，开始编译并调试。在 WinCE 5.0 界面中弹出如图 3.2.26 所示对话框。IP 地址为"192.168.55.101"。

接着编写客户端应用程序，实验步骤如下：

（1）如服务器客户端一样，创建一个支持"Windows Socket"的对话框类型应用程序，并添加编辑框等控件以及菜单项。编辑添加菜单项，如图 3.2.27 所示。

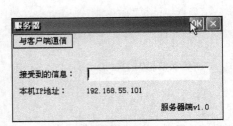
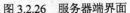

图 3.2.26　服务器端界面

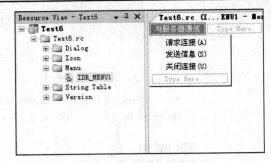

图 3.2.27　客户端菜单项

（2）创建 CSocket 的继承类 CMySocket，并在该类中加入成员变量与函数，在该类的构造函数中初始化对话框对象 m_dlg，使 CMySocket 对象能与对话框相关联。具体代码如下：

```
#pragma once
 //CMySocket 命令目标
 class CTest6Dlg;
class CMySocket : public CSocket
{
public:
    virtual ~CMySocket();
public:
    int m_status;
    CTest6Dlg *m_dlg;
    CMySocket(CTest6Dlg *dlg);
    virtual void OnReceive(int nErrorCode);
};
```

同样，在对话框构造函数 CTest6Dlg 中，需添加共有成员 CMySocket 类型对象 m_pSocket，使该对话框函数能够使用 CMySocket 的套接字类。

（3）在 CMySocket 类下创建 OnReceive 重载函数，并编辑新创建的重载函数。在创建的重载函数 OnReceive 中，添加代码如下：

```
void CMySocket::OnReceive(int nErrorCode)
{
    //TODO: Add your specialized code here and/or call the base class
    char strMessage[15];
    int ByteCount;
    ByteCount = Receive(strMessage,sizeof(strMessage));
    if(ByteCount > sizeof(strMessage) || ByteCount < sizeof(strMessage))
    {
        AfxMessageBox(_T("数据接收错误"));
        return;
    }
    m_dlg->m_Edit = CString(strMessage);
    m_dlg->UpdateData(FALSE);
    CSocket::OnReceive(nErrorCode);
}
```

（4）在对话框构造函数中通过 "m_pSocket =NULL" 初始化 m_pSocket 对象。如服务器应用程序一样，在对话框初始化函数 OnInitDialog 中，加入菜单项。

（5）编辑菜单项，将 "请求连接" ID 编辑为 ID_Link，"信息发送" ID 编辑为 "ID_SEND"，将 "关闭连接" ID 编辑为 "ID_UNLINK"，并分别右键单击菜单项，添加事件处理程序。在弹出的事件处理程序向导中选择 COMMAND 消息处理类型，并编辑消息处理程序。消息处理程序代码如下：

```
void CTest6Dlg::OnLink()
{
    //TODO: Add your command handler code here
    m_pSocket = new CMySocket(this);
    if(!m_pSocket->Create())
    {
        m_pSocket = NULL;
        MessageBox(_T("生成 Socket 失败"),_T("错误信息"),MB_OK);
        return;
    }
    if(!m_pSocket->Connect(_T("192.168.55.101"),8001))
    {
        m_pSocket = NULL;
        MessageBox(_T("请求连接失败"),_T("错误信息"),MB_OK);
        return;
    }
}
void CTest6Dlg::OnSend()
{
    //TODO: Add your command handler code here
    if(!m_pSocket)
    {
        MessageBox(_T("未与服务器连接"),_T("错误信息"),MB_OK);
        return;
    }
    char str[15] = "hello!服务器";
    m_pSocket->Send(&str,sizeof(str));
}


void CTest6Dlg::OnUnLink()
{
    //TODO: Add your command handler code here
    m_pSocket->Close();
    if(m_pSocket)
    {
        delete m_pSocket;
        m_pSocket = NULL;
        MessageBox(_T("已关闭连接"),_T("提示信息"),MB_OK);
    }
    else
    {
        MessageBox(_T("未与服务器连接"),_T("错误信息"),MB_OK);
```

```
        }
    }
```

需要注意的是在请求连接函数 OnLink 中调用的 Connect 函数两个入口参数分别是服务器端 IP 地
址与端口号。

（6）单击菜单栏中"Debug→Start Debugging"选项，
开始编译并调试。在 WinCE 5.0 界面中弹出如图 3.2.28 所
示对话框。

（7）运行之前的服务器程序进行测试。先通过客户端
请求连接，再发送信息，服务器端出现"hello!服务器"字
符串。在服务器端选择发送信息，客户端接受到"hello!
客户端"字符串。测试结果如图 3.2.29 与所示。

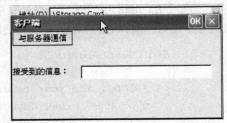

图 3.2.28　客户端界面

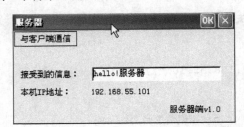

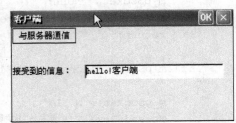

图 3.2.29　测试结果

习　题

1．根据教程与本书中提供的代码，自行完成 3.2 中的编程实验，并测试。

2．根据教程与本书中提供的代码，自行完成 3.3 节中的编程实验，并测试。

3．新建一个项目，实现 PC 端通过串口发送数据，并保存到 WinCE 5.0 的 NAND Flash 中。

4．新建一个项目，实现 PC 端通过以太网口发送数据，并保存到 WinCE 5.0 的 NAND Flash 中（PC
端以太网发送数据可通过 TCP/UDP 测试工具）。

第4章 时钟与定时器程序设计

本章首先介绍 S3C2440A 的时钟结构、振荡器、锁相环、时钟控制逻辑、慢速模式和寄存器，然后分别介绍实时时钟 CPU 定时器模块及实时时钟 RTC。通过实验重点学习 S3C2440A 时钟模块的应用，最后给出在 Windows CE 环境下的应用开发。

4.1 时钟概述

4.1.1 系统时钟

S3C2440A 中的时钟控制逻辑可以产生系统必需的时钟信号，包括 MPU 的 FCLK，AHB 总线外设的 HCLK 以及 APB 总线外设的 PCLK。各时钟和复位电路的内部结构图如图 4.1.1 所示。

主时钟源来自一个外部晶振 XTIpll 或外部时钟 EXTCLK，用芯片引脚 OM[3:2]来选择。一般情况下，OM3 和 OM2 接地，这样主时钟源即为外部晶振（此时 USB 时钟源也是外部晶振），再通过 MPLL 产生一个在频率和相位上同步于参考输入信号的高频输出信号。

S3C2440A 包含两个不同的锁相环：其中一个提供给 FCLK、HCLK 和 PCLK 使用，另一个专用于 USB 模块（48MHz）。时钟控制逻辑可以不使用 PLL 来减慢时钟，并且可以由软件连接或断开各外设模块的时钟，以降低功耗。在这里我们主要介绍提供 FCLK、HCLK 和 PCLK 使用的 MPLL。FCLK 作为芯片核心 ARM920T 模块的时钟，即主频。HCLK 也可以为 ARM920T 提供时钟（当 CAMERA 时钟分频寄存器的 DVS_EN 位为 1 时，HCLK 作为 ARM 核心时钟），HCLK 也为内存控制器、中断控制器、LCD 控制器、DMA 和 USB HOST 模块提供时钟。PCLK 为 WDT、IIS、IIC、PWM 定时器、MMC 接口、ADC、UART、GPIO、RTC 和 SPI 提供时钟。FCLK、HCLK 和 PCLK 之间的关系由时钟分频控制寄存器 CLKDIVN（包括 HDIVN 和 PDIVN 两个部分）来决定。

图中的 CLKCNTL 模块主要由时钟控制寄存器 CLKCON 和慢速时钟控制寄存器 CLKSLOW 组成。一方面，它可以控制外围设备的时钟使能，从而实现功耗控制；另一方面，它还可以控制 PLL，使 FCLK=Mpll 或者 FCLK=输入时钟（外部晶振或者外部时钟）的分频。USBCNTL 模块主要是为 USB HOST 接口和 USB 设备接口提供正常工作需要的 48MHz 时钟，UCLK 主要有 4 个状态：

（1）刚刚复位时，UCLK 为外部晶振或外部时钟。

（2）配置 UPLL 结束后，在 UPLL 稳定时间内，UCLK 为低电平，UPLL 稳定时间结束，UCLK 为 48MHz。

（3）CLKSLOW 寄存器关闭 UPLL，UCLK 为外部晶振或者外部时钟。

（4）CLKSLOW 寄存器打开 UPLL，UCLK 为 48MHz。

时钟发生器之中作为一个电路的 MPLL，PLL 稳定时间由稳定时间寄存器 LOCKTIME 来控制，此寄存器一般设为 0xFFFFFFFF。Lock Time 之后，MPLL 输出正常，参考输入信号的频率和相位同步出一个输出信号。在这种应用中，时钟发生器包含了图 4.1.2 所示的基本模块：用于生成与输入直流电压成比例的输出频率的压控振荡器（VCO）、用于将输入频率 Fin 按 P 分频的分频器 P、用于将 VCO 输出频率按 M 分频并输入到相位频率检测器 PFD 中的分频器 M、用于将 VCO 输出频率按 s 分频成为 Mpll（输出频率来自 MPLL 模块）的分频器 S、鉴相器、电荷泵以及环路滤波器。输出时钟频率 Mpll

相关参考输入时钟频率 Fin 有如下等式:

$$MPLL=(2\times m\times Fin)/(p\times 2^5)$$

$m=M$（分频器 M 的值）$+8, p=P$（分频器 P 的值）$+2$

以下通过分析 MPLL 的各个模块，包括鉴相器 PFD、电荷泵 PUMP、压控振荡器 VCO 和环路滤波器，来讲解 MPLL 的运行过程。时钟发生器之中的 UPLL 在各个方面都与 MPLL 类似，不再赘述。

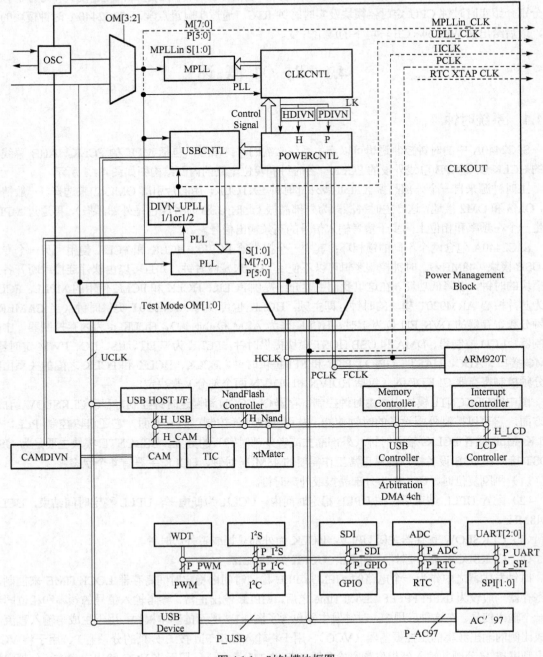

图 4.1.1　时钟模块框图

1. 鉴相器

如图 4.1.2 中所示，PFD 检测 F_{ref} 和 F_{vco} 之间的相位差，并在检测到相位差时产生一个控制信号（跟踪信号）。F_{ref} 意思为参考频率。

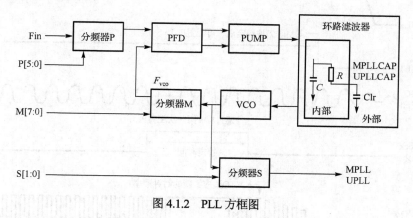

图 4.1.2　PLL 方框图

2. 电荷泵

电荷泵将 PFD 控制信号转换为一个按比例变化的电压并通过外部滤波器来驱动 VCO。

3. 压控振荡器

从环路滤波器的输出电压驱动 VCO，使其振荡频率线性增大或减小，类似线性变化电压的功能。当 F_{vco} 与 F_{ref} 频率和相位相匹配时，PFD 停止发送控制信号给电荷泵，并转变为稳定输入电压给环路滤波器。VCO 频率保持恒定，PLL 开始输出稳定频率的系统时钟。

4. 环路滤波器

PFD 产生用于电荷泵的控制信号，在每次 F_{vco} 与 F_{ref} 比较时可能产生很大的偏差（纹波）。为了避免 VCO 过载，使用低通滤波器采样并且滤除控制信号的高频分量。滤波器是一个由电阻和电容组成的典型的单极性 RC 滤波器。

在 MPLL 中环路滤波器电容 C_{lf} 需满足 1.3nF±5%；在 UPLL 中环路滤波器电容 C_{lf} 需满足 700pF±5%。X-tal 的外部使用电容 $C_{EXT}15$ 为～22pF，FCLKOUT 必须大于 200MHz。

4.1.2　时钟控制逻辑

时钟控制逻辑决定使用的时钟源，即使用 PLL 时钟 Mpll 或直接使用外部时钟 XTIpll 或 EXTCLK。当配置 PLL 为一个新频率时，时钟控制逻辑先禁止 FCLK，直至使用 PLL 锁定时间使 PLL 稳定输出。

图 4.1.3 显示了外部时钟源为晶振时的上电复位时序。晶振在若干毫秒内开始振荡。当在外部晶振 OSC（XTIpll）时钟稳定后释放 nRESET，PLL 开始按默认 PLL 配置运行。但是通常认为上电复位后的 PLL 是不稳定的，因此在软件重新配置 PLLCON 寄存器之前 Fin 代替 Mpll（PLL 输出）直接提供给 FCLK。即使用户不希望在复位后改变 PLLCON 寄存器的默认值，用户还是应该用软件写入相同的值到 PLLCON 寄存器中。只有为 PLL 配置一个新频率后，PLL 才会开始锁定并连续逼近新频率。可以在锁定时间后立即配置 FCLK 为 PLL 输出。

此外，在 S3C2440A 运行在普通模式期间，用户可以通过改写 PMS 的值来改变频率，并且将自动插入 PLL 锁定时间。在锁定时间期间，不提供时钟给 S3C2440A 的内部模块。USB 主机接口和 USB

设备接口都需要 48MHz 的时钟。S3C2440A 中，USB 专用 PLL（UPLL）生成 48MHz 给 USB。在配置 PLL（UPLL）之前不提供 UCLK。

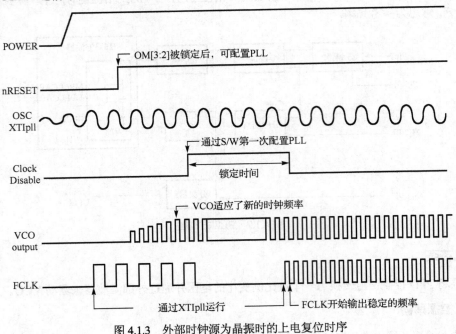

图 4.1.3　外部时钟源为晶振时的上电复位时序

4.1.3　慢速模式

慢速模式中，通过关闭 PLL 来降低功耗。CLKSLOW 控制寄存器中的 SLOW_VAL 和 CLKDIVN 控制寄存器决定了分频比例。当在慢速模式中关闭 PLL 并且用户从慢速模式切换到普通模式中时，PLL 则需要时钟的稳定化时间（PLL 锁定时间）。这个 PLL 稳定化时间由带锁定时间计数寄存器的内部逻辑自动插入。PLL 开启后 PLL 稳定将耗时 300μs。PLL 锁定时间期间 FCLK 成为慢时钟。

用户可以在 PLL 开启状态下使能 CLKSLOW 寄存器中的慢速模式位 SLOW_BIT 来改变频率。慢时钟是在慢速模式期间产生的。图 4.1.4 显示了在 PLL 开启状态发出退出慢速模式的时序图。

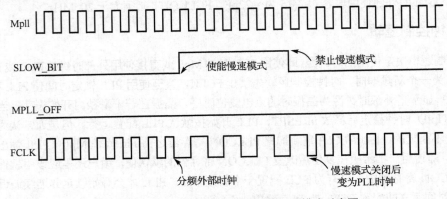

图 4.1.4　在 PLL 开启状态发出退出慢速模式时序图

如果用户在 PLL 锁定时间后通过禁止 CLKSLOW 寄存器中的 SLOW_BIT 来实现从慢速模式切换

到普通模式，只在禁止慢速模式后才会改变频率。图 4.1.5 显示了在锁定时间后发出退出慢速模式的时序图。

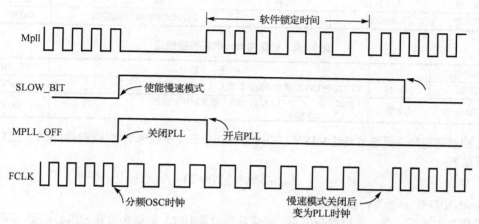

图 4.1.5　在锁定时间后发出退出慢速模式时序图

如果用户在 PLL 锁定时间后通过同时禁止 CLKSLOW 寄存器中的 SLOW_BIT 和 MPLL_OFF 位来实现从慢速模式切换到普通模式，只在 PLL 锁定时间后才会改变频率。图 4.1.6 显示了发出退出慢速模式命令同时立即开启 PLL 命令的时序图。

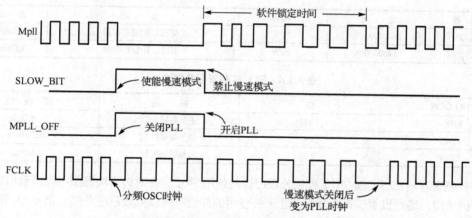

图 4.1.6　发出退出慢速模式命令同时立即开启 PLL 命令时序图

4.1.4　系统时钟特殊寄存器

S3C2440A 的系统时钟模块拥有锁定时间计数寄存器 LOCKTIME，锁相环控制寄存器 MPLLCON 和 UPLLCON，时钟控制寄存器 CLKCON，时钟减慢控制寄存器 CLKSLOW，时钟分频控制寄存器 CLKDIVN，摄像头时钟分频寄存器 CAMDIVN 等。

锁定时间计数寄存器主要用来设置 UCLK、FCLK、HCLK 和 PCLK 的 PLL 锁定时间计数值 U_LTIME 和 M_LTIME，具体定义及描述如表 4.1.1 和表 4.1.2 所示。

PLL 控制寄存器分为 MPLLCON 和 UPLLCON，分别用于控制 MPLL 和 UPLL。两个寄存器设置相同，只是地址不同，MPLLCON 地址是 0x4c000004，UPLLCON 地址是 0x4c000008。

表 4.1.1　锁定时间计数寄存器定义

寄 存 器	地　　址	R/W	描　　述	复 位 值
LOCKTIME	0x4c000000	R/W	PLL 锁定时间计数寄存器	0xFFFFFFFF

表 4.1.2　锁定时间计数寄存器描述

LOCKTIME	位	描　　述	初 始 值
U_LTIME	[31:16]	UCLK 的 UPLL 锁定时间计数值 U_LTIME:300μs	0xFFFF
M_LTIME	[15:0]	FCLK，HCLK 和 PCLK 的 MPLL 锁定时间计数值 M_LTIME:300μs	0xFFFF

PLL 控制寄存器主要通过设置 MDIV、PDIV 和 SDIV 三个字段来设置相应时钟频率。PLL 频率的计算公式如下：

$$F_{out}=(2 \times m \times F_{in})/(p \times 2^s)$$

式中，m=MDIV+8；p=PDIV+2；s=SDIV

在设置 PLL 时需注意：在设置 PLL 时，必须首先设置 UPLL 的值再设置 MPLL 的值；FCLKOUT 应设置在范围 200MHz≤FCLKOUT≤600MHz；P 或 M 的值不能为 0，这是因为设置 P=0，M=0 将会引起 PLL 的故障。P 和 M 的合理范围应在 1≤P≤62，1≤M≤248。在数据手册中有三星公司推荐的 PLL 值推荐表，可以满足绝大多数用户需求。表 4.1.3 和表 4.1.4 提供 PLL 控制寄存器的定义及描述。

表 4.1.3　PLL 控制寄存器 MPLLCON 和 UPLLCON

寄 存 器	地　　址	R/W	描　　述	复 位 值
MPLLCON	0x4c000004	R/W	MPLL 配置寄存器	0x00096030
UPLLCON	0x4c000008	R/W	UPLL 配置寄存器	0x0004d030

表 4.1.4　PLL 控制寄存器描述

PLLCON	位	描　　述	初 始 值
MDIV	[19:12]	主分频器控制	0x96/0x4d
PDIV	[9:4]	预分频器控制	0x03/0x03
SDIV	[3:0]	后分频器控制	0x0/0x0

时钟控制寄存器 CLKCON 用于控制外设时钟的使用/停止。在时钟模块框图中可以看出各个设备提供的时钟类型，通过设置该寄存器可停止未被使用的外设时钟以降低系统功耗。表 4.1.5 和表 4.1.6 提供了时钟控制寄存器的定义和描述。

表 4.1.5　时钟控制寄存器定义

寄 存 器	地　　址	R/W	描　　述	复 位 值
CLKCON	0x4c00000c	R/W	时钟生成控制寄存器	0xFFFFF0

表 4.1.6　时钟控制寄存器描述

CLKCON	位	描　　述	初 始 值
AC97	[20]	控制进入 AC'97 模块的 PCLK：0=停止　1=使能	1
Camera	[19]	控制进入摄像头模块的 HCLK：0=停止　1=使能	1
SPI	[18]	控制进入 SPI 模块的 PCLK：0=停止　1=使能	1
IIS	[17]	控制进入 IIS 模块的 PCLK：0=停止　1=使能	1
IIC	[16]	控制进入 IIC 模块的 PCLK：0=停止　1=使能	1

续表

CLKCON	位	描　　述	初 始 值
ADC (&TouchScreen)	[15]	控制进入 ADC 模块的 PCLK：0=停止　1=使能	1
RTC	[14]	控制进入 RTC 模块的 PCLK。即使此位清除为 0，RTC 定时器也活动： 0=停止　1=使能	1
GPIO	[13]	控制进入 GPIO 模块的 PCLK：0=停止　1=使能	1
UART2	[12]	控制进入 UART2 模块的 PCLK：0=停止　1=使能	1
UART1	[11]	控制进入 UART1 模块的 PCLK：0=停止　1=使能	1
UART0	[10]	控制进入 UART0 模块的 PCLK：0=停止　1=使能	1
SDI	[9]	控制进入 SDI 模块的 PCLK：0=停止　1=使能	1
PWMTIMER	[8]	控制进入 PWM 定时器模块的 PCLK：0=停止　1=使能	1
USB device	[7]	控制进入 USB 设备模块的 PCLK：0=停止　1=使能	1
USB host	[6]	控制进入 USB 主机模块的 HCLK：0=停止　1=使能	1
LCDC	[5]	控制进入 LCDC 模块的 HCLK：0=停止　1=使能	1
NAND Flash Controller	[4]	控制进入 NAND Flash 控制器模块的 HCLK：0=停止　1=使能	1
SLEEP	[3]	控制 S3C2440A 的睡眠模式：0=停止　1=使能	0
IDLE BIT	[2]	进入空闲模式。此位不会自动清零：0=停止　1=使能	0
保留	[1:0]	保留	0

时钟慢速控制寄存器 CLKSLOW 是用于控制 UCLK、MPLL 的开启与关闭及慢速时钟模式的使用和分频等。通过设置该寄存器可以实现慢时钟模式的切换。下表 4.1.7 和 4.1.8 提供了时钟慢速控制寄存器的定义及描述。

表 4.1.7　时钟慢速控制寄存器定义

寄 存 器	地　　址	R/W	描　　述	复 位 值
CLKSLOW	0x4c000010	R/W	慢时钟控制寄存器	0x00000004

表 4.1.8　时钟慢速控制寄存器描述

CLKSLOW	位	描　　述	初 始 值
UCLK_ON	[7]	0：开启 UCLK（同时开启 UPLL 并自动插入 UPLL 锁定时间） 1：关闭 UCLK（同时关闭 UPLL）	0
保留	[6]	保留	—
MPLL_OFF	[5]	0：开启 PLL 在 PLL 稳定化时间（至少 300μs）后，可以清除 SLOW_BIT 为 0 1：关闭 PLL 只有当 SLOW_BIT 为 1 时才关闭 PLL	0
SLOW_BIT	[4]	0：FCLK = Mpll（MPLL 输出） 1：慢速模式 FCLK=输入时钟/(2×SLOW_VAL)，当 SLOW_VAL>0 FCLK=输入时钟，当 SLOW_VAL=0 输入时钟=XTIpll 或 EXTCLK	0
保留	[3]	保留	-
SLOW_VAL	[2:0]	当 SLOW_BIT 开启时慢时钟的分频器	0x04

时钟分频控制寄存器 CLKDIVN 用于设置时钟分频数来配置 PCLK、FCLK、HCLK 之间的比值。其中 USB 的时钟源 UCLK 的设置必须为 48MHz。表 4.1.9 和表 4.1.10 提供了相关寄存器的定义及描述。

表 4.1.9　时钟分频控制寄存器定义

寄　存　器	地　　址	R/W	描　　述	复　位　值
CLKDIVN	0x4c000014	R/W	时钟分频控制寄存器	0x00000004

表 4.1.10　时钟分频控制寄存器描述

CLKDIVN	位	描　　述	初　始　值
DIVN_UPLL	[3]	UCLK 选择寄存器（UCLK 必须为 48MHz 给 USB） 0：UCLK=UPLL 时钟　1：UCLK=UPLL 时钟/2 当 UPLL 时钟被设置为 48MHz 时，设置为 0 当 UPLL 时钟被设置为 96MHz 时，设置为 1	0
HDIV	[2:1]	00：HCLK=FCLK/1 01：HCLK=FCLK/2 10：HCLK=FCLK/4　当 CAMDIVN[9]＝0 时 HCLK=FCLK/8　当 CAMDIVN[9]＝1 时 11：HCLK=FCLK/3　当 CAMDIVN[8]＝0 时 HCLK=FCLK/6　当 CAMDIVN[8]＝1 时	00
PDIV	[0]	0：PCLK 是和 HCLK/1 相同的时钟 1：PCLK 是和 HCLK/2 相同的时钟	0

摄像头时钟分频控制器 CAMDIVN 专门用于设置摄像头的时钟分频数。表 4.1.11 和表 4.1.12 提供了控制器的定义与描述。

表 4.1.11　摄像头时钟分频控制寄存器定义

寄　存　器	地　　址	R/W	描　　述	复　位　值
CAMDIVN	0x4c000018	R/W	摄像头时钟分频寄存器	0x00000000

表 4.1.12　摄像头时钟分频控制寄存器描述

CAMDIVN	位	描　　述	初　始　值
DVS_EN	[12]	0：关闭 DVS ARM 内核将正常运行在 FCLK（MPLL 输出） 1：开启 DVS ARM 内核将运行在与系统时钟的时钟（HCLK）	0
保留	[11]	保留	—
保留	[10]	保留	—
HCLK4_HALF	[9]	当 CLKDIVN[2:1]=10b 时 HDIVN 分频率改变位 0：HCLK = FCLK/4　1：HCLK=FCLK/8 参考 CLKDIV 寄存器	0
HCLK3_HALF	[8]	当 CLKDIVN[2:1]=11b 时 HDIVN 分频率改变位 0：HCLK = FCLK/3　1：HCLK=FCLK/6 参考 CLKDIV 寄存器	0
CAMCLK_SEL	[4]	0：使用 UPLL 输出作为 CAMCLK（CAMCLK=UPLL 输出） 1：CAMCLK_DIV 的值分频得到 CAMCLK	0
CAMCLK_DIV	[3:0]	CAMCLK 分频因子设置寄存器（0 至 15） 摄像头时钟=UPLL/[(CAMCLK_DIV +1)x2] 此位在 CAMCLK_SEL=1 时有效	000

4.2 WatchDog

4.2.1 WatchDog 定时器简介

在设计嵌入式系统时，可靠性是一个必须考虑的重要问题，尤其是在环境相对恶劣的工业场合，由于噪声干扰等原因引起的系统不稳定会导致生产安全问题及经济损失。为解决类似问题，除了对干扰源采取各种抑制措施外，在设计系统时，应确保系统在受到外部干扰引起程序"跑飞"或"死机"时，能及时恢复系统进入正常工作状态。

为提高基于 S3C2440A 的嵌入式系统的抗干扰能力，该芯片中配置了看门狗（Watch Dog）定时器。其作用是当系统由于噪声和系统错误引起的故障干扰时，产生 128 个 PCLK 周期的复位信号，恢复控制器的工作。它可以被用作普通 16 位内部定时器来请求中断服务。

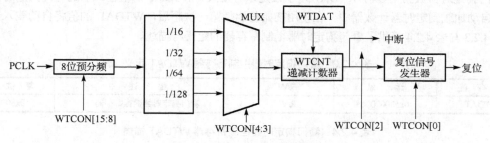

图 4.2.1 看门狗定时器方框图

图 4.2.1 显示了看门狗定时器的功能方框图。看门狗定时器只使用 PCLK 作为其时钟源。预分频 PCLK 频率来产生相应看门狗定时器时钟，再将其结果频率分频。

预分频值和分频系数是由看门狗定时器的控制寄存器（WTCON）所指定的。预分频值的有效范围为 $0\sim2^8-1$。分频系数可以选择为 16、32、64 或 128。使用以下等式来计算看门狗定时器的频率和每个定时器时钟周期的持续时间：

$$time=1/[PCLK/(预分频值+1)/分频系数]$$

4.2.2 看门狗定时器的特殊寄存器

WTCON 寄存器允许用户使能或禁止看门狗定时器、从 4 个不同源选择时钟信号、使能/禁止中断和使能/禁止看门狗定时器输出。若不希望系统出现故障时控制器重新启动，则应该禁止看门狗定时器。当使用看门狗定时器作为普通定时器时，应使能中断并且禁止看门狗定时器。表 4.2.1 与表 4.2.2 提供了看门狗定时器控制寄存器的定义与描述。

表 4.2.1 看门狗定时器控制寄存器 WTCON 定义

寄 存 器	地 址	R/W	描 述	复 位 值
WTCON	0x53000000	R/W	看门狗定时器控制寄存器	0x8021

表 4.2.2 看门狗定时器控制寄存器 WTCON 描述

WTCON	位	描 述	初 始 值
预分频值	[15:8]	预分频值。该值范围：0～255	0x80

续表

WTCON	位	描述	初始值
保留	[7:6]	保留。正常工作中这两位必须为 00	00
看门狗定时器	[5]	看门狗定时器的使能或禁止位： 0=禁止　1=使能	1
时钟选择	[4:3]	全局阔钟使能： 00：16　01：32　10：64　11：128	00
中断产生	[2]	中断的使能或禁止位： 0=禁止　1=使能	0
保留	[1]	保留。正常工作中此位必须为 0	0
复位使能/禁止	[0]	看门狗定时器复位输出的使能或禁止位： 1：看门狗超时时发出 S3C2440A 复位信号 0：禁止看门狗定时器的复位功能	1

看门狗定时器数据寄存器 WTDAT 用于设定超时期限。WTDAT 的值在最初的看门狗定时器操作时不能自动加载到定时器计数器中，在使用初始值驱使第一次超后，WTDAT 的值将自动载入计数器中。表 4.2.3 与表 4.2.4 提供了看门狗定时器控制寄存器的定义与描述。

表 4.2.3　看门狗定时器控制寄存器 WTDAT 定义

寄存器	地址	R/W	描述	复位值
WTDAT	0x53000004	R/W	看门狗定时器数据寄存器	0x8000

表 4.2.4　看门狗定时器控制寄存器 WTDAT 描述

WTDAT	位	描述	初始值
WTDAT 值	[15:0]	看门狗定时器重载的计数值。	0x8000

看门狗定时器计数寄存器 WTCNT 包含正常工作期间看门狗定时器的当前值。WTDAT 寄存器的值不能自动加载到计数寄存器中，因此在使能前 WTCNT 寄存器必须设置初始值。表 4.2.5 与表 4.2.6 提供了看门狗定时器控制寄存器的定义与描述。

表 4.2.5　看门狗定时器控制寄存器 WTCNT 定义

寄存器	地址	R/W	描述	复位值
WTCNT	0x53000008	R/W	看门狗定时器计数寄存器	0x8000

表 4.2.6　看门狗定时器控制寄存器 WTCNT 描述

WTCNT	位	描述	初始值
WTCNT 值	[15:0]	看门狗定时器的当前计数值。	0x8000

4.3　PWM 定时器

4.3.1　PWM 定时器简介

S3C2440A 有 5 个 16 位定时器，如图 4.3.1 所示。其中定时器 0、定时器 1、定时器 2 和定时器 3 具有脉宽调制功能。定时器 4 是一个无输出引脚的内部定时器。定时器 0 还包含用于大电流驱动的死区发生器。

定时器 0 和定时器 1 共用一个 8 位预分频器，定时器 2、定时器 3 和定时器 4 共用另外的 8 位预分频器。每个定时器都有一个可以生成 5 种不同分频信号（1/2，1/4，1/8，1/16 和 TCLK）的时钟分频器。每个定时器模块从相应 8 位预分频器中获得时钟信号。8 位预分频器是可编程的，并且按存储在 TCFG0 和 TCFG1 寄存器中的加载值来分频 PCLK。

　　每个定时器有一个 16 位递减计数器，该计数器由相应定时器时钟驱动。当递减计数器到达零时，产生定时器中断请求通知 CPU 定时器操作已经完成。当定时器计数器到达零时，相应的 TCNTBn 的值将自动被加载到递减计数器以继续下一次操作。若在定时器运行模式期间清除 TCONn 的定时器使能位，TCNTBn 的值将不会被重新加载到计数器中。

　　计数缓冲寄存器 TCNTBn 使能时会自动加载一个初始值到递减计数器中。比较缓冲寄存器 TCMPBn 使能时会自动加载一个初始值到比较寄存器中与递减计数器中的值相比较。这种双缓冲特征的定时器在改变频率和占空比时，能保证定时器产生稳定的输出。

　　比较缓冲寄存器 TCMPBn 的值用于脉宽调制 PWM 中。当递减计数器的值与定时器控制逻辑中的比较寄存器的值相匹配时定时器控制逻辑改变输出电平。因此，比较寄存器决定 PWM 输出的开启时间（或关闭时间）。

　　综上所述，S3C2440A 的 PWM 定时器具有如下特征：

- 5 个 16 位定时器；
- 两个 8 位预分频器和两个 4 位分频器；
- 可编程控制占空比的 PWM；
- 自动重载模式或单稳脉冲模式；
- 死区发生器。

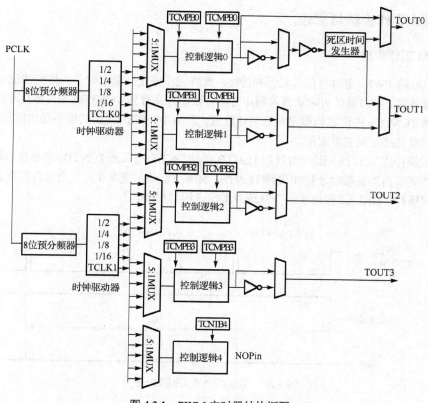

图 4.3.1　PWM 定时器结构框图

4.3.2　PWM 定时器特殊寄存器

　　PWM 定时器的特殊寄存器有配置寄存器 TCFGn、控制寄存器 TCON、计数缓冲寄存器 TCNTBn、比较缓冲寄存器 TCMPBn 和计数观察寄存器。TCFG0 是用来配置两个预分频器的配置寄存器，以及死区时间的设置。TCFG1 是 5 路定时器的多路选择器和 DMA 模式选择寄存器。通过该寄存器可以选通某个定时器的输入并选择分频值或者使用外部时钟 TCLK1。定时器输入时钟频率计算公式如下所示：

$$F=PCLK/(预分频值+1)/分频值$$

其中预分频值可选范围为 0～255，分频值卡选值为 2、4、8、16。

　　定时器控制寄存器 TCON 各个字段分别控制 5 个定时器的功能使能与否。具体如下：TCON[4:0] 决定定时器 0 的启动/停止、手动更新、输出变相开启/关闭、自动重载开启/关闭和死区操作的使能/禁止；TCON[11:8] 决定定时器 1 的启动/停止、手动更新、输出变相开启/关闭和自动重载开启/关闭；TCON [15:12] 决定定时器 2 的启动/停止、手动更新、输出变相开启/关闭和自动重载开启/关闭；TCON[19:16] 决定定时器 3 的启动/停止、手动更新、输出变相开启/关闭和自动重载开启/关闭；TCON[22:20] 决定定时器 4 的启动/停止、手动更新和自动重载开启/关闭。

　　计数缓冲寄存器和比较缓冲寄存器 TCNTBn/TCMPBn 分别存放定时器 n 的计数值和比较值。通过设置相应定时器的计数缓冲寄存器和比较缓冲寄存器可控制 PWM 的周期和占空比。需要注意的是定时器 4 没有对应的输出引脚，也没有对应的比较缓冲寄存器。

　　5 个定时器都有各自的计数监视寄存器，可通过读取相应寄存器的计数监视寄存器读取当下的计数值。

4.3.3　PWM 工作步骤与原理

1．PWM 工作步骤

　　S3C2440A 的 PWM 定时器包含双缓冲功能，允许在不停止当前定时器操作的情况下为下次定时器操作改变重载值。定时器值可以被写入到定时器计数缓冲寄存器 TCNTBn 中，并且可以从定时器计数监视寄存器 TCNTOn 中读取当前定时器的计数值。而从 TCNTBn 读出的值不是当前计数器的状态，而是下次定时器持续时间的重载值。

　　自动重载操作在 TCNTn 到达 0 时复制 TCNTBn 到 TCNTn。写入到 TCNTBn 的该值，只有在 TCNTn 到达 0 并且使能了自动重载时才被加载到 TCNTn。如果 TCNTn 变为 0 并且自动重载位为 0，TCNTn 不会进行任何操作。图 4.3.2 描述了一个双缓冲工作过程的实例。

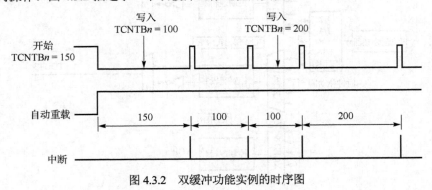

图 4.3.2　双缓冲功能实例的时序图

　　由图 4.3.2 可知，当递减计数器到达 0 时发生定时器的自动重载操作。所以必须预先由用户定义一个 TCNTn 的起始值。在这种情况下，必须通过手动更新位加载起始值。以下步骤描述了如何启动一个定时器：

（1）初始值写入到 TCNTBn 和 TCMPBn 中。

（2）设置相应定时器的手动更新位。

（3）设置相应定时器的开始位来启动定时器，并且清除手动更新位。

如果定时器被强制停止，TCNTn 保持计数器值并且不会从 TCNTBn 重载。如果需要设置一个新值，执行手动更新。

下面通过具体步骤讲解如何产生一个 PWM 波：

（1）使能自动重载功能。设置 TCNTBn 为 160（50+110）并且设置 TCMPBn 为 110。置位手动更新位并且配制变相位（开/关）。置位相应定时器的手动更新位，使 TCNTn 和 TCMPn 的值更新到 TCNTBn 和 TCMPBn 中。然后分别设置 TCNTBn 和 TCMPBn 为 80 和 40，以决定下次重载值。

（2）设置启动位，预设手动更新位为 0，变相位为关，自动重载位为开。定时器在定时器分辨率内的等待时间后启动递减计数。

（3）当 TCNTn 与 TCMPn 的值相同时，TOUTn 的逻辑电平从低电平变为高电平。

（4）当 TCNTn 到达 0 时，发出中断请求并且 TCNTn 的值加载到暂存器中。在下一个定时器标记时刻，重载 TCNTn 为暂存器 TCNTBn 的值。

（5）中断服务程序 ISR 中，为下一个持续时间分别设置 TCNTBn 和 TCMPBn 为 80 和 60。

（6）当 TCNTn 与 TCMPn 的值相同时，TOUTn 的逻辑电平从低电平变为高电平。

（7）当 TCNTn 到达 0 时，触发一个中断自动重载 TCNTn 为 TCNTBn 的值。

（8）中断服务程序 ISR 中，禁止自动重载和中断请求以停止定时器。

（9）当 TCNTn 与 TCMPn 的值相同时，TOUTn 的逻辑电平从低电平变为高电平。

（10）尽管 TCNTn 到达 0，但因为禁止了自动重载，所以 TCNTn 并不会再次重载并且定时器已经停止了。

（11）不再产生中断请求。

由以上步骤产生的 TOUT 波形如图 4.3.3 所示。

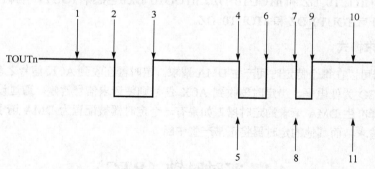

图 4.3.3　TOUT 输出波形图

2. 脉宽调制

PWM 频率由 TCNTBn 决定，而占空比是由 TCMPBn 决定，TCMPBn 的值越大，则占空比越小，TCMPBn 的值越小，则占空比越大。若使能了输出变相器，即输出波形极性变换，则增/减颠倒。图 4.3.4 所示是一个通过写入 TCMPBn 值实现脉宽调制的 PWM 波形。

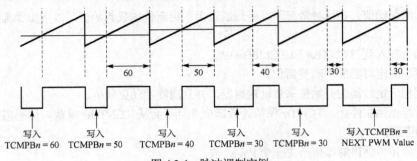

写入
TCMPB*n* = 60　　写入
TCMPB*n* = 50　　写入
TCMPB*n* = 40　　写入
TCMPB*n* = 30　　写入
TCMPB*n* = 30　　写入TCMPB*n* =
NEXT PWM Value

图 4.3.4　脉冲调制实例

3．死区时间

死区 Dead-Zone 是用于功率器件中的 PWM 控制。此功能允许在开关器件关闭与另一个开关器件的开启之间插入一个时间间隙。这个时间间隙禁止同时开启两个开关器件，即使是在非常短的时间。如图 4.3.5 所示。

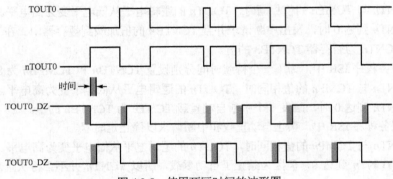

图 4.3.5　使用死区时间的波形图

TOUT0 是 PWM 的输出。nTOUT0 是 TOUT0 的倒置。如果使能了死区，TOUT0 和 nTOUT0 的输出波形将分别为 TOUT0_DZ 和 nTOUT0_DZ。nTOUT0_DZ 连接到 TOUT1 引脚。在死区间隙中，永远不可能同时开启 TOUT0_DZ 和 nTOUT0_DZ。

4．DMA 请求模式

PWM 定时器可以在每个特定时间产生 DMA 请求。定时器在收到 ACK 信号之前，保持 DMA 请求信号 nDMA_REQ 为低电平。当定时器收到 ACK 信号则使请求信号暂停。通过设置 DMA 模式位 TCFG1[23:20]选择产生 DMA 请求的定时器。如果有一个定时器被配置为 DMA 请求模式，则该定时器将不产生中断请求，而其他的定时器将正常产生中断。

4.4　实时时钟（RTC）

4.4.1　实时时钟简介

实时时钟（RTC）可以通过使用 STRB/LDRB 的 ARM 指令发送 8 位 BCD 码值数据给 CPU。包括年、月、日、星期、时、分和秒的时间等数据信息。RTC 单元工作在外部 32.768kHz 晶振并具有闹钟功能，在系统电源关闭后通过备用电池工作。实时时钟方框图如图 4.4.1 所示。

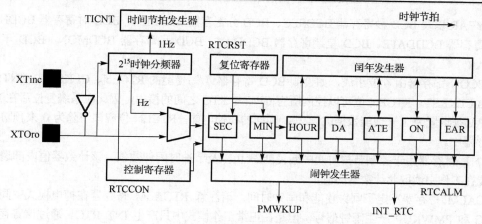

图 4.4.1　实时时钟方框图

在图 4.4.1 中，闰年发生器能够基于 BCDDATE、BCDMON 和 BCDYEAR 的数据，从 28、29、30 或 31 中决定哪个是每月的最后日。此模块决定最后日时会考虑闰年因素。8 位计数器只能够表示为两个 BCD 数字，因此其不能判决 "00" 年（最后两位数为 0 的年份）是否为闰年。例如，其不能判别 1900 和 2000 年。请注意 1900 年不是闰年，而 2000 年是闰年。因此，S3C2440A 中 "00" 的两位数是表示 2000 年，而不是 1900 年。

为了写 RTC 模块中的 BCD 寄存器，RTCCON 寄存器的位[0]必须设置为高。为显示年、月、日、时、分和秒，CPU 应该分别读取 RTC 模块中的 BCDSEC、BCDMIN、BCDHOUR、BCDDAY、BCDDATE、BCDMON 和 BCDYEARM 几个寄存器中的数据。由于要读取多个寄存器，可能存在 1 秒的偏差。例如，当用户从读取 BCDYEAR 到 BCDMIN 时，其结果假定为 2059（年）、12（月）、31（日）、23（时）和 59（分）。当用户读取 BCDSEC 寄存器并且值的范围是 1～59（秒），这没有问题，但是如果该值为 0 秒。则由于 1 秒的偏差，结果可能会变为 2060（年）、1（月）、1（日）、0（时）和 0（分）。在这种情况中，如果 BCDSEC 为 0 则用户应该重新读取 BCDYEAR 到 BCDSEC。

当系统电源关闭时，RTC 逻辑可以通过 RTCVDD 引脚由备用电池驱动，并且备用电池只驱动振荡电路和 BCD 计数器从而实现最小化功耗。

RTC 在掉电模式中或正常工作模式中的指定时间产生一个闹钟信号。在正常工作模式中，只激活闹钟中断 INT_RTC 信号。在掉电模式中，除了 INT_RTC 之外还激活电源管理唤醒 PMWKUP 信号。RTC 闹钟寄存器 RTCALM 决定了闹钟使能/禁止状态和闹钟时间设置的条件。

RTC 节拍时间用于中断请求。TICNT 寄存器有一个中断使能位和中断的计数值。当节拍时间计数值达到 0 时产生中断。中断周期如下：

$$周期=(n+1)/128\ 秒$$

其中 n 为 1～127 的节拍时间计数值。

此 RTC 时间节拍可能被用于实时操作系统 RTOS 内核时间节拍。如果 RTOS 的时间节拍是由 RTC 时间节拍所提供的，则该系统时间将与实际时间同步。

4.4.2　实时时钟特殊功能寄存器

实时时钟特殊功能寄存器包括实时时钟控制寄存器 RTCCON、节拍时间计数寄存器 TICNT、RTC 闹钟控制寄存器 RTCALM、闹钟秒数据寄存器 ALMSEC、闹钟分数据寄存器 ALMMIN、闹钟时数据寄存器 ALMHOUR、闹钟日数据寄存器 ALMDATE、闹钟月数据寄存器 ALMMON、闹钟年数据寄存器 ALMYEAR 以及 BCD 秒寄存器 BCDSEC、BCD 分寄存器 BCDMIN、BCD 时寄存器 BCDHOUR、BCD 日寄存器 BCDDATE、BCD 星期寄存器 BCDDAY、BCD 月寄存器 BCDMON、BCD 年寄存器 BCDYEAR。

RTCCON 寄存器由 4 位组成，如控制 BCD 寄存器读/写使能的 RTCEN、CLKSEL、CNTSEL 和测试用的 CLKRST。RTCEN 位可以控制所有 CPU 与 RTC 之间的接口，因此在系统复位后在 RTC 控制程序中必须设置为 1 来使能数据的读/写。同样的在掉电前，RTCEN 位应该清除为 0 来预防误写入 RTC 寄存器中。

TICNT 寄存器用于控制节拍时间中断使能/禁止以及节拍时间计数值。该计数器值内部递减并且用户不能在工作中读取此计数器的值。

RTCALM 寄存器决定了闹钟使能和闹钟时间。请注意 RTCALM 寄存器在掉电模式中同时通过 INT_RTC 和 PMWKUP 产生闹钟信号，但是在正常工作模式中只产生 INT_RTC。通过该寄存器可以控制选择多种方式触发闹钟中断。

通过设置闹钟年、月、日、时、分、秒等寄存器，可以具体设置闹钟的具体时间，从而触发中断，实现闹钟功能。

RTC 实时时间寄存器通过 BCD 码将年、月、日、星期、时、分、秒分别存储在 7 个寄存器中，通过使用 STRB/LDRB 的 ARM 指令发送 8 位 BCD 码值数据给 CPU。

4.5 PWM 实验

本实验通过编程，讲解 PWM 定时器的应用。实验内容主要完成在键盘上按下"+"时，PWM 输出频率增加，按"−"时，PWM 输出频率降低，从而控制控制蜂鸣器的声音。

4.5.1 系统时钟设置

首先在启动文件 2440init.s 中，进行时钟设置，包括时钟分频控制寄存器 CLKDIVN、锁定时间计数寄存器 LOCKTIME、PLL 控制寄存器 UPLLCON 和 MPLLCON。代码如下：

```
; CLKDIVN    时钟设置
    ldr  r0,=CLKDIVN
    ldr  r1,=0x7 ;
    str  r1,[r0]
; delay
    mov  r0, #DELAY
5   subs r0, r0, #1
    bne  %B5
;To reduce PLL lock time, adjust the LOCKTIME register.
    ldr  r0,=LOCKTIME
    ldr  r1,=0xffffff
    str  r1,[r0]
; delay
    mov  r0, #DELAY
5   subs r0, r0, #1
    bne  %B5
;Configure UPLL;先设置UPLL,再设置MPLL
    ldr    r0, =UPLLCON
```

```
;   ldr  r1, =((60<<12)+(4<<4)+2)   ;Fin=16MHz, Fout=48MHz
        ldr  r1, =((0x48<<12)+(0x3<<4)+0x2)  ;Fin=12MHz, Fout=48MHz
        str  r1, [r0]
;   delay
        mov  r0, #0x200
5   subs  r0, r0, #1
        bne  %B5
;Configure MPLL 设置
        ldr  r0,=MPLLCON
;ldr  r1,=((110<<12)+(3<<4)+1)   ;Fin=16MHz,Fout=399MHz
        ldr  r1,=((0x7f<<12)+(0x2<<4)+0x1)   ;Fin=12MHz,Fout=405MHz
        str  r1,[r0]
;   delay
        mov  r0, #DELAY
5   subs  r0, r0, #1
        bne  %B5
```

从代码中可以看出，通过设置 UPLLCON 寄存器使 UCLK 输出频率为 48MHz。再通过设置 MPLLCON 寄存器使 Fout 输出频率为 400MHz，通过 1：3：6 的分频比，分别得到 FCLK、HCLK、PCLK 的频率。至此启动文件对系统时钟的初始化已基本完成。

4.5.2　实验测试

首先建立一个 ADS 工程，加入有上述时钟初始化程序的启动文件 2440init.s，以及汇编语言与 C 语言的头文件等必要文件。在编写 PWM 测试程序之前，先定义 PWM 寄存器的地址，代码如下：

```
//PWM TIMER
#define rTCFG0  (*(volatile unsigned *)0x51000000)   //Timer 0 configuration
#define rTCFG1  (*(volatile unsigned *)0x51000004)   //Timer 1 configuration
#define rTCON   (*(volatile unsigned *)0x51000008)   //Timer control
#define rTCNTB0 (*(volatile unsigned *)0x5100000c)   //Timer count buffer 0
#define rTCMPB0 (*(volatile unsigned *)0x51000010)   //Timer compare buffer 0
#define rTCNTO0 (*(volatile unsigned *)0x51000014)   //Timer count observation 0
#define rTCNTB1 (*(volatile unsigned *)0x51000018)   //Timer count buffer 1
#define rTCMPB1 (*(volatile unsigned *)0x5100001c)   //Timer compare buffer 1
#define rTCNTO1 (*(volatile unsigned *)0x51000020)   //Timer count observation 1
#define rTCNTB2 (*(volatile unsigned *)0x51000024)   //Timer count buffer 2
#define rTCMPB2 (*(volatile unsigned *)0x51000028)   //Timer compare buffer 2
#define rTCNTO2 (*(volatile unsigned *)0x5100002c)   //Timer count observation 2
#define rTCNTB3 (*(volatile unsigned *)0x51000030)   //Timer count buffer 3
#define rTCMPB3 (*(volatile unsigned *)0x51000034)   //Timer compare buffer 3
#define rTCNTO3 (*(volatile unsigned *)0x51000038)   //Timer count observation 3
#define rTCNTB4 (*(volatile unsigned *)0x5100003c)   //Timer count buffer 4
#define rTCNTO4 (*(volatile unsigned *)0x51000040)   //Timer count observation 4
```

完成上述宏定义后，可以方便的对 PWM 寄存器进行操作。由于与本书配套的开发板上，控制蜂鸣器的引脚是 GPB1，因此在此需要设置的寄存器是定时器 1 的寄存器。PWM 测试程序基本分为两部分，即两个函数。用于频率设置的函数 Freq_Set 实验代码如下：

```
void Freq_Set( U32 freq )
{
    rGPBCON &= ~12;              //set GPB1 as tout1, pwm output
    rGPBCON |= 8;
    rTCFG0 &= ~0xff;
    rTCFG0 |= 15;                //prescaler = 15+1
    rTCFG1 &= ~0xf;
    rTCFG1 |= 2;                 //mux = 1/8
    rTCNTB1 = (PCLK>>7)/freq;
    rTCMPB1 = rTCNTB1>>1;        //50%
    rTCON &= ~0xf10;
    rTCON |= 0xb00;              //disable deadzone, auto-reload, inv-off, update
                                   TCNTB1&TCMPB1, start timer 1
    rTCON &= ~0x200;                //clear manual update bit
}
```

在测试程序 Test_Pwm 中，通过串口接受键盘信息，以此判断频率值的增减，再通过频率设置函数 Freq_Set 将新的频率值写入定时器 1 的相应寄存器，若接受到键盘信息为 "Esc" 键。则退出测试程序。实验代码如下：

```
void Test_Pwm( void )
{
    U16 freq = 2000 ;
    Uart_Printf( "TEST ( PWM Control )\n" );
    Uart_Printf( "Press +/- to increase/reduce the frequency!\n" ) ;
    Uart_Printf( "Press 'ESC' key to Exit this program !\n\n" );
    Freq_Set( freq ) ;
    while( 1 )
    {
        U8 key = Uart_Getch();
        if( key == '+' )
        {
            if( freq < 20000 )
                freq += 100 ;
            Freq_Set( freq ) ;
        }
        if( key == '-' )
        {
            if( freq > 100 )
                freq -= 100 ;
            Freq_Set( freq ) ;
        }
        Uart_Printf( "\tFreq = %d\n", freq ) ;
        if( key == ESC_KEY )
        {
            PWM_Stop() ;
            Uart_Printf( "PWM Control TEST Finished\n" );
            Uart_Printf( "You can make a music with this program if you have time!\n" );
```

```
                return ;
            }
        }
    }
```

主函数程序代码如下，在初始化后只需要调用 Test_Pwm 函数即可。

```
void Main(void)
{
    Port_Init();                //IO 端口初始化
    Isr_Init();                 //中断初始化
    Uart_Init(0,115200);        //串口初始化
    Uart_Select(0);             //选择串口 0
    Uart_Printf("\n\n2440 Experiment System (ADS) Ver1.2\n") ;//打印系统信息
    Test_Pwm();
}
```

4.5.3　实验结果

将程序编译后生成的二进制文件下载进目标开发板，启动后串口打印信息如下：

```
2440 Experiment System (ADS) Ver1.2
TEST ( PWM Control )
Press +/- to increase/reduce the frequency!
Press 'ESC' key to Exit this program !

    Freq = 2000
```

初始频率为 2000，蜂鸣器在该频率下工作。当按 "+" 或 "−" 键时，频率相应增减，蜂鸣器在不同频率下鸣叫声有明显的变化。

4.6　RTC 实验

本实验通过编程，讲解实时时钟 RTC 的应用。实验内容主要实现实时时钟的闹钟功能、实时时间的设置、显示，以及秒表计数功能。

4.6.1　实验测试

首先建立一个 ADS 工程，同样加入有时钟初始化程序的启动文件 2440init.s，以及汇编语言与 C 语言的头文件等必要文件。同 PWM 实验一样，在编写 RTC 测试程序之前，先定义 RTC 寄存器的地址。有了寄存器的宏定义，就可以方便的对寄存器进行配置。实时时钟的初始化代码如下：

```
void Rtc_Init(void)
{
    rRTCCON = rRTCCON & ~(0xf)  | 0x1;              //使能 RTC
    rBCDYEAR = rBCDYEAR & ~(0xff) | TESTYEAR;
    rBCDMON  = rBCDMON  & ~(0x1f) | TESTMONTH;
    rBCDDATE = rBCDDATE & ~(0x3f) | TESTDATE;
    rBCDDAY  = rBCDDAY  & ~(0x7)  | TESTDAY;
```

```
    rBCDHOUR = rBCDHOUR & ~(0x3f) | TESTHOUR;
    rBCDMIN  = rBCDMIN  & ~(0x7f) | TESTMIN;
    rBCDSEC  = rBCDSEC  & ~(0x7f) | TESTSEC;
    rRTCCON = 0x0;    //No reset, Merge BCD counters, 1/32768, RTC Control disable
}
```

初始化程序中使能了 RTC 功能，并初始化了各个存储实时时间的寄存器。

```
void Rtc_TimeSet(void)
{
    Uart_Printf("[ RTC Time Setting ]\n");
    rRTCCON = 0x01;
    Uart_Printf("RTC Time Initialized ...\n");
    Uart_Printf("Year (Two digit the latest)[0~99] : ");
    rBCDYEAR = Bcd(Uart_GetIntNum());
    Uart_Printf("Month               [1~12] : ");
    rBCDMON = Bcd(Uart_GetIntNum());
    Uart_Printf("Date                [1~31] : ");
    rBCDDATE = Bcd(Uart_GetIntNum());
    Uart_Printf("\n1:Sunday  2:Monday  3:Thesday  4:Wednesday  5:Thursday
                6:Friday  7:Saturday\n");
    Uart_Printf("Day of the week            : ");
    rBCDDAY = Bcd(Uart_GetIntNum());
    Uart_Printf("Hour                [0~23] : ");
    rBCDHOUR = Bcd(Uart_GetIntNum());
    Uart_Printf("Minute              [0~59] : ");
    rBCDMIN = Bcd(Uart_GetIntNum());
    Uart_Printf("Second              [0~59] : ");
    rBCDSEC = Bcd(Uart_GetIntNum());
    Uart_Printf("%2x:%2x:%2x%10s,  %2x/%2x/%4x\n",rBCDHOUR,rBCDMIN,rBCDSEC,
                day[rBCDDAY],rBCDMON,rBCDDATE,rBCDYEAR);
}
```

上述程序是用于设置实时时间的函数，通过向寄存器写入新的时间值，即可更新实时时钟信息。下面函数用于显示实时时间，代码如下：

```
void Display_Rtc(void)
{
    int year,tmp,key;
    int month,date,weekday,hour,minite,sec;
    Uart_Printf("[ Display RTC Test ]\n");
    Uart_Printf("0. RTC Initialize   1. RTC Time Setting  2. Only RTC Display\n\n");
    Uart_Printf("Selet : ");
    key = Uart_GetIntNum();
    Uart_Printf("\n\n");
    isInit = key;
    if(isInit == 0)
    {
        Rtc_Init();
```

```
        isInit = 2;
    }
    else if(isInit == 1)
    {
        Rtc_TimeSet();
        isInit = 2;
    }
    rRTCCON = 0x01;    //No reset, Merge BCD counters, 1/32768, RTC Control enable
    Uart_Printf("Press any key to exit.\n\n");
    while(!Uart_GetKey())
    {
        while(1)
        {
            if(rBCDYEAR == 0x99)
                year = 0x1999;
            else
                year = 0x2000 + rBCDYEAR;
            month = rBCDMON;
            weekday = rBCDDAY;
            date = rBCDDATE;
            hour = rBCDHOUR;
            minite = rBCDMIN;
            sec = rBCDSEC;
            if(sec!=tmp)
            {
                tmp = sec;
                break;
            }
        }
    Uart_Printf("%2x:%2x:%2x%10s,%2x/%2x/%4x\n",hour,minite,sec,
                day[weekday],month,date,year);
    }
    rRTCCON = 0x0;         //No reset, Merge BCD counters, 1/32768, RTC Control
                          disable(for power consumption)
}
```

闹钟功能由以下函数实现，实验代码如下：

```
void Test_Rtc_Alarm(void)
{
    Uart_Printf("[ RTC Alarm Test for S3C2440 ]\n");
    Rtc_Init();
    rRTCCON  = 0x01;  /No reset, Merge BCD counters, 1/32768, RTC Control enable
    rALMYEAR = TESTYEAR2 ;
    rALMMON = TESTMONTH2;
    rALMDATE = TESTDATE2 ;
    rALMHOUR = TESTHOUR2 ;
    rALMMIN = TESTMIN2  ;
```

```
    rALMSEC = TESTSEC2 + 2;
    Uart_Printf("After 2 sec, alarm interrupt will occur.. \n");
    isRtcInt = 0;
    pISR_RTC = (unsigned int)Rtc_Int;
    rRTCALM = 0x7f;  //Global,Year,Month,Day,Hour,Minute,Second alarm enable
    rRTCCON = 0x0;   //No reset, Merge BCD counters, 1/32768, RTC Control disable
    rINTMSK = ~(BIT_RTC);
    while(isRtcInt==0);
    rINTMSK = BIT_ALLMSK;
}
```

秒表计数功能由以下函数实现，实验代码如下：

```
void Test_Rtc_Tick(void)
{
    Uart_Printf("[ RTC Tick interrupt(1 sec) test for S3C2440 ]\n");
    Uart_Printf("Press any key to exit.\n");
    Uart_Printf("\n");
    Uart_Printf("\n");
    Uart_Printf("  ");
    pISR_TICK = (unsigned)Rtc_Tick;
    sec_tick = 1;
    rINTMSK = ~(BIT_TICK);
    rRTCCON = 0x0;
    rTICNT = (1<<7) + 127;   //Tick time interrupt enable, Tick time count value 127
    Uart_Getch();
    rINTMSK = BIT_ALLMSK;
rRTCCON = 0x0;
}
```

闹钟功能和秒表计数功能的中断服务函数如下所示：

```
void __irq Rtc_Int(void)
{
    rSRCPND = BIT_RTC;
    rINTPND = BIT_RTC;
    rINTPND;
    Uart_Printf("RTC Alarm Interrupt O.K.\n");
    isRtcInt = 1;
}
void __irq Rtc_Tick(void)
{
    rSRCPND = BIT_TICK;
    rINTPND = BIT_TICK;
    rINTPND;
    Uart_Printf("\b\b\b\b\b\b\b%03d sec",sec_tick++);  }
```

完成以上函数的封装，就可以在主函数中直接调用测试函数来测试 RTC 程序的各个功能。主函数代码如下：

```
void Main(void)
{
    rGPHCON=(rGPHCON&0x3ffff)|(0x0a<<18);      //设置 GPH9 10--CLKOUT0,1
    rMISCCR=(rMISCCR&0x0f)|(0x04<<2);
    rMISCCR=(rMISCCR&0x0f)|(0x04<<3);
    rMISCCR=(rMISCCR&0x0f)|(0x04<<4);          //杂项寄存器设置时钟源
    Port_Init();                               //IO 端口初始化
    Isr_Init();                                //中断初始化
    Uart_Init(0,115200);                       //串口初始化
    Uart_Select(0);
    Uart_Printf("\n\n2440 Experiment System (ADS) Ver1.2\n") ;//打印系统信息
    Rtc_Test();
}
```

4.6.2　实验结果

编译好程序，通过 ADS 仿真工具 AXD 加载镜像，运行程序后或将编写好的程序编译生成的二进制文件烧写进目标开发板中，启动电源，在串口调试窗口打印信息如下：

```
2440 Experiment System (ADS) Ver1.2

====== RTC Test program start ======


 0:RTC Alarm      1:RTC Display      2:RTC Tick

Press Enter key to exit :
```

按提示选择测试内容，RTC Alam 实验结果如下：

```
[ RTC Alarm Test for S3C2440 ]
After 2 sec, alarm interrupt will occur..
RTC Alarm Interrupt O.K.
```

实时时间的设置与显示将打印如下信息：

```
[ Display RTC Test ]

0. RTC Initialize   1. RTC Time Setting   2. Only RTC Display
Selet : 1

[ RTC Time Setting ]
RTC Time Initialized ...
Year (Two digit the latest)[0~99] :
```

根据提示分别输入年、月、日、时、分、秒后，系统时间将被修改并保存。秒表计数功能打印信息如下所示：

```
[ RTC Tick interrupt(1 sec) test for S3C2440 ]
Press any key to exit.
048 sec
```

RTC 程序基本测试完成，按任意键可退出测试程序。

4.7　定时器模块在 WinCE 中的程序设计——PWM 输出实验

接下来讲解如何在 WinCE 嵌入式操作系统中使用定时器模块。在做该实验时，我们需要在先开发板上构建 WinCE 操作系统（详细见第 10 章），然后再使用 Visual Studio 2005 编写一个基于对话框的程序。在本节中我们通过 PWM 输出实验来讲解定时器模块的 WinCE 开发。

S3C2440A 有 5 个 16 位定时器，如图 4.7.1 所示。其中定时器 0、1、2 和 3 具有脉宽调制功能。定时器 4 是一个无输出引脚的内部定时器。定时器 0 还包含用于大电流驱动的死区发生器。

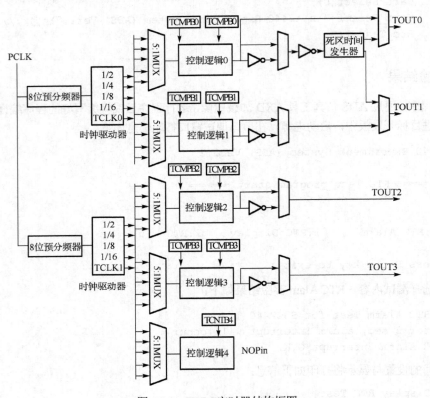

图 4.7.1　PWM 定时器结构框图

定时器 0 和定时器 1 共用一个 8 位预分频器，定时器 2、定时器 3 和定时器 4 共用另外的 8 位预分频器。每个定时器都有一个可以生成 5 种不同分频信号（1/2，1/4，1/8，1/16 和 TCLK）的时钟分频器。每个定时器模块从相应 8 位预分频器中获得时钟信号。8 位预分频器是可编程的，并且按存储在 TCFG0 寄存器和 TCFG1 寄存器中的加载值来分频 PCLK。

每个定时器有一个 16 位递减计数器，该计数器由相应定时器时钟驱动。当递减计数器到达零时，产生定时器中断请求通知 CPU 定时器操作已经完成。当定时器计数器到达零时，相应的 TCNTBn 的值将自动被加载到递减计数器以继续下一次操作。若在定时器运行模式期间清除 TCONn 的定时器使能位，TCNTBn 的值将不会被重新加载到计数器中。

计数缓冲寄存器 TCNTBn 使能时会自动加载一个初始值到递减计数器中。比较缓冲寄存器 TCMPBn 使能时会自动加载一个初始值到比较寄存器中，并与递减计数器中的值相比较。这种双缓冲特征的定时器在改变频率和占空比时，能保证定时器产生稳定的输出。

比较缓冲寄存器 TCMPBn 的值用于脉宽调制 PWM 中。当递减计数器的值与定时器控制逻辑中的比较寄存器的值相匹配时，定时器控制逻辑改变输出电平。因此，比较寄存器决定 PWM 输出的开启时间（或关闭时间）。

综上所述，S3C2440A 的 PWM 定时器具有如下特征：

- 5 个 16 位定时器
- 两个 8 位预分频器和两个 4 位分频器
- 可编程控制占空比的 PWM
- 自动重载模式或单稳脉冲模式
- 死区发生器

S3C2440A 实验开发板上提供了 PWM 时钟和蜂鸣器 GPIO 驱动。在该实验中，通过 Visual Studio 2005 打开设备驱动即可使用相应的功能。

本实验通过 Visual Studio 2005 编写一个基于对话框的程序，实现通过 WinCE 5.0 系统上的应用程序，控制 PWM 模块输出频率。再通过 PWM 输出频率的改变控制蜂鸣器叫声。

PWM 输出实验步骤如下：

（1）新建一个项目。在对话框主界面上加入按钮控件，滑块控件等。设置各个控件属性，表 4.7.1 所示是几个主要控件的属性列表，图 4.7.2 所示 PWM 输出实验对话框主界面。

表 4.7.1　控件属性列表

控件名称	标　　题	ID	成 员 变 量	控 件 功 能
按钮	打开 PWM	IDC_BUTTON1		打开 PWM 驱动
按钮	关闭 PWM	IDC_BUTTON2		关闭 PWM 驱动
滑块		IDC_SLIDER1	CSliderCtrl m_Slider	选择校验位

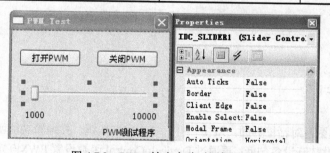

图 4.7.2　PWM 输出实验对话框界面

（2）在工程中添加 pwm.h 文件。在该文件中定义设备驱动程序句柄、蜂鸣器线程句柄、PWM 的初始化频率以及 PWM 的控制字等，代码如下：

```
#pragma once
//PWM 的控制字
#define IOCTL_PWM_SET_PRESCALER      1
#define IOCTL_PWM_SET_DIVIDER        2
#define IOCTL_PWM_START              3
#define IOCTL_PWM_GET_FREQUENCY      4
//设置默认频率
#define S3C2440_PCLK 50000000                    //PCLK 是 MHz
#define Prescaler0   15                          //预分频
```

```
#define TCNTB0          (S3C2440_PCLK/128/freq)        //工作频率
#define TCMPB0          (TCNTB0>>1)                     //占空比，默认是%
volatile BOOL gBeepRun = FALSE;;                        //控制 BeepThread 线程的运行
int freq = 1000;                                        //工作频率初值
//定义句柄
HANDLE m_hPWM;                                          //设置 PWM 句柄
HANDLE gBeepThread;                                     //蜂鸣器线程句柄
```

（3）在 CPWM_TestDlg 类中，添加成员函数 BeepThread(PVOID pArg)。该成员函数设置为私有类型，并声明为静态（static），函数返回值为 DWORD。该线程函数用于启动蜂鸣器设备，代码如下：

```
DWORD CPWM_TestDlg::BeepThread(PVOID pArg)
{
    DWORD buff[3];
    while(1)
    {
        Sleep(50);
        if (gBeepRun == FALSE)                          //线程退出标志
            return 0;
        buff[1] = S3C2440_PCLK/128/freq;
        buff[2] = TCNTB0>>1;
        BOOL ret = ::DeviceIoControl(m_hPWM, IOCTL_PWM_START, buff, 3,
                            NULL, 0, NULL, NULL);
        if (ret != TRUE)
        {
            AfxMessageBox(_T("蜂鸣器启动失败!"));
            return 0;
        }
    }
    return 0;
}
```

（4）打开资源视图下对话框界面，双击"打开 PWM"按钮，并编辑功能函数。在该函数中，首先通过 CreateFile 函数打开设备句柄；再通过 DeviceIoControl 函数设置 PWM0 定时器的预分频值与分频值；然后通过 CreateThread 函数创建蜂鸣器线程，并通过 gBeepRun 参数控制蜂鸣器线程的运行。"打开 PWM"按钮功能代码如下：

```
void CPWM_TestDlg::OnBnClickedButton1()
{
    //TODO: Add your control notification handler code here
    DWORD IDThread;
    BYTE prescale[2] = {0, 0};
    BYTE divider[2] = {0, 8};
    //打开 PWM 驱动
    m_hPWM = CreateFile(TEXT("PWM1:"), GENERIC_READ | GENERIC_WRITE, 0, NULL,
                    OPEN_EXISTING, 0, 0);
    if (m_hPWM == INVALID_HANDLE_VALUE)
```

```
    {
        MessageBox(_T("打开 PWM 驱动失败!"));
    }
    //设置 PWM0 定时器预分频值
    BOOL ret = ::DeviceIoControl(m_hPWM, IOCTL_PWM_SET_PRESCALER, prescale,
                2, NULL, 0, NULL, NULL);
    if (ret != TRUE)
    {
        OnBnClickedButton2();
        MessageBox(_T("设置 PWM0 定时器预分频值失败!"));
        return;
    }

    //设置 PWM0 定时器分频值
    ret = ::DeviceIoControl(m_hPWM, IOCTL_PWM_SET_DIVIDER, divider, 2, NULL,
                0, NULL, NULL);
    if (ret != TRUE)
    {
        OnBnClickedButton2();
        MessageBox(_T("设置 PWM0 定时器分频值失败!"));
        return;
    }
    //使能蜂鸣器播放线程
    gBeepRun = TRUE;
    //创建蜂鸣器播放线程
    gBeepThread = CreateThread(0, 0, BeepThread, 0, 0, &IDThread);
    if (gBeepThread == NULL)
    {
        OnBnClickedButton2();
        MessageBox(_T("创建蜂鸣器播放线程失败!"));
        return;
    }
    //设置控件
    CButton *pStartButton = (CButton*)GetDlgItem(IDC_BUTTON1);
    CButton *pStopButton = (CButton*)GetDlgItem(IDC_BUTTON2);
    pStartButton->EnableWindow(FALSE);
    pStopButton->EnableWindow(TRUE);
    m_Slider.EnableWindow(TRUE);
    m_Slider.SetPos(0);
    MessageBox(_T("打开 PWM 设备成功!"));
}
```

（5）打开资源视图下对话框界面，双击"关闭 PWM"按钮，并编辑功能函数。在该函数中，需设置 gBeepRun 退出 BeepThread 线程，并通过 CloseHandle 关闭 PWM 驱动，最后复位控件属性，代码如下：

```
void CPWM_TestDlg::OnBnClickedButton2()
{
```

```
gBeepRun = FALSE;                          //退出 BeepThread 线程
Sleep(200);                                //关闭 PWM 驱动
if (m_hPWM != INVALID_HANDLE_VALUE)
{
    CloseHandle(m_hPWM);
    m_hPWM = INVALID_HANDLE_VALUE;
}
m_Slider.EnableWindow(FALSE);        //复位控件
CButton *pStartButton = (CButton*)GetDlgItem(IDC_BUTTON1);
CButton *pStopButton = (CButton*)GetDlgItem(IDC_BUTTON2);
pStartButton->EnableWindow(TRUE);
pStopButton->EnableWindow(FALSE);
MessageBox(_T("关闭 PWM 设备成功!"));
}
```

（6）打开资源视图下对话框界面，双击滑块按钮，并编辑功能函数。在该函数中，通过滑块成员函数 GetPos 获得滑块当前值，并设置在频率为 0 时，关闭 PWM 驱动，代码如下：

```
void CPWM_TestDlg::OnNMCustomdrawSlider1(NMHDR *pNMHDR, LRESULT *pResult)
{
    LPNMCUSTOMDRAW pNMCD = reinterpret_cast<LPNMCUSTOMDRAW>(pNMHDR);
    //TODO: Add your control notification handler code here
    //当频率为时，停止工作
    if(freq == 0)
    {
        m_Slider.SetPos(1000);
        OnBnClickedButton2();
    }
    freq = m_Slider.GetPos();
    *pResult = 0;
}
```

（7）在类视图界面下选择 CPWM_TestDlg 类，右边属性栏中选择"Overrides"查看成员函数，选择添加 PostNcDestroy 函数。如图 4.7.3 所示，该函数属于对话框关闭时的处理函数。

对话框关闭时的处理函数具体代码如下：

```
void CPWM_TestDlg::PostNcDestroy()
{
    //TODO: Add your specialized code here and/or call the base class
    CDialog::PostNcDestroy();
    //退出 BeepThread 线程
    gBeepRun = FALSE;
    Sleep(200); //关闭 PWM 驱动
    if (m_hPWM != INVALID_HANDLE_VALUE)
    {
        CloseHandle(m_hPWM);
        m_hPWM = INVALID_HANDLE_VALUE;
    }
}
```

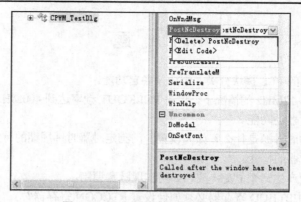

图 4.7.3　添加对话框退出处理函数

（8）在对话框初始化函数 OnInitDialog 中，初始化滑块和按钮控件，设置滑块有效调节范围，并使滑块控件与"关闭 PWM"按钮在未打开 PWM 时处于不可用状态，初始化代码如下：

```
BOOL CPWM_TestDlg::OnInitDialog()
{
    CDialog::OnInitDialog();
    //设置此对话框的图标。当应用程序主窗口不是对话框时，框架将自动
    //执行此操作
    SetIcon(m_hIcon, TRUE);                    //设置大图标
    SetIcon(m_hIcon, FALSE);                   //设置小图标
    //TODO：在此添加额外的初始化代码
    //初始化滑块
    m_Slider.SetRange(1000, 20000, FALSE);     //设置滑块调节范围
    m_Slider.SetPos(1000);                     //滑块处于点
    m_Slider.EnableWindow(FALSE);              //滑块禁止操作
    //初始化按钮控件
CButton *pStartButton = (CButton*)GetDlgItem(IDC_BUTTON1);  //取得按键控件指针
    CButton *pStopButton = (CButton*)GetDlgItem(IDC_BUTTON2);
    pStartButton->EnableWindow(TRUE);          //使能开始按键
    pStopButton->EnableWindow(FALSE);          //禁止停止按键
    return TRUE;                               //除非将焦点设置到控件，否则返回 TRUE
}
```

（9）单击菜单栏中"Debug→Start Debugging"选项，开始编译并调试。在 WinCE 5.0 操作系统中弹出的"PWM_Test"对话框中单击"打开 PWM"，此时蜂鸣器开始按照 1000 的频率开始鸣叫，调节滑块，蜂鸣器随着 PWM 输出频率的变化，鸣叫声响改变。WinCE 5.0 下 PWM 测试程序如图 4.7.4 所示。

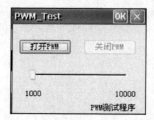

图 4.7.4　WinCE 5.0 下 PWM 测试程序

习　题

1. 简述 S3C2440A 的 PLL 模块分类、组成及各自功能。
2. 在外部晶振频率 12MHz 的情况下，要是 FCLKOUT 频率达到 400MHz，该如何设置寄存器？
3. 简述看门狗定时器的功能。
4. 看门狗定时器的时钟源是什么？如何设置看门狗定时器时钟周期的持续时间？
5. 简述 PWM 定时器的特性。
6. 按步骤讲解如何产生一个 PWM 波。如何实现脉宽调制。
7. 读写 RTC 模块中的 BCD 寄存器必须如何设置 RTCCON 寄存器？
8. 参考本书提供的 RTC 实验，编写一个程序，完善闹钟测试功能。实现具体年、月、日、时、分、秒的闹钟功能。
9. 自主完成 WinCE 下的 PWM 程序设计。

第 5 章　GPIO 接口与 UART 串口应用

GPIO 接口设计以及 UART 串口通信是嵌入式系统设计的基础，后续章节中几乎所有实验都需要用到 GPIO。而在调试过程中，也都需要使用 UART 串口进行 Debug 调试。为使不同基础的读者都能更好的理解 GPIO 接口设计以及 UART 串口通信，本章将通过简单的 LED 灯实验和串口通信实验，全面介绍如何通过对寄存器的设置来控制 GPIO 接口，以及如何实现 UART 串口通信，最后分别给出 GPIO 与 UART 在 Windows CE 下的应用开发。值得注意的是裸机编程时 UART 必须在系统时钟初始化后才能运行，其原因是 UART 波特率的设置是在系统时钟的基础之上进行的。如果 2440init.s 中已经包含了系统时钟的初始化，那么就可以根据系统时钟设置自己想要的 UART 波特率了。

5.1　S3C2440A 的 GPIO 接口介绍

GPIO 接口（General-Purpose Input /Output Ports，即通用 I/O 端口）在嵌入式系统中常被用来控制结构简单、功能单一的外部设备或者电路。这些设备或电路一般只要求有开/关两种状态，例如 LED 灯的亮与灭。对这些设备的控制，使用传统的串口或者并口就显得大材小用，并且增加了系统的复杂度。因此，在嵌入式微处理器上通常提供 GPIO 接口，满足用户对简单设备的控制需求。一个 GPIO 端口至少需要两个寄存器，一个是控制用的"通用 I/O 端口控制寄存器"，还有一个是存放数据的"通用 I/O 端口数据寄存器"。通过控制寄存器可以设置每一位引脚的数据流向，即控制引脚作为输入或者输出端口；而数据寄存器用来描述相应位引脚的电平状态。

三星 S3C2440A 微处理器包含有 130 个多功能输入/输出口引脚，分配在 A-J 的 9 个端口中：端口 A（GPA0-24）、端口 B（GPB0-10）、端口 C（GPC0-15）、端口 D（GPD0-15）、端口 E（GPE0-15）、端口 F（GPF0-7）、端口 G（GPG0-15）、端口 H（GPH0-8）、端口 J（GPJ0-12）。其中 A 组 GPIO 端口只能作为输出引脚，其他的 8 组既可作为输入也可作为输出引脚。这些引脚的其他复用功能，将在后续章节具体介绍。

5.1.1　GPIO 寄存器

S3C2440A 的每组 GPIO 端口都有三个寄存器，分别是端口配置寄存器（GPxCON）、端口数据寄存器（GPxDAT）和端口上拉寄存器（GPxUP）。

（1）端口配置寄存器（GPxCON）：S3C2440A 中，大多数端口都有复用功能，因此在使用每个引脚之前，都需要通过 GPxCON 将引脚配置成相应功能。如果在掉电模式中，PE0～PE7 用于唤醒信号，这些端口必须配置为输入模式。其中端口 A（GPA0-24）的 GPACON[22:0]的每一位对应相应引脚功能，当设置为 0 时，则相应引脚被配置为输出功能，否则为复用功能；GPACON[24:23]为保留位，即端口 A 的 23 号、24 号引脚只有输出功能。其余 8 组端口的 GPxCON 都是两位控制一个引脚：00 为输入功能、01 为输出功能、10 为复用功能、11 为保留，有些引脚也会有第二复用功能。

（2）端口数据寄存器（GPxDAT）：GPxDAT 寄存器与端口数据有关。当引脚被配置为输入功能时，可以通过读取 GPxDAT 的相应位得到引脚输入电平；当引脚为输出功能时，可以通过对 GPxDAT 的相应位赋值来控制引脚输出电平；如果引脚被配置为复用功能时，则 GPxDAT 相应位状态不稳定。这里需要注意的是端口 A 只有输出功能和复用功能，因此对端口 A 进行配置时，GPADAT 只能进行写操作。

（3）端口上拉寄存器（GPxUP）：该寄存器用于控制每个端口的上拉电阻使能与否。某位为 0，则对应引脚使能上拉电阻，否则禁用上拉电阻。需要注意的是端口 A 没有 GPxUP 寄存器，即没有上拉电阻。端口 G 的上拉寄存器 GPGUP 初始值为 0xfc00，其余端口寄存器初始值为 0x00。

5.1.2　寄存器地址

当使用某一个端口，一般只要对以上三个寄存器进行配置，就能正确使用端口功能。而在对寄存器进行配置之前，还需了解相应的寄存器所在的位置，即寄存器的地址。S3C2440A 地址总线宽度为 32 位，因此有 2^{32} 个 8 位字节地址空间，即 4G 的寻址空间。其中 8 个 128M 的 BANK（共 1G 地址空间）可访问外部存储器；剩余的 3GB 地址空间一部分是寄存器地址，还有一部分未被使用。

每个端口寄存器拥有 4 字节 32 位空间。其中端口 A 控制寄存器 GPACON、GPADAT 地址分别是 0x56000000、0x56000004，另外 0x56000008、0x5600000C 都被保留未使用；端口 B 控制寄存器 GPBCON、GPBDAT、GPBUP 地址分别是 0x56000010、0x56000014、0x56000018，0x5600001C 保留未使用。往后的端口 C-H 的寄存器地址均连续。需要注意的是端口 J 控制寄存器 GPJCON、GPJDAT、GPJUP 地址分别是 0x560000D0、0x560000D4、0x560000D8，0x560000DC 保留未使用。当在应用中要访问寄存器时，一般都会对寄存器进行宏定义，例如#define rGPFCON (*(volatile unsigned *)0x56000050，或者 GPFCON EQU 0x56000050。这两条语句在本书配套实验中的 2440addr.h 文件和 2440addr.inc 文件中一般都能找到，从文件名可以辨识这两个文件分别是对 C 语言的地址（address）定义和汇编语言的地址定义。有了这两个头文件，在启动文件 start.s 或者 main.c 文件中使用 GPFCON 或 rGPFCON 都变得顺理成章。

5.2　LED 灯实验

本节将在本书配套的实验平台上实现 LED 跑马灯的控制实验。通过对硬件原理图的分析，寄存器定义、配置，实验程序的设计来实现 LED 跑马灯实验。

5.2.1　硬件原理图

本实验目的是通过控制 GPIO 接口，实现 4 个 LED 灯的亮灭。通过图 5.2.1 所示的硬件原理图可知，要控制的引脚分别是 GPG5、GPG6、GPG7、GPG10，分别对应 LED1~LED4。简单分析可知，当某一个引脚设置为输出高电平时，LED 灯灭；而输出低电平时，LED 灯两端有 3.3V 的电压差，LED 灯亮。因此，完成实验的途径就是通过控制 LED 灯相应控制引脚的输出电平高低。

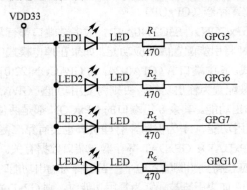

图 5.2.1　LED 灯硬件连接图

5.2.2　寄存器配置

端口 G 的三个寄存器地址以及每个引脚所对应的寄存器位可以通过查询 S3C2440A 的数据手册获得。表 5.2.1 提供了 GPG 寄存器地址和属性。表 5.2.2 提供了 GPGCON 寄存器各个位的状态设置方式。

表 5.2.1　GPG 寄存器地址

寄 存 器	地 址	R/W	描　　　述	复 位 值
GPGCON	0x56000060	R/W	配置端口 G 的引脚	0x0
GPGDAT	0x56000064	R/W	端口 G 的数据寄存器	–
GPGUP	0x56000068	R/W	端口 G 的上拉使能寄存器	0xFC00

表 5.2.2　GPGCON 状态控制寄存器

GPGCON	位	描　　　述		初 始 值
GPG15	[31:30]	00=输入	01=输出	0x0
		10=EINT[23]	11=保留	
GPG14	[29:28]	00=输入	01=输出	0x0
		10=EINT[22]	11=保留	
GPG13	[27:26]	00=输入	01=输出	0x0
		10=EINT[21]	11=保留	
GPG12	[25:24]	00=输入	01=输出	0x0
		10=EINT[20]	11=保留	
GPG11	[23:22]	00=输入	01=输出	0x0
		10=EINT[19]	11=TCLK[1]	
GPG10	[21:20]	00=输入	01=输出	0x0
		10=EINT[18]	11=nCTS1	
GPG9	[19:18]	00=输入	01=输出	0x0
		10=EINT[17]	11=nRTS1	
GPG8	[17:16]	00=输入	01=输出	0x0
		10=EINT[16]	11=保留	
GPG7	[15:14]	00=输入	01=输出	0x0
		10=EINT[15]	11=SPICLK1	
GPG6	[13:12]	00=输入	01=输出	0x0
		10=EINT[14]	11=SPIMOSI1	
GPG5	[11:10]	00=输入	01=输出	0x0
		10=EINT[13]	11=SPIMISO1	
GPG4	[9:8]	00=输入	01=输出	0x0
		10=EINT[12]	11=LCD_PWRDN	
GPG3	[7:6]	00=输入	01=输出	0x0
		10=EINT[11]	11=nSS1	
GPG2	[5:4]	00=输入	01=输出	0x0
		10=EINT[10]	11=nSS0	
GPG1	[3:2]	00=输入	01=输出	0x0
		10=EINT[9]	11=保留	
GPG0	[1:0]	00=输入	01=输出	0x0
		10=EINT[8]	11=保留	

通过上述表格可以得知，GPG5、GPG6、GPG7、GPG10 4 个引脚通过设置 GPGCON[21:20]、GPGCON[15:14]、GPGCON[13:12]、GPGCON[11:10]分别为 01。

5.2.3 实验测试

新建工程

首先安装好 ADS1.2 和 H-JTAG 软件。然后新建工程如下：

（1）打开 ADS1.2，如图 5.2.2 所示。

（2）单击 "File→New"，如图 5.2.3 所示。

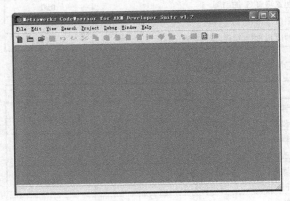

图 5.2.2　ADS1.2 界面

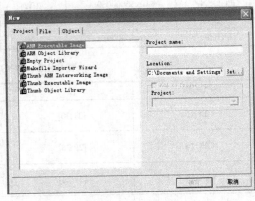

图 5.2.3　New 界面

（3）在对话框中选择 "project→ARM Executable Image"，然后在 project name 中输入工程的名字（不要使用中文），在 Location 中选择工程的保存路径（路径中不要有中文）。单击 "确定"，出现如图 5.2.4 所示界面。

（4）单击 DebugRel Settings，如图 5.2.5 所示，在左边对话框中选择 Target Settings，然后在右边的对话框 Post-linkerz 中选择 ARM fromELF。如图 5.2.6 所示。

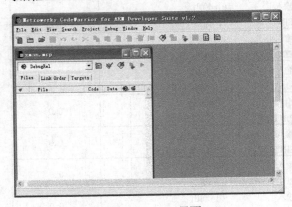

图 5.2.4　project 界面

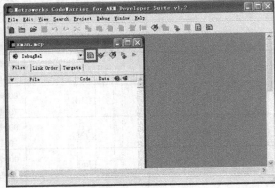

图 5.2.5　DebugRel Settings

（5）在左边选择 Language Settings 下的 ARM Assembler，在右边的 Target 下的 Architecture or Processor 中选择 ARM920T，如图 5.2.7 所示。

（6）在左边选择 Language Settings 下的 ARM C Compiler，在右边的 Target and Souce 下的 Architecture or Processor 中选择 ARM920T。Language Settings 下的 ARM C++ Compiler、Thumb C Compiler 以及 Thumb C++ Compiler 采用以上相同的设置（选择 ARM920T）。如图 5.2.8 所示。

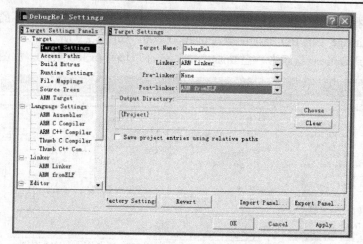

图 5.2.6　Target Settings

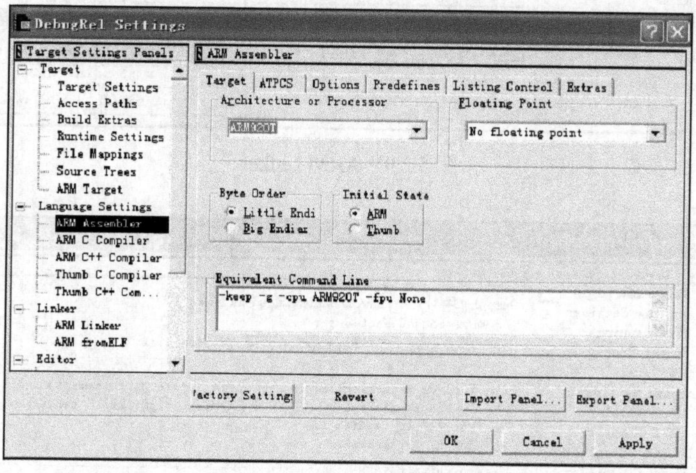

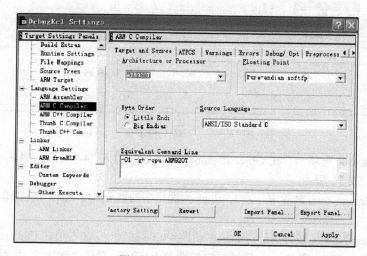

图 5.2.7　ARM Assembler

图 5.2.8　ARM C Compiler

（7）在左边选择 Linker 下的 ARM Linker，然后在右边的 Output 选项卡下的 Linktype 中选择 Simple，在 Simple image 下的 RO Base 中填写 0x30000000，如图 5.2.9 所示。

（8）然后切换到 Options 选项卡，在 Image entry point 下填写 0x30000000。如图 5.2.10 所示。

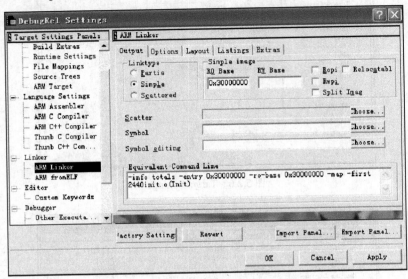

图 5.2.9　ARM Linker

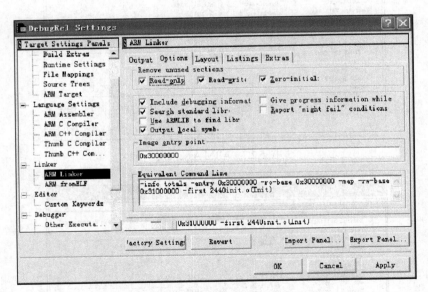

图 5.2.10　Image entry point

（9）切换到 Layout 选项卡，在 Object/Symbol 对话框中输入 2440init.o，然后在 Section 对话框中输入 Init。如图 5.2.11 所示。

（10）切换到 Image map 选项卡，在 Listings 的选项中勾选 Image map，最后单击 Apply 和 OK，如图 5.2.12 所示。

（11）单击"File→New"，在弹出的对话框中切换到 File 选项卡，在右边的 File name 中填写 main.c，在 Add to Project 前面打钩。在 Targets 选项框中勾选 DebugRel，单击"确定"。如图 5.2.13 所示。

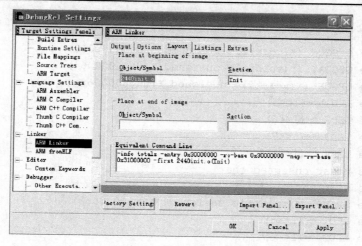

图 5.2.11　Object/Symbol

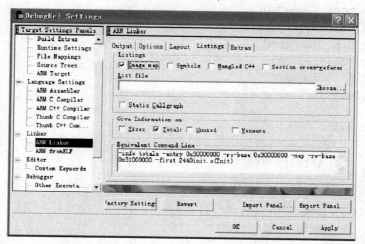

图 5.2.12　Image map

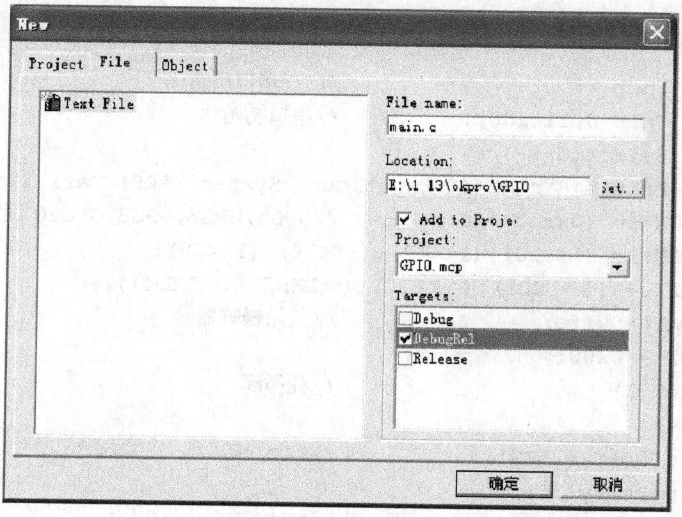

图 5.2.13　DebugRel

（12）在 main.c 中填写代码：

```
#define GPGCON (*(volatile unsigned *)0x56000060)
#define GPGDAT (*(volatile unsigned *)0x56000064)
#define GPGUP (*(volatile unsigned *)0x56000068)
#define LED1 ~(1<<5)
#define LED2 ~(1<<6)
#define LED3 ~(1<<7)
#define LED4 ~(1<<10)
#define uchar unsigned char
#define uint unsigned int
#define GPGUP (*(volatile unsigned *)0x56000068)
#define LED1 ~(1<<5)
#define LED2 ~(1<<6)
#define LED3 ~(1<<7)
#define LED4 ~(1<<10)
#define uchar unsigned char
#define uint unsigned int
#include"2440lib.h"
//功能描述:    延时函数
void myDelay(int x)
{
    while(x)
    {
        for (k=0;k<=0xff;k++)
    int k, j;

        for(j=0;j<=0x0f;j++);
        x--;
    }
}
int Main(void)
{
    Port_Init();                //IO端口初始化
    Uart_Init(0,115200);        //串口初始化
    Uart_Select(0);
    Uart_Printf("\n\n2440 Experiment System (ADS) Ver1.2\n") ;//打印系统信息
    GPGCON &= (0x3c0<<10);      //GPG5,GPG6,GPG8,GPG10 设置为输出
    GPGCON |= (1<<10)|(1<<12)|(1<<14)|(1<<20);
    GPGDAT = ((~LED1)|(~LED2)|(~LED3)|(~LED4));            //使 LED 全灭
    GPGDAT&=0xffe;              //关闭蜂鸣器
    GPGUP = 0x00;
    while (1)                   //死循环
    {
        GPGDAT = LED1;          //LED1 亮
        myDelay(50);
        GPGDAT = LED2;          //LED2 亮
```

```
        myDelay(50);
        GPGDAT = LED3;              //LED3 亮
        myDelay(50);
        GPGDAT = LED4;              //LED4 亮
        myDelay(50);
    }
    return 0;
}
```

（13）将工程的必要初始化文件（2440addr.h、2440addr.inc、2440init.s、2440lib.c、2440lib.h、2440slib.h、2440slib.s、Def.h、Memcfg.inc、mmu.c、mmu.h、nand.c、Nand.h、Option.h、Option.inc）放在工程文件夹中。如图 5.2.14 所示。

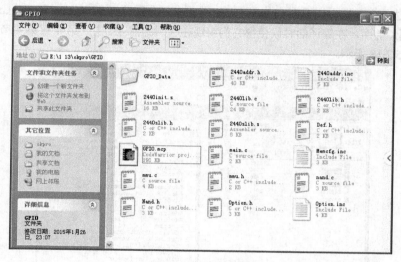

图 5.2.14　工程文件

（14）在左边的 File 界面中右击选择 Add Files。如图 5.2.15 所示。

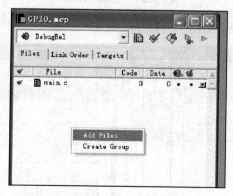

图 5.2.15　Add Files

（15）在弹出的对话框中选择上一步中工程文件夹中的 2440init.s、2440lib.c、2440slib.s、mmu.c、nand.c，单击打开。如图 5.2.16 所示。

（16）在弹出的对话框中勾选 DebugRel，其他的不要勾选。然后单击"OK"。如图 5.2.17 所示。

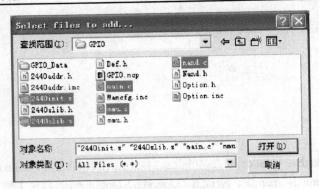

图 5.2.16　添加文件

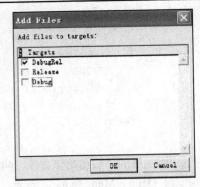

图 5.2.17　DebugRel

（17）在左边的文件框中切换到 Linker Order 选项卡，分别选择 2440init.s 和 nand.c，按住鼠标将这两个文件拖到最前面，在编译的时候使得它们出现在代码的前 4K 中（第 4 章第 4 节会解释这样做的原因）。如图 5.2.18 所示。

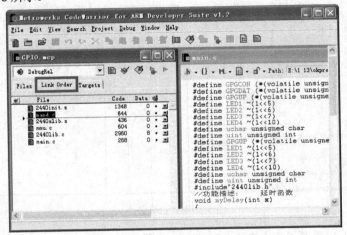

图 5.2.18　Linker Order

（18）单击 compile 和 make，如图 5.2.19 所示。

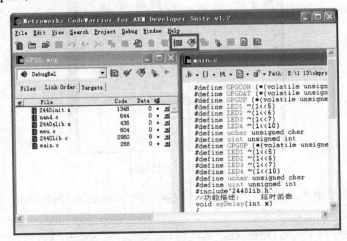

图 5.2.19　ompile 和 make

（19）首先用 H-JTAG 连接好开发板，开发板上电，打开 H-JTAG 软件，单击 Detect target，如图 5.2.20 所示。

（20）单击 Load，在弹出的对话框中选择 H-JTAG 安装目录下 H-JTAG 文件夹中的 HFC Example 文件夹中的 S3C2440+K9F1208.hfc 文件，单击打开。如图 5.2.21 所示。

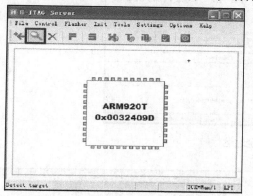
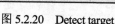

图 5.2.20　Detect target

图 5.2.21　加载 S3C2440+K9F1208.hfc 文件

（21）如果对 GPIO 工程进行硬件仿真，在左边选择 Programming，先后单击 RESET 和 Check。然后回到 ADS1.2 界面，单击 Debug，从而打开 AXD 仿真界面，如图 5.2.22 所示。

（22）然后在弹出的界面中 Choose Target 对话框中单击 Add（也可以在 AXD 的工具栏中选择 Opions-Config Target，这样也可以打开 Choose Target 对话框），在弹出的对话框中选择 H-JTAG 安装目录 H-JTAG 文件夹中的 H-JTAG.dll 文件，单击打开，然后在 Choose Target 对话框中单击 OK。如图 5.2.23 所示。

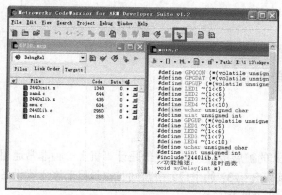

图 5.2.22　打开 AXD 仿真

图 5.2.23　Choose Target

（23）双击 go 按键，就开始全速运行程序了。观察实验现象可以看到 LED1～LED4 指示灯按循环中的顺序依次亮灭。如图 5.2.24 所示。

（24）如果想要直接把程序烧写进芯片运行，那么工程 compile 和 make 以后不必仿真，直接在 H-JTAG 左边选择 Programming，然后在右边单击 Erase 来擦除 Flash。如图 5.2.25 所示。

（25）单击在 Src File 后面的省略号，在弹出的对话框中选择 GPIO 工程文件夹中 GPIO_Data 文件件下 DebugRel 中的 GPIO.bin 文件，单击打开，然后单击 Program 从而将 GPIO.bin 文件烧写到开发板的 NAND Flash 中，烧写完毕后，重新上电复位开发板，就可以看到实验现象即 LED1～LED4 指示灯按循环中的顺序依次亮灭。如图 5.2.26 所示。

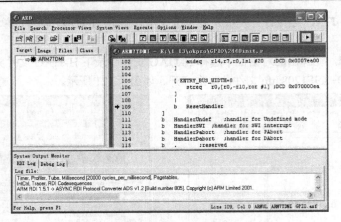

图 5.2.24　全速运行

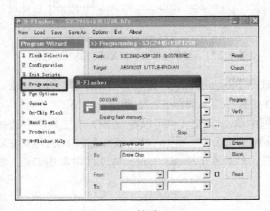

图 5.2.25　擦除 Flash

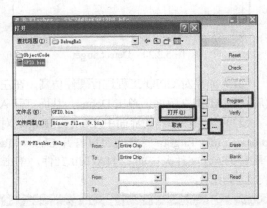

图 5.2.26　GPIO.bin 文件烧写

5.3　串口通信原理和简介

5.3.1　串口概述

　　串行接口即串行通信接口，是采用串行通信方式的扩展接口。串口通信是计算机上一种非常通用的设备通信协议，目前大多数计算机和 PC 都带有基于 RS-232 的串口。串口同时也是目前嵌入式设备通用的通信协议，很多工业场合的嵌入式设备带有 RS-232 接口。

　　串行通信接口按照电器标准及协议可划分为 RS-232、RS-422 和 RS-485。其中 RS-232-C 是美国电子工业协会（Electronic Industry Association，EIA）制定的一种串行物理接口标准，也是目前最常用的串行接口。RS 是英文"推荐标准"的缩写，232 为标识号，C 表示修改次数。RS-232-C 总线标准设有 25 芯，包括一个主通道和一个辅助通道，后来简化成现在的 9 芯接头（DB9）。引脚定义如图 5.3.1 所示。

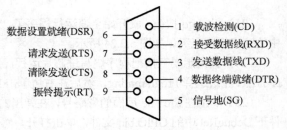

图 5.3.1　串口接口引脚定义

　　在多数情况下主要使用主通道，对于一般双工通信，仅需几条信号线就可实现，如一条发送线、一条接收线及一条地线，接线方式如图 5.3.2(a)所示。此外，如果需要信号控制，则需采用完全连接，如图 5.3.2(b)所示的 RS-232-C 标准规定的数据传输速率可为 50、75、100、150、300、600、1200、2400、4800、9600、19200、38400、57600、115200 波特。RS-232-C 标准规定，驱动器允许有 2500pF 的电容负载，通信距离将受此电容限制，例如，采用 150pF/m 的通信电缆时，最大通信距离为 15m。若每米电缆的电容量减小，通信距离可以增加。传输距离短的另一原因是 RS-232 属于单端信号传送，存在共地噪声和不能抑制共模干扰等问题，因此一般用于 20m 以内的通信。

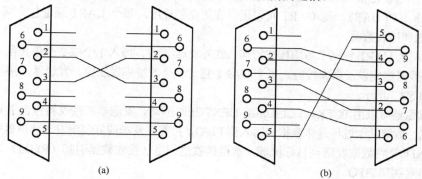

图 5.3.2　串口接线方式

　　串口通信是按位发送和接收数据，这种通信方式显然比按字节的并行通信慢，但是它可以实现使用一根线发送数据的同时用另一根线接收数据，并且能够实现远距离通信。例如，IEEE488 定义并行通信状态时，规定设备线总长不得超过 20m，任意两个设备间的长度不得超过 2m。而对于串口而言，长度可达 1200m。典型地，串口用于 ASCII 码字符的传输。通信使用地线 GND、发送数据线 TX、接收数据线 RX 完成。由于串口通信是异步，端口能够在一根线上发送数据的同时在另一根线上接收数据。其他线用于两设备的握手，但并非必须。串口通信最重要的参数是波特率、数据位、停止位和奇偶校验。对于两个进行通信的端口，这些参数必须匹配。

　　（1）波特率：这是一个衡量通信速度的参数，表示每秒钟传送的位数。例如，9600 波特表示每秒钟发送 9600 位数据。而时钟周期就是指波特率，例如，协议需要 4800 波特率，那么时钟是 4800Hz。这意味着串口通信在数据线上的采样率为 4800Hz。通常电话线的波特率为 14400，28800 和 36600。波特率可以远远大于这些值，但是波特率和距离成反比。高波特率常常用于放置的很近的仪器间的通信，典型的例子就是 GPIB 设备的通信。

　　（2）数据位：这是衡量通信中实际数据位的参数。当计算机发送一个信息包，实际的数据不会是 8 位的，标准的值是 5 位、7 位和 8 位，如何设置取决于你想传送的信息。比如，标准的 ASCII 码是 0～127（7 位）。扩展的 ASCII 码是 0～255（8 位）。如果数据使用简单的文本（标准 ASCII 码），那么每个数据包使用 7 位数据。每个包是指一个字节，包括开始/停止位，数据位和奇偶校验位。由于实际数据位取决于通信协议的选取，术语"包"指任何通信的情况。

　　（3）停止位：用于表示单个包的最后一位，表示数据传输结束。由于数据是在传输线上定时的，并且每一个设备有自己的时钟，很可能在通信中两台设备间出现不同步现象。因此，停止位不仅仅是表示传输的结束，并且提供计算机校正时钟同步的机会。适用于停止位的位数越多，不同时钟同步的容忍程度越大，但是数据传输率也越慢。

　　（4）奇偶校验位：在串口通信中一种简单的检错方式。有 4 种检错方式：偶、奇、高和低。当然没有校验位也是可以通信的。对于偶和奇校验的情况，串口会设置校验位（数据位后面的一位），用一个值确保传输的数据的逻辑高位的位数为偶数或者奇数。例如，如果数据是 011，那么对于偶校验，校验位为 0，保证逻辑高的位数是偶数。如果是奇校验，校验位为 1，这样就有三个逻辑高位。

5.3.2 S3C2440A 串口简介

S3C2440A 的通用异步收发器 UART 配有三个独立异步串行 I/O 端口，每个都可以基于中断或 DMA 模式工作。换句话说，UART 可以通过产生中断或 DMA 请求来进行 CPU 和 UART 之间的数据传输。UART 通过使用系统时钟可以支持最高 115.2Kbps 的比特率。如果是外部器件提供外部输入时钟（UEXTCLK）的 UART，则 UART 可以运行在更高的速度。每个 UART 通道包含两个 64 字节的 FIFO 用于发送和接收数据。

S3C2440A 的 UART 包括了可编程波特率，红外发送/接收，插入 1 个或 2 个停止位，5 位、6 位、7 位或 8 位的数据宽度以及奇偶校验。每个 UART 包含一个波特率发生器、发送器、接收器和一个控制单元，如图 5.3.3 所示。

波特率发生器可以由 PCLK、FCLK/n 或 UEXTCLK 驱动。发送器和接收器包含了 64 字节 FIFO 和数据移位器。数据发送过程是将数据先写入到 FIFO，接着在发送前复制到发送移位器中，随后通过数据引脚（TxDn）将数据发送至目标机器。数据接收过程是从接收数据引脚（RxDn）读取，然后将数据从移位器复制到 FIFO。

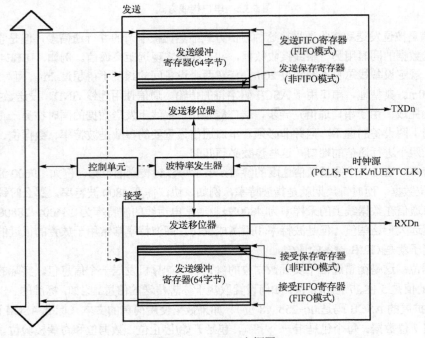

图 5.3.3 UART 方框图

5.3.3 S3C2440A 的串口操作

S3C2440A 的 UART 串口操作包括数据发送、数据接收、中断/DMA 请求、波特率发生、环回（Loopback）模式、红外模式和自动流控制。本节主要介绍 UART 的数据发送、数据接受、中断/DMA 请求及波特率发生等操作。

1. 数据发送

通过编程控制寄存器 ULCONn 指定发送数据帧的形式。数据帧可由 1 位起始位、5～8 位数据位、1 位可选奇偶校验位和 1～2 位停止位组成。发送器也可以在单帧发送期间强制串行输出逻辑 0 状态的断点，通常在完成当前发送字后发送断点信号。在发出断点信号后，再不断发送数据到 Tx FIFO 或者将数据保存在寄存器中（非 FIFO 模式情况下）。

2. 数据接收

同样，通过编程控制寄存器 ULCONn 指定接收数据帧的形式。数据帧可由 1 位起始位、5～8 位数据位、1 位可选奇偶校验位和 1～2 位停止位组成。接收器能够检测出溢出（overrun）错误、奇偶校验错误、帧错误和断点状态。

（1）溢出错误表明新数据在读出旧数据前覆盖了旧数据。

（2）奇偶校验错误表明接收器检测出一个非预期奇偶校验字段。

（3）帧错误表明接收到的数据没有有效的结束位。

（4）断点状态表明 RxDn 的输入保持为逻辑 0 状态的时间长于单帧传输时间。

任何一种错误产生，都将置位相应的错误标志位。当在 FIFO 模式中 Rx FIFO 为非空时，接收器未在 3 字长时间内接收任何数据，则产生接收超时状态。

3. 中断/DMA 请求

S3C2440A 的每个 UART 包括 7 种 Tx/Rx 错误状态：溢出错误、奇偶校验错误、帧错误、断点、接收缓冲器数据就绪、发送缓冲器空以及发送移位器空，全部由相应 UART 状态寄存器 UTRSTATn/UERSTATn 标示。

溢出错误，奇偶校验错误、帧错误和断点状态被认为是接收错误状态。如果接收错误中断请求使能位在控制寄存器 UCONn 中设置为 1，则每个都可以引起接收错误中断请求。当检测到接收错误中断请求，读取 UERSTSTn 的值识别该信号引起请求。

当接收器在 FIFO 模式中将接收移位器的数据转移到 Rx FIFO 寄存器中时，如果接收到的数据量达到 Rx FIFO 触发点，并且控制寄存器 UCONn 中的接收模式设置为中断请求或查询模式，则产生 Rx 中断。而在非 FIFO 模式中，将接收移位器的数据转移到接收保持寄存器中，在中断请求和查询模式下，接收缓冲期满同样将触发 Rx 中断。

类似的，当发送器将自身的发送 FIFO 寄存器的数据转移到其发送移位器时，如果移出发送 FIFO 的数据量达到 Tx FIFO 触发点，并且控制寄存器中的发送模式设置为中断请求或查询模式，则产生 Tx 中断。而在非 FIFO 模式中，将来自发送保持寄存器中的数据转移到发送移位器中，在中断请求和查询模式下，发送缓冲器空时同样将触发 Tx 中断。

如果控制寄存器中的接收模式和发送模式被选择为 DMAn 请求模式，则 DMAn 请求发生替代上述情况的 Tx 或 Rx 中断。

4. 波特率发生

每个 UART 的波特率发生器为发送器和接收器提供串行时钟。波特率发生器的源时钟可以选择 S3C2440A 的内部系统时钟或 UEXTCLK，可通过设置 UCONn 的时钟选项选择。波特率时钟是通过 16 位 UART 波特率分频寄存器设置的分频系数来分频源时钟。UBRDIVn 的分频值由下列表达式决定。

$$\text{UBRDIV}n = (\text{int})\left[\text{UART 时钟} / (\text{波特率} \times 16)\right]^{-1}$$

因此当需要设定一个波特率时，只需通过上式设置 UBRDIVn 寄存器即可。此处，UBRDIVn 的值为 1～215，只在使用低于 PCLK 的 UEXTCLK 时可以设置为 0。

5.4　S3C2440A 的 UART 特殊功能寄存器

5.4.1　UART 控制寄存器

S3C2440A 的 UART 模块包含三个 UART 线路控制寄存器：ULCON0、ULCON1 和 ULCON2，分别控制三个 UART 串口的线路控制。寄存器具体信息如表 5.4.1 所示。

表 5.4.1　UART 线路控制寄存器

ULCONn	位	描　　述	初 始 状 态
保留	[7]	—	0
红外模式	[6]	决定是否使用红外模式： 0 = 普通模式操作　1 = 红外 Tx/Rx 模式	0
奇偶校验模式	[5:3]	指定在 UART 发送和接收操作期间奇偶校验产生和检查的类型： 0xx = 无奇偶校验　100 = 奇校验　101 = 偶校验 110 = 固定/检查奇偶校验为 1　111 =固定/检查奇偶校验为 0	000
停止位数	[2]	指定用于结束帧信号的停止位的个数： 0 = 每帧 1 个停止位　1 = 每帧 2 个停止位	0
字长度	[1:0]	指出每帧用于发送或接收的数据位的个数： 00 = 5 位　01 = 6 位　10 = 7 位　11 = 8 位	0

同样，UART 模块包含有三个 UART 控制寄存器：UCON0、UCON1 和 UCON2，分别控制三个串口的中断类型，时钟选择等，具体寄存器信息如表 5.4.2 所示。

表 5.4.2　UART 控制寄存器

UCONn	位	描　　述	初 始 状 态
FCLK 分频器	[15:12]	当 UART 时钟源选择了 FCLK/n 时的分频器值。此时 n 由 UCON0[15:12]、UCON1[15:12]、UCON2[14:12]所决定	0000
时钟选择	[11:10]	选择 PCLK，UEXTCLK 或 FCLK/n 给 UART 波特率： 00 = PCLK　10 = PCLK　01 = UEXTCLK　11 = FCLK/n 注意：如果希望选择 FCLK/n，应该在选择或取消选择 FCLK/n 后加上 "NOTE" 的代码	00
Tx 中断类型	[9]	中断请求类型： 0 = 脉冲　1 = 电平	0
Rx 中断类型	[8]	中断请求类型： 0 = 脉冲　1 = 电平	0
Rx 超时使能	[7]	当使能了 UART FIFO 使能/禁止 Rx 超时中断： 0 = 禁止　1 = 使能	0
Rx 错误状态 中断使能	[6]	异常时允许 UART 产生中断，如接收操作期间的断点、帧错误、奇偶错误或溢出错误： 0 = 不产生接收错误状态中断　1 = 产生接收错误状态中断	0
环回模式	[5]	设置环回模式为 1 使得 UART 进入环回模式。此模式只用于测试：0 = 正常操作　1 = 环回模式	0
发出断点信号	[4]	设置此位使得 UART 在单帧期间发出一个断点信号。此位在发出断点信号后将自动清零： 0 = 正常传输　1 = 发出断点信号	0

当使用 UCON0 时，UART 时钟=FCLK/(分频器+6)，分频器>0，UCON1，UCON2 的该字段必须为 0。当使用 UCON1 时 UART 时钟=FCLK/(分频器+21)，分频器>0，UCON0，UCON2 必须为 0。当使用 UART2 时，UCON2[15]是 FCLK/n 时钟使能/禁止位：UCON2[15]=1 则使能 FCLK/n 时钟。UART 时钟=FCLK/(分频器+36)，分频器>0，UCON0，UCON1 必须为 0。如果 UCON0/1[15:12]和 UCON2[14:12]都全为 0，则分频器将为 44，即 UART 时钟=FCLK/44。总分频范围为 7～44 之间。

UART 模块有三个 UART FIFO 控制寄存器：UFCON0、UFCON1 和 UFCON2，分别用于控制三个串口的输入/输出 FIFO 寄存器。FIFO 控制寄存器具体信息如表 5.4.3 所示。

表 5.4.3　UART FIFO 控制寄存器

UFCONn	位	描　述	初 始 状 态
Tx FIFO 触发位数	[7:6]	决定发送 FIFO 的触发深度： 00＝空　　　　　01＝16 字节 10＝32 字节　　　11＝48 字节	00
Rx FIFO 触发位数	[5:4]	决定接收 FIFO 的触发深度： 00＝1 字节　　　　01＝8 字节 10＝16 字节　　　11＝32 字节	00
保留	[3]	—	0
Tx FIFO 复位	[2]	复位 FIFO 后自动清零： 0＝正常　　　　　1＝Tx FIFO 复位	0
Rx FIFO 复位	[1]	复位 FIFO 后自动清零： 0＝正常　　　　　1＝Rx FIFO 复位	0
FIFO 使能	[0]	0＝禁止　　　　　1＝使能	0

UART 模块有个 UART MODEM 控制寄存器 UMCON0 和 UMCON1，用于 UART0 和 UART1 的模式控制，如是否使用 AFC 自动流控制。一般情况下都不使用 AFC 自动流控制，所以通常设置为 0。

而波特率分频寄存器 UBRDIV0、UBRDIV1 和 UBRDIV2 分别用于决定三个串口的 Tx/Rx 波特率。该寄存器 UBRDIVn>0，而使用 UEXTCLK 作为输入时钟时，可以设置 UBRDIVn 为 0。

5.4.2　UART 状态寄存器

UART Tx/Rx 状态寄存器 UTRSTAT0、UTRSTAT1 和 UTRSTAT2 用于监视发送/接收缓冲器是否空/满。具体寄存器信息如表 5.4.4 所示。

表 5.4.4　UART Tx/Rx 状态寄存器

UTRSTATn	位	描　述	初 始 状 态
发送器空	[2]	当发送缓冲寄存器无有效数据要发送并且发送移位寄存器为空时将自动设置为 1： 0＝非空　1＝发送器（发送缓冲和移位寄存器）空	1
发送缓冲器空	[1]	当发送缓冲寄存器为空时自动设置为 1： 0＝缓冲寄存器非空 1＝空（非 FIFO 模式中，请求中断或 DMA。FIFO 模式中，当 Tx FIFO 触发深度设置为 00（空）时请求中断或 DMA） 如果 UART 使用 FIFO，用户应该用 UFSTAT 寄存器中的 Rx FIFO 计数位和 Rx FIFO 满位取代对此位的检查	1
接收缓冲器数据就绪	[0]	每当通过 RXDn 端口接收数据，接收缓冲寄存器包含了有效数据时自动设置为 1： 0＝空 1＝缓冲寄存器接收到有效数据（非 FIFO 模式中，请求中断或 DMA） 如果 UART 使用 FIFO，用户应该用 UFSTAT 寄存器中的 Rx FIFO 计数位和 Rx FIFO 满位取代对此位的检查	0

　　UART Rx 错误状态寄存器 UERSTAT0、UERSTAT1 和 UERSTAT2，用于监视接收数据时是否出现错误。具体寄存器信息如表 5.4.5 所示。

表 5.4.5　UART 错误状态寄存器

UERSTAT*n*	位	描述	初始状态
断点监测	[3]	表明接收到断点信号时将自动设置为 1： 0 = 未接收到断点　　　1 = 接收到断点（请求中断）	0
帧错误	[2]	每当接收操作期间发生帧错误时将自动设置为 1： 0 = 接收期间无帧错误　1 = 帧错误（请求中断）	0
奇偶校验错误	[1]	每当接收操作期间发生奇偶校验错误时将自动设置为 1： 0 = 非空　　　　　　　1 = 奇偶校验错误（请求中断）	0
溢出错误	[0]	每当接收操作期间发生溢出错误时将自动设置为 1： 0 = 非空　　　　　　　1 = 溢出错误（请求中断）	0

　　UART FIFO 状态寄存器 UFSTAT0、UFSTAT1 和 UFSTAT2 用于监视三个串口的 Tx/Rx FIFO 寄存器状态。寄存器具体信息如表 5.4.6 所示。

表 5.4.6　UARTFIFO 状态寄存器

UFSTAT*n*	位	描　述	初 始 状 态
保留	[15]	—	0
Tx FIFO 满	[14]	每当发送操作期间发送 FIFO 为满时将自动设置为 1： 0 = 0 字节≤Tx FIFO 数据≤63 字节　1 = 满	0
Tx FIFO 计数器	[13:8]	Tx FIFO 中的数据量	0
保留	[7]	—	0
Rx FIFO 满	[6]	每当接收操作期间接收 FIFO 为满时将自动设置为 1。 0 = 满　1 = 0 字节≤Tx FIFO 数据≤63 字节	0
Rx FIFO 计数器	[5:0]	Rx FIFO 中的数据量	0

　　此外，UART 模块有两种缓冲寄存器，包括发送缓冲寄存器和接收缓冲寄存器。发送缓冲寄存器包括 UTXH0、UTXH1 和 UTXH2，用于发送 8 位数据。类似的，接收缓冲器包括 URXH0、URXH1 和 URXH2，用于接收 8 位数据。由于系统可分为大/小端模式，存储数据的方式不同，因此发送/接收数据缓冲器分别有两个，用于大/小端系统。具体寄存器信息可参考三星提供的用户手册。

<h2 align="center">5.5　UART 通信测试实验</h2>

　　本实验是通过 UART 实现目标开发板与 PC 之间的串口通信，在 PC 上，使用 DNW 软件接收和发送数据，并在 DNW 上显示串口打印信息。具体完成目标开发板通过串口发送字符串提示 PC 端输入任意数字，目标板通过串口接收后保存，再通过串口将数字打印在 PC 端的串口调试工具上。

5.5.1　UART 电路原理

　　首先需了解 TTL/CMOS 电平逻辑 1 为+5V，逻辑 0 为 0V；而 RS-232 电平逻辑 1 为+3V～+15V，逻辑 0 为-3V～-15V。因 S3C2440A 芯片只能输出 0～3.3V 的电压，因此使用 UART 通信需通过电压转换芯片进行电平转换。也就是说我们需将逻辑高电平转换成+3V～+15V，而逻辑低电平转换成-3V～-15V。

　　MAX3232 是 3.3V 供电。从+3.3V 到+3V～+15V 的转换是容易满足，而从 0V 到–3V～–15V 则需要内部产生一个负压电源进行转换输出。MAX3232 的一般外接 4 个电容如图 5.5.1 所示，V+/V–对地之间的电容用于稳定电荷泵输出的电压，而 C1+/C1–与 C2+/C2–之间的两个电容，都是由 VCC 对它们进行循环充电，产生的 V+≤2VCC，V–≥–2VCC。这样也基本满足 RS-232 的电平要求了。

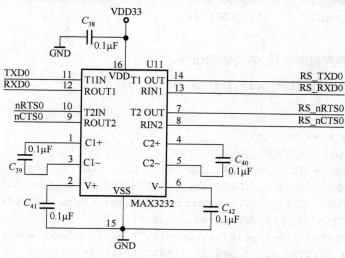

图 5.5.1　MAX3232 电路原理图

　　满足电平要求后再通过 DB9 的串口连接两台通信的主机，即可通过编程实现 UART 的通信。

5.5.2　UART 初始化程序

　　在程序运行之前，如 GPIO 实验一样，需对某些相关端口进行设置，并初始化 UART 相关寄存器。先对寄存器进行宏定义，具体代码如下。由于本实验是针对 UART0 做通信实验，因此代码中只显示 UART0 涉及的寄存器宏定义。在 2440addr.h 中定义。

```
//UART
#define rULCON0    (*(volatile unsigned *)0x50000000)   //UART 0 Line control
#define rUCON0     (*(volatile unsigned *)0x50000004)   //UART 0 Control
#define rUFCON0    (*(volatile unsigned *)0x50000008)   //UART 0 FIFO control
#define rUMCON0    (*(volatile unsigned *)0x5000000c)   //UART 0 Modem control
#define rUTRSTAT0  (*(volatile unsigned *)0x50000010)   //UART 0 Tx/Rx status
#define rUERSTAT0  (*(volatile unsigned *)0x50000014)   //UART 0 Rx error status
#define rUFSTAT0   (*(volatile unsigned *)0x50000018)   //UART 0 FIFO status
#define rUMSTAT0   (*(volatile unsigned *)0x5000001c)   //UART 0 Modem status
#define rUBRDIV0   (*(volatile unsigned *)0x50000028)   //UART 0 Baud rate divisor
#ifdef __BIG_ENDIAN
#define rUTXH0     (*(volatile unsigned char *)0x50000023)   //UART 0 Transmission Hold
#define rURXH0     (*(volatile unsigned char *)0x50000027)   //UART 0 Receive buffer
#define WrUTXH0(ch) (*(volatile unsigned char *)0x50000023)=(unsigned char)(ch)
#define RdURXH0()   (*(volatile unsigned char *)0x50000027)
#define UTXH0      (0x50000020+3)   //Byte_access address by DMA
#define URXH0      (0x50000024+3)
#else //Little Endian
```

```
#define rUTXH0 (*(volatile unsigned char *)0x50000020)  //UART 0 Transmission Hold
#define rURXH0 (*(volatile unsigned char *)0x50000024)  //UART 0 Receive buffer
#define WrUTXH0(ch) (*(volatile unsigned char *)0x50000020)=(unsigned char)(ch)
#define RdURXH0()   (*(volatile unsigned char *)0x50000024)
#define UTXH0       (0x50000020)    //Byte_access address by DMA
#define URXH0       (0x50000024)
#endif
```

UART0 初始化程序程序如下，在 2440lib.c 中。

```
void Uart_Init(int pclk,int baud)
{
    int i;
    if(pclk == 0)
        pclk = PCLK;
    rUFCON0 = 0x0;   //UART channel 0 FIFO control register, FIFO disable
    rUMCON0 = 0x0;   //UART chaneel 0 MODEM control register, AFC disable
    rULCON0 = 0x3;   //Line control register : Normal,No parity,1 stop,8 bits
    rUCON0 = 0x245; //Control register
    rUBRDIV0=( (int)(pclk/16./baud+0.5) -1 ); //Baud rate divisior register 0
    while(!(rUTRSTAT0 & 0x4)); //Wait until tx shifter is empty.
}
```

5.5.3　UART 测试程序

在编写测试函数之前，首先封装功能函数，实现数据发送和接收。例如接收数字的函数 Uart_GetIntNum() 和接收字符串的函数 Uart_GetString()。具体代码如下，在 2440lib.c 中。

```
int Uart_GetIntNum(void)
{
    char str[30];
    char *string = str;
    int base = 10, minus = 0,r[30],result = 0,lastIndex,i;
    Uart_GetString(string);
    if(string[0]=='-')
    {
        minus = 1;
        string++;
    }
    if(string[0]=='0' && (string[1]=='x' || string[1]=='X'))
    {
        base    = 16;
        string += 2;
    }
    lastIndex = strlen(string) - 1;
    if(lastIndex<0)
        return -1;
    if(string[lastIndex]=='h' || string[lastIndex]=='H' )
    {
```

```
            base = 16;
            string[lastIndex] = 0;
            lastIndex--;
        }
    if(base==10)
    {
        for(i = 0;i <= lastIndex;i++)
        {
            if(string[i]=='0')
              r[i] = 0;
            if(string[i]=='1')
              r[i] = 1;
            if(string[i]=='2')
              r[i] = 2;
            if(string[i]=='3')
              r[i] = 3;
            if(string[i]=='4')
              r[i] = 4;
            if(string[i]=='5')
                  r[i] = 5;
            if(string[i]=='6')
              r[i] = 6;
            if(string[i]=='7')
              r[i] = 7;
            if(string[i]=='8')
              r[i] = 8;
            if(string[i]=='9')
              r[i] = 9;
            result = result*10+r[i];
        }
        result = minus ?  (-1*result):result;

    }
    else
    {
        for(i=0;i<=lastIndex;i++)
        {
            if(isalpha(string[i]))
            {
                if(isupper(string[i]))
                    result = (result<<4) + string[i] - 'A' + 10;
                else
                    result = (result<<4) + string[i] - 'a' + 10;
            }
            else
                result = (result<<4) + string[i] - '0';
        }
```

```
            result = minus ? (-1*result):result;
        }
        return result;
}


void Uart_GetString(char *string)
{
    char *string2 = string;
    char c;
    while((c = Uart_Getch())!='\r')
    {
        if(c=='\b')
        {
            if( (int)string2 < (int)string )
            {
                Uart_Printf("\b \b");
                string--;
            }
        }
        else
        {
            *string++ = c;
            Uart_SendByte(c);
        }
    }
    *string='\0';
    Uart_SendByte('\n');
}
```

封装好上述两个功能函数，即可在测试函数中调用，代码如下，在 UART.c 中。

```
//====================================
//名称：Uart_Test
//功能：验证串口通信
//参数：void
//返回值：void
//====================================


void Uart_Test()
{
    int GETINNUMBER;
    Uart_Printf("--UART REST--\n");

    while(1)
    {
    Uart_Printf("PLEASE INPUT A NUMBER:");              //打印信息
    if((GETINNUMBER = Uart_GetIntNum()) == -1)          //输入数字
        break;
```

```
      Uart_Printf("THE NUMBER YOU INPUTTED IS %d\n",GETINNUMBER);//打印输入的数字
      Uart_Printf("PRESS ENTER TO EXIT.\n\n");
      }
      Uart_Printf("TEST FINISHED.");
   }
```

Main.c 中的代码如下。

```
   #include "2440lib.h"
   extern void Uart_Test(void);
   void Main(void)
   {
      Port_Init();                    //IO 端口初始化
      Uart_Init(0,115200);            //串口初始化
      Uart_Select(0);
      Uart_Printf("\n\n2440 Experiment System (ADS) Ver1.2\n");//打印系统信息
      Uart_Test();
   }
```

5.5.4　UART 通信实验结果

通过 H-JTAG 连接目标开发板，用 AXD 运行仿真（不重启电源）实现编译该工程；或者直接用 H-JTAG 将 bin 文件烧写进 Nand Flash 中再重启电源运行程序。根据 DNW 串口终端上提示信息，输入任意数字，按回车后，串口打印出输入的数字，显示如下所示。

```
   2440 Experiment System (ADS) Ver1.2
   --UART REST--
   PLEASE INPUT A NUMBER:123
   THE NUMBER YOU INPUTTED IS 123
   PRESS ENTER TO EXIT.
```

通过本实验，读者可基本掌握串口调试的基本流程。在后续实验中，包括系统相关实验中，串口是读者调试代码的重要工具。

5.6　基本接口模块

接下来的实验主要介绍使用 WinCE 5.0 驱动程序进行应用程序编程，使读者学会调用设备驱动程序。在做该实验时，我们需要先在开发板上构建 WINCE 操作系统（详细见第 10 章介绍），然后再使用 Visual Studio 2005 编写一个基于对话框的程序。

通过 GPIO 实验、串口控制实验，熟悉在 WinCE 5.0 系统下，如何调用相应的底层驱动程序，并在上层应用程序中使用设备。

5.6.1　GPIO 输出控制实验

S3C2440A 实验开发板上提供了 GPIO 驱动程序，该 GPIO 驱动实现了 GPF5、GPF6、GPF7、GPF10 的初始化。通过这 4 个 GPIO 口的输出控制 LED 灯的亮灭。以下是 GPIO 驱动的操作码：

```
   #define IO_CTL_GPIO_1_ON 0x01
   #define IO_CTL_GPIO_2_ON 0x02
```

```
#define IO_CTL_GPIO_3_ON 0x03
#define IO_CTL_GPIO_4_ON 0x04
#define IO_CTL_GPIO_ALL_ON 0x05
#define IO_CTL_GPIO_1_OFF 0x06
#define IO_CTL_GPIO_2_OFF 0x07
#define IO_CTL_GPIO_3_OFF 0x08
#define IO_CTL_GPIO_4_OFF 0x09
#define IO_CTL_GPIO_ALL_OFF 0x0a
```

为方便实验，本驱动已经在构建操作系统时编译到内核中，因此，在编写 GPIO 输出控制实验时，只需打开设备驱动即可使用该驱动的功能。

本实验通过 Visual Studio 2005 编写一个基于对话框的程序，实现对开发板上 4 个 LED 灯的控制。

GPIO 输出控制实验步骤如下：

（1）新建一个对话框，在对话框主界面上加入按钮控件，编辑框控件，并设置其属性，如图 5.6.1 所示。

图 5.6.1　GPIO 对话框界面

（2）在对话框程序中加入驱动操作码的宏定义，并在对话框初始化函数 OnInitDialog 中加入打开 GPIO 设备驱动的代码。上层应用程序操作码的定义需与驱动中的操作码相同，宏定义代码如下：

```
//宏定义，与驱动结合
#define IO_CTL_GPIO_1_ON 0x01
#define IO_CTL_GPIO_2_ON 0x02
#define IO_CTL_GPIO_3_ON 0x03
#define IO_CTL_GPIO_4_ON 0x04
#define IO_CTL_GPIO_ALL_ON 0x05
#define IO_CTL_GPIO_1_OFF 0x06
#define IO_CTL_GPIO_2_OFF 0x07
#define IO_CTL_GPIO_3_OFF 0x08
#define IO_CTL_GPIO_4_OFF 0x09
#define IO_CTL_GPIO_ALL_OFF 0x0a
```

在对话框类中加入公有成员变量"gpiodriver"，并通过 CreateFile 函数打开设备句柄 GPIO 驱动设备名在注册表中定义为 GIO，索引号为 1，因此 CreateFile 函数的第一个参数为"GIO1"代码如下：

```
gpiodriver=CreateFile(L"GIO1:",GENERIC_READ | GENERIC_WRITE,
                      0,NULL,OPEN_EXISTING,0,NULL );
if(!gpiodriver)
    MessageBox(_T("打开 GPIO 设备失败！"));
```

（3）在 4 个复选框控件中加入 control 类型变量。加入按钮控件代码如下。通过 DeviceIoControl 函数和宏定义的操作码控制 GPIO 输出，从而控制 LED 灯的亮灭。

```
void CGPIO_TestDlg::OnBnClickedButton1()
{
    //TODO: Add your control notification handler code here
    if(cled1.GetCheck())
        DeviceIoControl(gpiodriver,IO_CTL_GPIO_1_ON, NULL,0,NULL,0,NULL,NULL);
    if(cled2.GetCheck())
```

```
        DeviceIoControl(gpiodriver,IO_CTL_GPIO_2_ON, NULL,0,NULL,0,NULL,NULL);
    if(cled3.GetCheck())
        DeviceIoControl(gpiodriver,IO_CTL_GPIO_3_ON, NULL,0,NULL,0,NULL,NULL);
    if(cled4.GetCheck())
        DeviceIoControl(gpiodriver,IO_CTL_GPIO_4_ON, NULL,0,NULL,0,NULL,NULL);
}

void CGPIO_TestDlg::OnBnClickedButton2()
{
    //TODO: Add your control notification handler code here
    if(cled1.GetCheck())
        DeviceIoControl(gpiodriver,IO_CTL_GPIO_1_OFF, NULL,0,NULL,0,NULL,NULL);
    if(cled2.GetCheck())
        DeviceIoControl(gpiodriver,IO_CTL_GPIO_2_OFF, NULL,0,NULL,0,NULL,NULL);
    if(cled3.GetCheck())
        DeviceIoControl(gpiodriver,IO_CTL_GPIO_3_OFF, NULL,0,NULL,0,NULL,NULL);
    if(cled4.GetCheck())
        DeviceIoControl(gpiodriver,IO_CTL_GPIO_4_OFF, NULL,0,NULL,0,NULL,NULL);
}
```

（4）单击菜单栏中"Debug→Start Debugging"选项，开始编译并调试。本实验通过 WinCE 5.0 模拟器中调试，选择需要控制的 LED 灯，单击"点亮"，可见开发板上相应 LED 灯被点亮；单击"熄灭"，开发板上相应 LED 灯被熄灭。调试界面如图 5.6.2 所示。

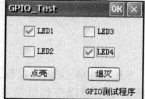

图 5.6.2　GPIO 输出控制程序

5.6.2　串口控制实验

S3C2440A 的通用异步收发器 UART 配有三个独立异步串行 I/O 端口，每个都可以基于中断或 DMA 模式工作。换句话说，UART 可以通过产生中断或 DMA 请求来进行 CPU 和 UART 之间的数据传输。UART 通过使用系统时钟可以支持最高 115.2Kbps 的比特率。如果是外部器件提供外部输入时钟（UEXTCLK）的 UART，则 UART 可以运行在更高的速度。每个 UART 通道包含两个 64 字节的 FIFO 用于发送和接收数据。

S3C2440A 的 UART 包括了可编程波特率，红外发送/接收，插入 1 位或 2 位停止位，5 位、6 位、7 位或 8 位的数据宽度以及奇偶校验。每个 UART 包含一个波特率发生器、发送器、接收器和一个控制单元，如图 5.6.3 所示。

波特率发生器可以由 PCLK、FCLK/n 或 UEXTCLK 驱动。发送器和接收器包含了 64 字节 FIFO 和数据移位器。数据发送过程是将数据先写入到 FIFO，接着在发送前复制到发送移位器中，随后通过数据引脚（TxDn）将数据发送至目标机器。数据接收过程是从接收数据引脚（RxDn）读取，然后将数据从移位器复制到 FIFO。

此外，需了解 TTL/CMOS 电平：逻辑 1 为+5V，逻辑 0 为 0V 而 RS232 协议电平逻辑 1 为+3V～+15V，逻辑 0 为–3V～–15V。而 S3C2440A 芯片只能输出 0–3.3V 的电压。因此使用 UART 通信需通过电压转换芯片进行电平转换，也就是说我们需将逻辑高电平转换成+3V～+15V，而逻辑低电平转换成–3V～–15V。

电平转换芯片 MAX3232 是 3.3V 供电，从+3.3V 到+3V～+15V 的转换是很容易满足的；通过外接 4 个电容，由 VCC 对它们进行循环充电，从而使内部产生一个负压电源，然后去转换输出为–3V～–15V。

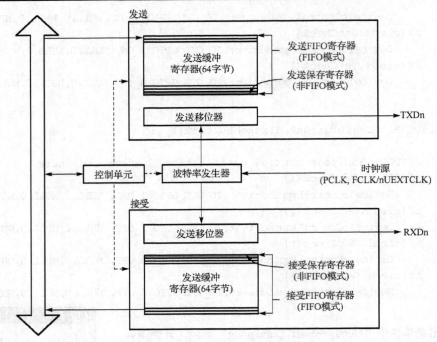

图 5.6.3　UART 方框图

S3C2440A 实验开发板上提供了 UART0 的驱动程序，而 UART1 一般用于调试串口打印操作系统启动信息以及调试信息。当然，通过修改 BSP 中的串口配置信息，依旧可以将调试串口配置为普通串口。

Visual Studio 2005 提供了专门用于操作 UART 驱动程序的函数接口，实现 WinCE 5.0 与其他外部设备之间的串口通信。

本实验通过 Visual Studio 2005 编写一个基于对话框的程序，实现开发板上 UART0 串口与 PC 串口的通信。在应用软件中 "COM1" 即代表 UART0。

串口控制实验步骤如下：

（1）新建一个项目，在对话框主界面上加入按钮控件，编辑框控件等，如图 5.6.4 所示。设置各个控件属性，表 5.6.1 所示是几个主要控件的属性列表。

表 5.6.1　控件属性列表

控 件 名 称	标　　题	ID	成 员 变 量	控 件 功 能
编辑框		IDC_EDIT1	CString s_message	编辑发送的数据
编辑框		IDC_EDIT2		显示串口接受的数据
按钮	打开串口	IDC_BUTTON1		打开指定串口
按钮	关闭串口	IDC_BUTTON2		关闭指定串口
按钮	发送数据	IDC_BUTTON3		串口发送数据
按钮	清空	IDC_BUTTON4		清空接受数据框
列表框		IDC_COMBO1	CComboBox Port	选择端口号
列表框		IDC_COMBO2	CComboBox Baud	选择波特率
列表框		IDC_COMBO3	CComboBox Databit	选择数据位
列表框		IDC_COMBO4	CComboBox Stopbit	选择停止位
列表框		IDC_COMBO5	CComboBox Paritybit	选择校验位

图 5.6.4　串口控制主界面

（2）对话框类 CUART_Test 中加入以下公有成员变量：

```
public:
    DCB portdcb;
    HANDLE m_hComm;
    HANDLE m_ExitThreadEvent;
    CString m_strRecDisp;
```

其中 **portdcb** 为 DCB 类型的串口参数结构体，**m_hComm** 为串口操作句柄，**m_ExitThreadEvent** 为串口接收线程退出事件，**m_strRecDisp** 为接收区显示字符。

（3）在 CUART_TestDlg 类中，添加成员函数 ThreadDataRecieve(PVOID pArg)，该成员函数设置为私有类型，并声明为静态（static），函数返回值为 DWORD。该线程函数实现接收数据编辑框不断显示从 PC 端接收到的串口数据，代码如下：

```
DWORD CTest2Dlg::ThreadProc(PVOID pArg)
{
    int i;
    TCHAR tmp[10];
    CEdit *pEdit;
    pEdit = (CEdit*)pArg;
    i = 0;
    while(1)
    {
        _itow(i,tmp,10);
        CString str;
        pEdit->GetWindowText(str);
        str.Insert(wcslen(tmp+2),tmp);
        pEdit->SetWindowText(str);
        i++;
        Sleep(200);
    }
    return i;
}
```

（4）在 CUART_TestDlg 类中，添加公有成员函数 Portclose ()，函数返回值为 bool。该函数主要通过 CloseHandle 函数完成串口句柄的关闭，代码如下：

```
bool CUART_TestDlg::Portclose(void)
{
```

```
    if(m_hComm != INVALID_HANDLE_VALUE)
    {
        SetCommMask(m_hComm, 0);
        PurgeComm(m_hComm, PURGE_TXCLEAR | PURGE_RXCLEAR);
        CloseHandle(m_hComm);
        m_hComm = INVALID_HANDLE_VALUE;
        return TRUE;
    }
    return false;
}
```

（5）打开资源视图下对话框界面，双击"打开串口"按钮，并编辑功能函数。在实现按钮控件功能之前，创建几个常量数组，用于存放串口参数。打开串口后，首先通过读取列表值获得 UART 端口、波特率、数据位、停止位以及校验码等串口参数，通过 SetCommState 函数写入串口 DCB 参数，在设置串口参数时，还需通过 SetCommTimeouts 函数设置超时参数；然后，通过 CreateThread 函数创建线程，实现接收数据编辑框不断接收从 PC 端发送来的数据，并同时通过 CreateEvent 函数创建等待退出事件，随时等待退出接收数据的线程。"打开串口"按钮功能代码如下：

```
//定义串口设置参数表格
const CString PorTbl[6] = {_T("COM1:"),_T("COM2:"),_T("COM3:")};
const DWORD BaudTbl[6] = {4800, 9600, 19200, 38400, 57600,115200};
const DWORD DataBitTbl[2] = {7, 8};
const BYTE  StopBitTbl[3] = {ONESTOPBIT, ONE5STOPBITS, TWOSTOPBITS};
const BYTE  ParityTbl[4] = {NOPARITY, ODDPARITY, EVENPARITY, MARKPARITY};
void CUART_TestDlg::OnBnClickedButton1()
{
    //TODO: Add your control notification handler code here
    DWORD IDThread;
    HANDLE hRecvThread;
    UpdateData(TRUE);
    //打开串口
    m_hComm = CreateFile(PorTbl[Port.GetCurSel()], GENERIC_READ |
            GENERIC_WRITE, 0, 0, OPEN_EXISTING, 0, 0);
    if(m_hComm == INVALID_HANDLE_VALUE)
    {
        MessageBox(_T("无法打开端口或端口已打开!"));
        return;
    }
    //获取串口的 DCB
    GetCommState(m_hComm, &portdcb);
    portdcb.BaudRate = BaudTbl[Baud.GetCurSel()];
    portdcb.ByteSize = DataBitTbl[Databit.GetCurSel()];
    portdcb.Parity   = ParityTbl[Paritybit.GetCurSel()];
    portdcb.StopBits = StopBitTbl[Stopbit.GetCurSel()];
    portdcb.fParity = FALSE;
    portdcb.fBinary = TRUE;
    portdcb.fDtrControl = 0;
```

```
portdcb.fRtsControl = 0;
portdcb.fOutX = 0;
portdcb.fInX = 0;
portdcb.fTXContinueOnXoff = 0;
//设置 DCB 参数
SetCommMask(m_hComm, EV_RXCHAR);
SetupComm(m_hComm, 16384, 16384);
if(!SetCommState(m_hComm, &portdcb))
{
    MessageBox(_T("配置端口参数失败!"));
    Portclose();
    return;
}

//设置超时参数
COMMTIMEOUTS CommTimeOuts;
GetCommTimeouts(m_hComm, &CommTimeOuts);
CommTimeOuts.ReadIntervalTimeout = 100;
CommTimeOuts.ReadTotalTimeoutMultiplier = 1;
CommTimeOuts.ReadTotalTimeoutConstant = 100;
CommTimeOuts.WriteTotalTimeoutMultiplier = 0;
CommTimeOuts.WriteTotalTimeoutConstant = 0;
if(!SetCommTimeouts(m_hComm, &CommTimeOuts))
{
    MessageBox(_T("设置超时参数失败!"));
    Portclose();
    return;
}
//清除收/发缓冲区
PurgeComm(m_hComm, PURGE_TXCLEAR | PURGE_RXCLEAR);
//创建退出线程事件
m_ExitThreadEvent = CreateEvent(NULL, TRUE, FALSE, NULL);
//创建串口接收线程
hRecvThread = CreateThread(0, 0, ThreadDataRecieve, this, 0, &IDThread);
if (hRecvThread == NULL)
{
    MessageBox(_T("创建接收线程失败!"));
    return;
}
CloseHandle(hRecvThread);
c_open.EnableWindow(FALSE);
c_close.EnableWindow(TRUE);
MessageBox(_T("打开") + PorTbl[Port.GetCurSel()] + _T("成功!"));
}
```

（6）打开资源视图下对话框界面，双击"关闭串口"按钮，并编辑功能函数。关闭串口功能主要通过 m_ExitThreadEvent 事件实现退出读取数据的线程，代码如下：

```
void CUART_TestDlg::OnBnClickedButton2()
{
    //TODO: Add your control notification handler code here
    if (m_ExitThreadEvent != NULL)
    {
        SetEvent(m_ExitThreadEvent);
        Sleep(1000);
        CloseHandle(m_ExitThreadEvent);
        m_ExitThreadEvent = NULL;
    }
    c_open.EnableWindow(TRUE);
    c_close.EnableWindow(FALSE);
    Portclose();
}
```

（7）打开资源视图下对话框界面，双击"发送数据"按钮，并编辑功能函数。发送数据 WriteFile 函数将 psendbuf 中的字符串写入串口，并发送到 PC 端，代码如下：

```
void CUART_TestDlg::OnBnClickedButton3()
{
    //TODO: Add your control notification handler code here
    DWORD dwactlen;
    if (m_hComm == INVALID_HANDLE_VALUE)
    {
        MessageBox(_T("串口未打开!"));
        return;
    }
    //获取发送区字符
    UpdateData(TRUE);
    int len = s_message.GetLength();
    len++;
    char *psendbuf = new char[len];
    for(int i = 0; i < len;i++)
        psendbuf[i] = (char)s_message.GetAt(i);
    WriteFile(m_hComm, psendbuf, len, &dwactlen, NULL);
    delete[] psendbuf;
}
```

（8）打开资源视图下对话框界面，双击"清空"按钮，并编辑功能函数。该按钮可情况接收数据编辑框的内容，实现代码如下：

```
void CUART_TestDlg::OnBnClickedButton4()
{
    //TODO: Add your control notification handler code here
    m_strRecDisp = _T("");
    SetDlgItemText(IDC_EDIT2,m_strRecDisp);        /*清除接收区的字符*/
}
```

（9）在初始化函数中，设置默认串口及波特率等串口参数，并初始化串口句柄以及退出线程事件的句柄，初始化代码如下：

```
BOOL CUART_TestDlg::OnInitDialog()
{
    CDialog::OnInitDialog();

    //设置此对话框的图标。当应用程序主窗口不是对话框时，框架将自动
    //执行此操作
    SetIcon(m_hIcon, TRUE);              //设置大图标
    SetIcon(m_hIcon, FALSE);             //设置小图标

    //TODO：在此添加额外的初始化代码
    //默认端口为：COM0 115200 8位1位无
    Port.SetCurSel(0);
    Baud.SetCurSel(5);
    Databit.SetCurSel(1);
    Stopbit.SetCurSel(0);
    Paritybit.SetCurSel(0);
    //关闭按钮不可用
    c_close.EnableWindow(FALSE);
    //初始化成员变量
    m_hComm = INVALID_HANDLE_VALUE;
    m_ExitThreadEvent = NULL;
    m_strRecDisp = _T("");
    UpdateData(FALSE);

    return TRUE;                         //除非将焦点设置到控件，否则返回 TRUE
}
```

（10）单击菜单栏中"Debug→Start Debugging"选项，开始编译并调试。在 Wicne5.0 操作系统中弹出的"UART_Test"对话框中，选择串口号、波特率等参数，单击"打开串口"。在 PC 端同样打开串口调试助手，设置相同的波特率等串口参数，WinCE 5.0 与 PC 端串口工具如图 5.6.5 所示。

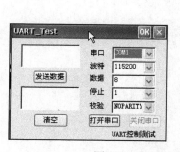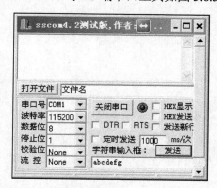

图 5.6.5　WinCE 5.0 与 PC 端串口调试助手

（11）在 WinCE 5.0 中的"UART_Test"测试程序中单击打开串口，弹出"打开 COM1 成功！"提示。然后在发送数据编辑框中写入"Hello！PC"。并单击"发送数据"按钮，选择向 PC 端发送字符串。同样，在 PC 端发送"Hello！Wince"，在 WinCE 5.0 系统下的"UART_Test"中将接收到该字符串，如图 5.6.6 所示。

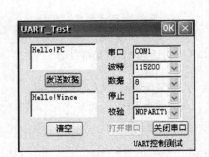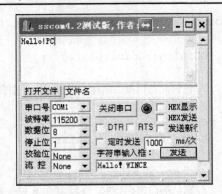

图 5.6.6   UART 控制测试结果

习 题

1. 本章定义的寄存器地址是物理地址还是虚拟地址？

2. 通过分析蜂鸣器的硬件原理图和查询数据手册，动手编写一个由蜂鸣器实现的闹铃，使得蜂鸣器有规律地工作。

3. 在两个进行串口通信的设备之间，哪些参数必须匹配？这些参数各有什么作用？

4. 简述 RS-232 协议的电平要求以及电平转换原理。

5. 通过 UART 通信测试实验，实现 UART1 的通信测试，并实现通过串口控制 LED 灯的亮/灭。

第 6 章　存储器接口设计与 WinCE BootLoader

存储器是嵌入式系统中的记忆设备，用来存放程序和数据。计算机中的全部信息，包括输入的原始数据、计算机程序、中间运行结果和最终运行结果等都保存在存储器中。因此，存储器是嵌入式系统不可缺少的重要组成部分。在设计嵌入式系统时，通常需根据设备的具体需求和成本选择不同的存储器设备。本章主要介绍 S3C2440A 的存储器接口，内容包括半导体存储器的分类及工作原理，SDRAM 内存管理，NAND Flash 控制器接口等，并通过实验详细介绍存储器接口设计方法。

6.1　存储器概述

6.1.1　半导体存储器介绍

存储器是存储数据和程序的介质，按照具体功能的不同可分为主存储器、辅助存储器和高速缓冲存储器三种。主存储器是可以与 CPU 直接交互的存储器，一般容量比较小，存取速度快；辅助存储器用来存放暂时不用的程序和数据，容量较大，存取速度较慢；缓冲存储器用于两个速度不同的部件之间，如 CPU 与主存储器之间。在嵌入式系统中，一般使用 SDRAM 作为嵌入式系统的主存储器（因此主存有时也直接被称为内存），NAND Flash 作为辅助存储器，而高速缓冲存储器一般集成在 MPU 内部。

1. 随机存储器

随机存储器（Random Access Memory，RAM）是一种可读/写存储器，其特点是存储器的任何一个存储单元的内容都可以随机存取，而且存取时间与存储单元的物理位置无关。根据存储原理的不同，又分为静态随机存储器（SRAM）和动态随机存储器（DRAM）。随机存储器几乎是所有访问设备中写入和读取速度最快的，但存储原理决定了随机存储器的信息在断电后会消失，这也是 RAM 与其他存储器最大的不同。

动态随机存储器（DRAM）是利用 MOS 管栅极电容可以存储电荷的原理，通过电容两级电势差来确定电平的高低。这种存储信息的方式需要不停地给电容补充需刷新漏掉的电荷以避免存储信息丢失，即刷新或再生操作。刷新时间必须小于栅极电容自然保持信息的时间（< 2ms）。DRAM 的集成度远高于 SRAM、功耗低，价格也低，但是由于需要不停刷新，外围电路相较于 SRAM 会复杂得多；刷新也会使存取速度较 SRAM 慢。尽管如此，由于 DRAM 存储单元的结构简单，所用元件少，集成度高，功耗低等优点，使它成为大容量 RAM 的主流产品。

RAM 在嵌入式系统中是一个重要的组成部分，例如，现在普遍使用的智能手机，一项重要的性能指标就是 RAM 的大小。RAM 的容量大，手机在运行多任务时会更流畅。内存发展到今天也经历了很多次的技术改进，从最早的 DRAM 一直到 FPMDRAM、EDODRAM、SDRAM 等，内存的速度一直在提高且容量也在不断的增加。目前市场上绝大多数的嵌入式系统内存都使用 SDRAM。

2. NAND Flash

NAND Flash 是 Flash 存储器的一种，其内部采用非线性宏单元模式，为固态大容量内存的实现提供了廉价有效的解决方案。NAND Flash 存储器与 RAM 相比具有容量较大，非易失性等特点；相较于其他磁表面存储器如机械硬盘等，具有改写速度快等优点。它适用于大量数据的存储，因而在信息技术领域得到了广泛的应用。而在嵌入式系统中，并不需要像个人计算机（PC）那样大容量的机械硬盘，因此 NAND Flash 被广泛使用。如手机、数码相机等嵌入式产品，NAND Flash 也是其中一项重要的性能指标。现在由于存储器技术的不断革新，固态硬盘由于其容量提升和价格下降，逐渐替代机械硬盘。

与 NAND Flash 类似的非易失性存储器还有 NOR Flash。NOR Flash 带有 SDRAM 接口，有足够的地址引脚来寻址，可以很容易地存取其内部的每一个字节，而 NAND Flash 器件使用 I/O 口来串行存取数据。NAND Flash 读/写操作采用 512 字节的块，这一点与硬盘管理操作类似，因此，基于 NAND 的存储器就可以取代硬盘或其他块设备。但是 NAND 中的程序必须读到 RAM 中才能执行。而 NOR Flash 的特点是可在芯片内执行程序，而不需要再把代码读到系统 RAM 中。

此外，NOR 的传输效率很高，在 1~4MB 的小容量时具有很高的成本效益，但它的写入和擦除速度较慢。而 NAND 结构能提供极高的存储密度，并且写入和擦除的速度也很快。具体的 NAND 与 NOR 类型 Flash 区别归结如下。

- NAND 的写入速度比 NOR 快很多。
- NAND 的擦除速度远比 NOR 快。
- NAND 的擦除单元更小，相应的擦除电路更加简单。
- NAND 的实际应用方式要比 NOR 复杂的多。
- NOR 的读速度比 NAND 稍快一些。
- NOR 可以直接使用，并在上面直接运行代码，而 NAND 需要 I/O 接口，因此使用时需要驱动。

根据 NOR Flash 的特点，以往嵌入式系统开发工程师往往会选择 NOR Flash 作为引导盘，NAND Flash 作为辅助存储器的构架。然而，随着 NAND 技术的发展和 RAM 容量的增大，很多嵌入式系统都只使用 NAND Flash 作为辅助存储器。

在本书中，我们的代码直接通过 H-JTAG 烧写进 NAND Flash，上电复位启动后，S3C2440 芯片会直接将 NAND Flash 的前 4K 代码复制执行（S3C2440 芯片内部只有 4K 的运行内存，后面的代码就需要靠我们自己复制）。当我们的代码大于 4K 的时候就要用到外挂的 SDRAM，这时候我们就必须把 NAND Flash 中的所有代码复制到外挂的 SDRAM 中执行，如何实现呢？我们要在 2440init.s 的中写一段 NAND Flash 代码复制汇编程序，2440init.s 中已经包含了代码复制的汇编程序，只要加载 2440init.s 就可以了（代码复制的汇编程序会调用 Nand.c 中的函数，所以 Nand.c 和 Nand.h 也必须加载）。当然我们必须理解这些汇编代码，并能根据不同的 SDRAM 和 NAND Flash 型号修改汇编代码和 Nand.c 中的代码。

6.1.2　动态随机存储器原理

动态随机存储器（DRAM）常见的单元电路有三管式和单管式，它们的共同特点是都是靠电容存储电荷的原理来存储信息。若电容存储的电荷到达一定数量，则表示高电平，反之则为低电平。一般电容上的电荷只能维持 2ms，因此，在系统中需通过辅助电路在 2ms 内不停地给每一个存储单元充电以恢复原状态。

三管式 DRAM 单元电路是由三个 MOS 管组成一个存储单元，如图 6.1.1 所示。在读操作时，首先通过开通 V_{CC} 使读数据线处于高电平。再通过读选择线，选择 T_2 管开通，若此时电容 C 上电荷足够多，则 T_1 也将处于开通状态。由于 T_1 和 T_2 管的导通接地，会使读数据线读到低电平，即 0 信息。若电容 C 上电荷不足以开通 T_1 管，则读数据线为高电平不变，即 1 信息。因此读数据时，读出电平与电容 C 两端电平相反。在写数据时，类似的通过写选择线选择 T_3 管开通，再通过写数据线给电容 C 充电或者放电。

这种方式组成的存储单元需使用三个 MOS 管，为提高存储芯片的集成度，可将三管电路进一步简化为单管式 DRAM 单元电路，如图 6.1.2 所示。

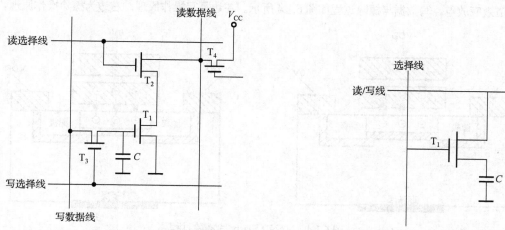

图 6.1.1　三管式 DRAM 存储单元电路图　　　　图 6.1.2　单管式 DRAM 存储单元电路图

在单管式 DRAM 存储单元中，读写选择线使用同一根线，读/写数据也使用同一根数据线。当读数据时，通过选择线开通 T_1 管，若电容 C 上有电荷则经 T_1 管在读/写数据线上汇集成电流，可视为读出信息 1。若电容 C 上无电荷，则读/写数据线上无电流，相应的可视为读出信息为 0。读操作结束后，电容 C 上电荷释放完毕，因此必须通过刷新恢复原信息。同样，在写数据时，通过选择线开通 T_1 管，并通过数据线对电容充电，若数据线上电平为高，则写入 1 信息，若数据线上电平为低，则写入 0 信息。

6.1.3　NAND Flash 存储原理

NAND Flash 不同与 DRAM 的单元存储方式，它使用三端器件作为存储单元，分别为源极、漏极和栅极。与场效应管的工作原理相同，主要是利用电场效应来控制源极与漏极之间的通断，栅极的电流消耗极小。不同的是场效应管为单栅极结构，而 Flash 为双栅极结构，在栅极与硅衬底之间增加了一个浮置栅极，浮置栅极是由氮化物夹在两层二氧化硅材料之间构成的，中间的氮化物就是可以存储电荷的电荷势阱。NAND Flash 存储单元结构如图 6.1.3 所示。

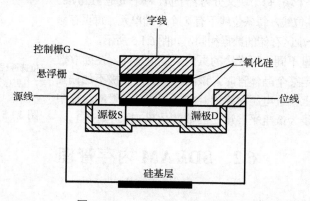

图 6.1.3　NAND Flash 存储单元

向 NAND Flash 存储器数据单元内写入数据的过程就是向电荷势阱注入电荷的过程。写入数据有两种技术：热电子注入和 F-N 隧道效应。前一种是通过源极给浮栅充电，NOR Flash 就是通过这种方式给浮栅充电；而后一种是通过硅基层，即 F-N 隧道效应给浮栅充电，NAND Flash 通过该方式给浮栅充电。但在写入新数据之前，必须先将原来的数据擦除，也就是将浮栅的电荷放掉，擦除过程都是通过 F-N 隧道效应放电。写数据与擦除过程如图 6.1.4 所示。左边是写操作原理，右边为擦除操作原理。

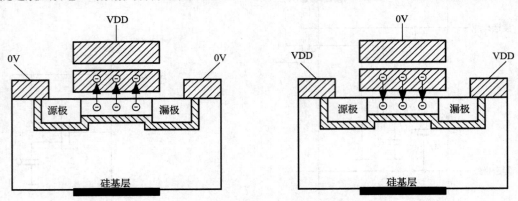

图 6.1.4　NAND Flash 写/擦除过程

　　读 NAND Flash 存储器数据单元的数据时，是通过判断浮栅中是否有电荷实现。对于浮栅中有电荷的单元来说，由于浮栅的感应作用，在源极和漏极之间将形成带正电的空间电荷区，这时无论控制极上有没有施加偏置电压，晶体管都将处于导通状态。而对于浮栅中没有电荷的晶体管来说只有当控制极上施加适当的偏置电压，在硅基层上感应出电荷，源极和漏极才能导通。也就是说，在没有给控制极施加偏置电压时，晶体管是截止的。如果晶体管的源极接地而漏极接位线，在无偏置电压的情况下，检测晶体管的导通状态就可以获得存储单元中的数据，如果位线上的电平为低，说明晶体管处于导通状态，读取的数据为 0；如果位线上为高电平，则说明晶体管处于截止状态，读取的数据为 1。由于在读取数据的过程中控制栅极施加的电压较小或根本不施加电压，不足以改变浮置栅极中原有的电荷量，所以读取操作不会改变 NAND Flash 中原有的数据。根据这个原理，可判断浮栅中是否有电荷。

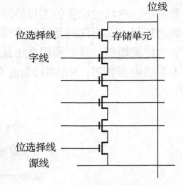

图 6.1.5　NAND Flash 存储阵列

　　NAND Flash 存储器各存储单元之间通过串联连接。存取数据时，通过对一定数量的存储单元进行集体操作，提高存取速度。NAND Flash 的全部存储单元分为若干个块，每个块又分为若干页，每个页是 512byte。也就是说每个页有 512 条位线，每条位线下有 8 个存储单元。每页存储的数据正好与硬盘的一个扇区存储的数据相同，如图 6.1.5 所示。

　　容量不同，块的数量不同，组成块的页的数量也不同。在读取数据时，当字线和位线锁定某个晶体管时，该晶体管的控制极不加偏置电压，其他的 7 个都加上偏置电压而导通。如果这个晶体管的浮栅中有电荷，就会导通使位线为低电平，读出的数就是 0，反之则是 1。

6.2　SDRAM 内存管理

6.2.1　地址空间与地址映射

　　S3C2440A 存储器控制器为访问外部存储器地址空间提供了存储器控制信号。由于 S3C2440A 对外引出的 27 根地址线（ADDR0～ADDR26）可访问 128MB 地址范围，因此 S3C2440A 将外部存储器地址空间分为 8 个 Bank，每个 Bank 为 128M，共可访问 1G 的外部地址空间。其中 Bank0～Bank5 是用于 ROM 或 SRAM 的地址空间；Bank6 和 Bank7 是可用于 ROM、SRAM 和 SDRAM 等存储器的地址空间。

　　S3C2440A 可通过软件选择支持大/小端系统。除了 Bank0（16/32 位）之外，其他全部 Bank 都可编程访问宽度（8/16/32 位）。所有存储器 Bank 的访问周期均可编程，支持 SDRAM 自刷新和掉电模式。S3C2440A 芯片通过 nGCS0～nGCS7 片选信号，分别对应 8 个 Bank。当需要访问某个设备的地址空间时，通过 nGCSx 输出低电平即可。S3C2440A 的存储器地址映射如图 6.2.1 所示。

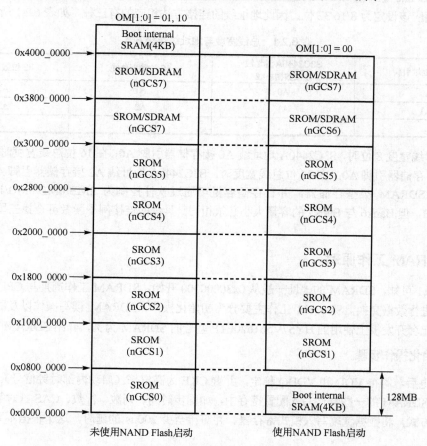

图 6.2.1　S3C2440A 的存储器地址映射

　　是否使用 NAND Flash 启动由 OM[0:1]字段控制。由 6.1 节内容可知，NAND Flash 是无法执行程序的，因此也无法用来启动系统。S3C2440A 的 MMU 通过一种"Steppingstone"技术解决了这个问题，而 Steppingstone 其实是 S3C2440A 中的一块 4KB 大小的 SRAM。具体实施步骤如下。

　　（1）系统上电后，首先判断是否从 NAND Flash 启动。如果使用 S3C2440A 是带有 NAND Flash，并且被设置成 auto boot 模式，则从 NAND Flash 开始启动。

　　（2）在判断是 auto boot 模式后，MCU 内置的 NAND Flash 控制器自动将 NAND Flash 的前面的 4KB 区域的代码复制到 Steppingstone 中。

　　（3）在复制完前 4KB 代码后，NAND Flash 控制器自动将 Steppingstone 映射到 ARM 地址空间 0x00000000 开始的前 4KB 区域。

（4）在映射过程完成后，NAND Flash 控制器将 PC 指针直接指向地址空间 0x00000000 位置，准备开始执行 Steppingstone 上的代码。

而 Steppingstone 上从 NAND Flash 复制过来的 4KB 代码，是程序员事先写好并烧写到 NAND Flash 的 0x00000000 开始的最前面区域的 Bootloader 代码。这 4KB 代码的任务是：初始化硬件，设置中断向量表，设置堆栈，以及将 NAND Flash 的最前面区域的 Bootloader 复制到 SDRAM 中。在完成对 NAND Flash 上的 Bootloader 搬移后，跳转到 SDRAM 上相应地址，继续执行 Bootloader 的剩余代码。

Bank0～Bank5 也外接 SRAM 类型的存储器，或者是具有 SDRAM 接口特性的 ROM 存储器，其数据总线宽度应该设定为 8/16/32 位，因此地址线的连接方法相应的有三种，如表 6.2.1 所示。

表 6.2.1　总线宽度与地址线连接方式

存储器地址引脚	S3C2440A 地址线 8 位数据总线	16 位数据总线	32 位数据总线
A0	A0	A1	A2
A1	A1	A2	A3
…	…	…	…

例如，总线宽度 8 位时，S3C2440A 地址线 A0 接存储器引脚 A0；在 16 位总线宽度时，S3C2440A 地址线 A1 接存储器引脚 A0；在 32 位总线宽度时，S3C2440A 地址线 A2 接存储器引脚 A0。Bank6、Bank7 可接 SDRAM 类型存储器，并且存储容量可通过软件控制为 2MB/4MB/8MB/16MB/32MB/64MB/128MB，但 Bank6 与 Bank7 的容量大小必须相同。具体的连接例子读者可查找三星提供的用户手册。

6.2.2　SDRAM 工作原理

由图 6.2.1 可知，SDRAM 的地址一般从 0x30000000 开始。SDRAM 工作周期与 CPU 同步，因此两者可直接进行数据交换。SDRAM 工作主要分为初始化操作，SDRAM 读写操作以及刷新操作。本书主要将以配套开发板上使用的 HY57V561620FTP 型号的 SDRAM 为例，介绍 SDRAM 的工作原理。

1. 初始化操作步骤

（1）上电后，等待 VDD 和 VDDQ 稳定，并置 CKE 为高电平（启动内部时钟信号）。

（2）将 SDRAM 的一些特性写入配置寄存中，如同步时间、列数、行数、CAS 延时等，根据实际地址线接线方式，将数据宽度写入模式寄存器。并等待至少 200μs 的延时，这个根据不同的 SDRAM 可能不同。

（3）向 SDRAM 发送预充电命令：预充电命令是对所有存储体进行数据重写，并对行地址进行复位。通过引脚 A0 可选择充电模式为单个 Bank 预充电或所有 Bank 预充电。

（4）自动刷新（Auto Refresh），提供 8 个自动刷新时序。

（5）设置模式寄存器。特别是设置 CAS 延时与读写脉冲长度。通过 Load Mode Register 命令将模式寄存器内容写入 Mode Register。

2. SDRAM 读写操作

SDRAM 的基本读写与 6.2.1 节中介绍的 DRAM 存储单元的读取相同。SDRAM 的基本读操作需要控制线和地址线相配合发出一系列命令来完成。先发出 Bank 激活命令，并锁存相应的 Bank 地址（由 BA0、BA1 给出），以及行地址（由 A0～A12 给出）。Bank 激活命令后必须等待大于 tRCD（SDRAM 的 RAS 到 CAS 的延迟指标）时间后，发出读命令字。等待 CL（CAS 延迟）个工作时钟后，读出数据依次出现在数据总线上。在读操作的最后，要向 SDRAM 发出预充电 Precharge 命令，以关闭已经激活的页。等待 tRP 时间（Precharge 命令后，相隔 tRP 时间，才可再次访问该行）后，可以开始下一次的读、写操作。SDRAM 的读操作只有 Burst 模式，Burst 长度为 1、2、4、8 可选。

SDRAM 的基本写操作也需要控制线和地址线相配合地发出一系列命令来完成。先发出 Bank 激活命令，并锁存相应的预充电地址（由 BA0、BA1 给出）以及行地址（由 A0～A12 给出）。Bank 激活命令后同样必须等待大于 tRCD 的时间后，发出写命令字。写命令可以立即写入，需写入数据依次送到 DQ 数据线上。在最后一个数据写入后延迟 tWR 时间。发出预充电命令，以关闭已经激活的页。再等待 tRP 时间后，可以展开下一次操作。写操作可以有 Burst 写和非 Burst 写两种。Burst 长度为 1、2、4、8 可选。

3. SDRAM 刷新操作

由 DRAM 存储原理可知，SDRAM 在运行期间需不停刷新。刷新操作有两种方式：Auto Refresh（简称 AR）和 Self Refresh（简称是 SR）。但不管是哪种刷新方法，都不需要外部提供行地址，因为 SDRAM 内部有一个行地址生成器（也称刷新计数器）用来自动依次生成行地址。

对于 AR 式刷新，是对一行中所有 Bank（简称 L-Bank）进行刷新。由于刷新涉及到所有 L-Bank，因此在刷新过程中，所有 L-Bank 都停止工作，而每次刷新所占用的时间为 9 个时钟周期，之后就可进入正常的工作状态。也就是说在这 9 个时钟期间内，所有工作指令只能等待而无法执行。由此可见，刷新操作肯定会对 SDRAM 的性能造成影响。刷新时间取决于存储单元中电容的数据有效保存上限时间，因此每一行新的循环周期是 64ms。64ms 之后则再次对同一行进行刷新，如此周而复始地进行循环刷新。

而 SR 式刷新主要用于休眠模式下保存数据。在发出 AR 命令时，将 CKE 置于无效状态，就进入了 SR 模式。SR 模式下不再依靠系统时钟工作，而是根据内部的时钟进行刷新操作。在 SR 期间除了 CKE 之外的所有外部信号都是无效的，因此也无需外部提供刷新指令。只有重新使 CKE 有效才能退出自刷新 SR 模式从而进入正常操作状态。

4. SDRAM 寻址方式

SDRAM 的存储器一般由多个 Bank 构成三维结构，因此当要读取某个地址的存储数据时，需知道它所在的 Bank 以及 Bank 上的行号和列号才能真正确定地址。为大幅度减少地址线的数目，大多数 SDRAM 的行地址线和列地址线都是分时复用的，即地址要分两次送出，先送出行地址，再送出列地址。实际上，现在的 SDRAM 一般都以 Bank（数据块）为组织，将存储器分成很多独立的小块。由 Bank 地址线 BA（Bank Address）控制 Bank 间的选择，行地址线和列地址线贯穿所有的 Bank，每个 Bank 的数据的宽度和整个存储器的宽度相同，这样，可以降低字线和位线的长度，从而加快数据的存储速度。同时，BA 还可以使未被选中的 Bank 工作于低功耗的模式下，从而降低器件的功耗。

6.2.3 内存管理模块特殊寄存器

S3C2440A 的内存管理模块特殊寄存器包括总线宽度和等待控制寄存器 BWSCON、Bank 控制寄存器 BANKCONn、刷新控制寄存器 REFRESH、Bank 大小寄存器 BANKSIZE 以及 SDRAM 模式寄存器组寄存器 MRSR。

（1）总线宽度和等待控制寄存器 BWSCON：该寄存器用于设定各个存储块的数据宽度和使能等待功能。

（2）Bank 控制寄存器 BANKCONn：Bank0～Bank5 的 Bank 控制寄存器与 Bank6、Bank7 的 Bank

控制寄存器有差别。区别主要在于后者可通过寄存器的 MT 字段选择同步 DRAM。如果 MT 选择 SRAM 或 ROM，则寄存器功能相同；如果 MT 选择 SDRAM，则寄存器的低 4 位分别用于控制 RAS 到 CAS 的延迟时间和列地址数。

（3）刷新控制寄存器 REFRESH：该寄存器用于控制 SDRAM 的刷新操作。通过该寄存器可选择刷新模式、预充电时间、SDRAM 半行周期时间以及刷新使能等。

（4）Bank 大小寄存器 BANKSIZE：该寄存器可用于控制 Bank6、Bank7 存储器地址映射，控制 SCLK 的有效时间以及使能 Burst 操作等。

（5）SDRAM 模式寄存器组寄存器 MRSR：MRSR 主要用于 Bank6、Bank7 存储器的模式选择。当代码在 SDRAM 中运行时一定不要改变 MRSR 寄存器。

读者可查询三星提供的用户手册获取以上寄存器的具体信息。

6.3　SDRAM 测试实验

本书之前的 ADS 实验中，细心的读者可能意识到在做实验前都没有对 SDRAM 进行初始化，而实验却能顺利完成。其实 2440init.s 的启动代码中已经包含了 SDRAM 的初始化。我们需要读懂这些汇编代码并能根据不同的 SDRAM 型号进行修改即可。读者可以根据自己所选择的 SDRAM 芯片的数据手册，然后结合 S3C2440A 的芯片的有关存储器的寄存器数据手册，参照本文中的例程代码改写得到属于自己 SDRAM 的配置。

6.3.1　SDRAM 存储器接口

对内存管理模块的编程主要分为模块初始化、内存数据的读写等操作。硬件设计往往影响到实际的软件操作，所以我们要对外挂的 SDRAM 与 S3C2440A 的实际连接原理图进行分析，然后针对原理图设计与之相适应的 SDRAM 存储器接口程序。本实验主要通过编程实现内存管理模块的初始化，实验前首先了解电路原理。

开发板使用的 SDRAM 是 HY57V561620BT-H，它的规格是 4M×16×4B。开发板使用两片相同的 SDRAM 芯片是为了配置成 32 位数据宽度。Bank 大小是 4MB×16＝64MB，而总线宽度为 32 位，因此，器件大小其实为 256MB，而 SDRAM 的地址线 A0～A12 分别接 S3C2440A 的 LADDR2～LADDR14。根据器件规格，查询用户手册可知，BA1、BA0 分别接 A[25:24]。具体的引脚定义如下。

（1）地址线：A0～A11，分别接 S3C2440A 的 LADDR2～LADDR14。

（2）数据线：D0～D15，分别接 S3C2440A 的 DATA0～DATA15。

（3）片选引脚：nCS，本系统通过 nGCS6 来进行控制，其映射后的地址为 0x0C000000。

（4）时钟线：SCLK 和 SCKE，分别用于控制时钟信号与时钟使能信号，由 S3C2440A 的 SCLK 和 SCKE 提供。

（5）字节写允许：LDQM 和 UDQM，用于控制 SDRAM 字节写允许，分别接 S3C2440A 的字节写允许控制引脚 nWBE[1:0]。

（6）行/列选择：nSRAS 和 nSCAS，分别控制选通行地址和列地址，接 S3C2440A 的 nSRAS 和 nSCAS 引脚。

由于 SDRAM 的运行速度比较高，因此在进行电路设计时，需注意地址总线和控制总线在输出端上串接小电阻以抑制信号反射，从而使系统更稳定，如图 6.3.1 所示。

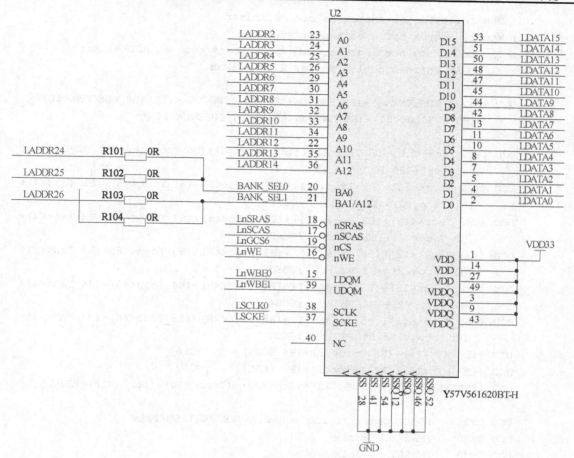

图 6.3.1　SDRAM 电路设计

6.3.2　初始化 SDRAM

2440Init.s 中对 SDRAM 进行了初始化，代码如下，我们要读懂它并能根据不同型号的 SDRAM 对汇编代码进行改写。

```
        adrlr0, SMRDATA ;be careful!
        ldr r1,=BWSCON  ;BWSCON Address
        add r2, r0, #52 ;End address of SMRDATA

0
        ldr r3, [r0], #4
        str r3, [r1], #4
        cmp r2, r0
        bne %B0
```

上面汇编代码中寄存器设置的值的数据表如下：

```
SMRDATA  DATA
; Memory configuration should be optimized for best performance
```

```
; The following parameter is not optimized.
; Memory access cycle parameter strategy
; 1) The memory settings is  safe parameters even at HCLK=75Mhz.
; 2) SDRAM refresh period is for HCLK<=75Mhz.

DCD (0+(B1_BWSCON<<4)+(B2_BWSCON<<8)+(B3_BWSCON<<12)+(B4_BWSCON<<16)+
    (B5_BWSCON<<20)+(B6_BWSCON<<24)+(B7_BWSCON<<28))

DCD ((B0_Tacs<<13)+(B0_Tcos<<11)+(B0_Tacc<<8)+(B0_Tcoh<<6)+(B0_Tah<<4)+(B0_
    Tacp<<2)+(B0_PMC))  ;GCS0
DCD ((B1_Tacs<<13)+(B1_Tcos<<11)+(B1_Tacc<<8)+(B1_Tcoh<<6)+(B1_Tah<<4)+
    (B1_Tacp<<2)+(B1_PMC))   ;GCS1
DCD ((B2_Tacs<<13)+(B2_Tcos<<11)+(B2_Tacc<<8)+(B2_Tcoh<<6)+(B2_Tah<<4)+
    (B2_Tacp<<2)+(B2_PMC))   ;GCS2
DCD ((B3_Tacs<<13)+(B3_Tcos<<11)+(B3_Tacc<<8)+(B3_Tcoh<<6)+(B3_Tah<<4)+
    (B3_Tacp<<2)+(B3_PMC))   ;GCS3
DCD ((B4_Tacs<<13)+(B4_Tcos<<11)+(B4_Tacc<<8)+(B4_Tcoh<<6)+(B4_Tah<<4)+
    (B4_Tacp<<2)+(B4_PMC))   ;GCS4
DCD ((B5_Tacs<<13)+(B5_Tcos<<11)+(B5_Tacc<<8)+(B5_Tcoh<<6)+(B5_Tah<<4)+
    (B5_Tacp<<2)+(B5_PMC))   ;GCS5
DCD ((B6_MT<<15)+(B6_Trcd<<2)+(B6_SCAN))    ;GCS6
DCD ((B7_MT<<15)+(B7_Trcd<<2)+(B7_SCAN))    ;GCS7
DCD ((REFEN<<23)+(TREFMD<<22)+(Trp<<20)+(Tsrc<<18)+(Tchr<<16)+REFCNT)

DCD 0x32    ;SCLK power saving mode, BANKSIZE 128M/128M
DCD 0x30    ;MRSR6 CL=3clk
DCD 0x30    ;MRSR7 CL=3clk
```

内存管理模块的特殊寄存器定义在 2440addr.inc 文件中，具体代码如下：

```
;==================
; Memory control
;==================
BWSCON  EQU  0x48000000    ;Bus width & wait status
BANKCON0EQU  0x48000004    ;Boot ROM control
BANKCON1EQU  0x48000008    ;BANK1 control
BANKCON2EQU  0x4800000c    ;BANK2 control
BANKCON3EQU  0x48000010    ;BANK3 control
BANKCON4EQU  0x48000014    ;BANK4 control
BANKCON5EQU  0x48000018    ;BANK5 control
BANKCON6EQU  0x4800001c    ;BANK6 control
BANKCON7EQU  0x48000020    ;BANK7 control
REFRESH EQU  0x48000024    ;DRAM/SDRAM refresh
BANKSIZEEQU  0x48000028    ;Flexible Bank Size
MRSRB6  EQU  0x4800002c    ;Mode register set for SDRAM Bank6
MRSRB7  EQU  0x48000030    ;Mode register set for SDRAM Bank7
```

6.4　NAND Flash 介绍

6.4.1　芯片介绍

由 NAND Flash 存储原理可知，NAND Flash 的数据是以位的方式保存在内存单元（cell）里，一般来说，一个 cell 中只能存储 1 位。这些 cell 以 8 个或者 16 个为单位，连成 bit line。形成所谓的 byte 或 word，这就是 NAND Device 的位宽。这些 Line 会再组成 Page，而不同型号的 NAND Flash 存储器页大小也不尽相同。目前市场上常见的 NAND Flash 存储器有三星公司的 K9F1208U0M、K9F1G08、K9F2G08 等，大小分别为 512B、2KB、2KB。不同的 NAND Flash 寻址方式有一定差异，因此程序代码不能通用。

本书配套的开发板上所用的 NAND Flash 存储器为 48 引脚 TSOP1 封装的 K9F1208U0M，引脚分配如图 6.4.1 所示，引脚的具体作用如下。

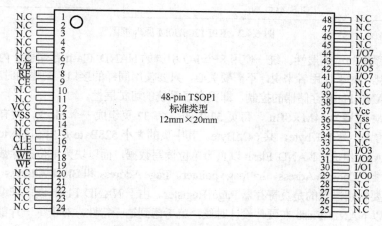

图 6.4.1　K9F1208U0M 引脚图

（1）I/O0～I/O7：用于输入地址/数据/命令，输出数据。

（2）CLE：指令锁存使能，在输入命令之前，要先在模式寄存器中，设置 CLE 使能。

（3）ALE：地址锁存使能，在输入地址之前，要先在模式寄存器中，设置 ALE 使能。

（4）$\overline{\text{CE}}$：片选引脚，在操作 Nand Flash 之前，要先选中此芯片，才能操作。

（5）$\overline{\text{RE}}$：读使能，在读取数据之前，要先使 RE 有效。

（6）$\overline{\text{WE}}$：写使能，在写入数据之前，要先使 WE 有效。

（7）R/$\overline{\text{B}}$：就绪/忙输出，主要用于在发送完编程/擦除命令后，检测这些操作是否完成，忙表示编程/擦除操作仍在进行中；就绪表示操作完成。

（8）VCC：电源（2.7V～3.6V）。

（9）VSS：接地。

（10）N.C：未连接。

K9F1208U0M 的功能结构框图如图 6.4.2 所示，只设计使用 8 个 I/O 引脚的好处如下。

（1）可减少外围引脚数量，从而减小芯片体积。目前芯片的总体发展正向体积更小，功能更强，功耗更低的趋势发展。同时，减少芯片接口，也意味着使用此芯片的相关的外围电路会更简化，避免了烦琐的硬件连线。

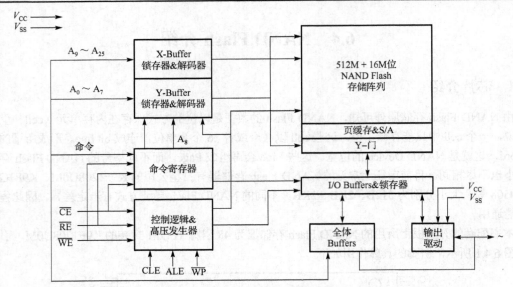

图 6.4.2　K9F1208U0M 原理框图

（2）可提高系统的可扩展性。统一使用 8 个 I/O 引脚的 NAND Flash 存储器，内部芯片大小的变化或者其他的变化，对于使用者来说，不需要关心，只要使用同样的接口，同样的时序，同样的命令，就可以实现对 NAND Flash 存储器的控制，即提高了系统的可扩展性。

K9F1208U0M 规格为 64M×8Bit，每页 528Byte，每 32 页组成一个 block，共有 4096 个 block，因此每个 block 的大小为 16Kbyte，共 64MByte。其中页的大小 528Byte 是由 512Byte 的 Main Area 与 16Byte 的 Spare Area 组成。NAND Flash 以页为单位读写数据，而以块为单位擦除数据。按照组织方式可分为 4 类地址：Column Adress、halfpage pointer、Page Address 和 Block Address。

此处读者需要特别注意的是页寄存器 Page Register。由于 NAND Flash 读取和编程操作，一般最小单位是页，所以 NAND Flash 在硬件设计时候，就考虑到这一特性，对于每一片都有一个对应的区域，专门用于存放将要写入到物理存储单元中去的或者刚从存储单元中读取出来的一页的数据。而这个数据缓存区，本质上就是一个 buffer，只是在用户手册中被命名为 Page Register，即页寄存器或页缓存。不了解 NAND Flash 内部结构的读者往往容易产生之前遇到的误解，以为内存里面的数据通过 NAND Flash 的 FIFO，直接写入到 NAND Flash 中，并立刻实现了实际数据写入到物理存储单元中。而实际上，只是写到了这个页缓存中，只有等程序发送对应的第二阶段的确认命令 0x10 之后，实际的编程动作才开始，开始把页缓存中的数据逐步写到物理存储单元中。这也是为什么发完命令 0x10 之后需要等待一段时间的原因。具体的实现步骤如图 6.4.3 所示。

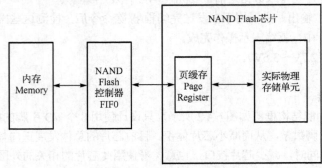

图 6.4.3　NAND Flash 读/写数据流向

对 NAND Flash 存储器的操作主要分为读操作、擦除操作、写操作、坏块识别、坏块标识等。本书主要介绍读操作、擦除操作和写操作的实现过程。

6.4.2　NAND Flash 读操作

K9F1208U0M 的地址线共有 A0～A31 共 32 位，即 4 个字节，但是其中从 A26～A31 必须是 L，即保留，A8 需根据实际情况来自动设置。而 A0～A7 为页内偏移地址，即用户手册中的 COLUMN ADDRESS，A9～A25 为 ROW ADDRESS，即页的偏移地址。因此，对于 K9F1208U0M 真正用到的地址线为除 A8 之外的 A0～A25 共 24 条，前 8 条为列地址，最大访问为 255，而一个页有 528 字节，故需通过命令 00H，01H 来区分是上半区还是下半区，命令 50H 用来读 16 位的标记区 SPARE FILED。余下的 A9～A25 有 17 根地址位，可以访问 2^{12}（4096）块以及 2^5（32）页，共有 2^{17} 大小的数据。也可以这样认为，A9～A13 是页地址，A14～A25 为块地址。K9F1208U0M 的寻址分 4 个周期分别为 A[0:7]、A[9:16]、A[17:24]、A[25]。

K9F1208U0M 读操作的步骤如下：

（1）发送读命令 00H/01H。

（2）发送读地址。

（3）读数据。

（4）生成器 ECC。

（5）校验 ECC，并排除错误。

（6）读数据完成。

而在写命令，写地址，读数据时所用到 I/O 是复用的，需通过 CLE、ALE、$\overline{RE}$ 等信号的配合才能完成该 NAND Flash 的读操作。K9F1208U0M 内部将通过硬件逻辑，找到用户要读的具体地址，并将该地址的数据搬运到页缓存中，供内存读取。

6.4.3　NAND Flash 擦除操作

NAND Flash 的擦除过程中需注意的是地址线的起始位置是从 A9 开始的。由于 NAND Flash 的擦除操作是以块为单位，因此 A9～A13 所表示的页地址需要忽略，真正需要擦除的块地址通过 A14～A25 表示。K9F1208U0M 擦除操作的具体步骤如下：

（1）发送擦除命令 60H。

（2）发送擦除块地址。

（3）发送擦除命令 D0H。

（4）发送查询状态命令 70H，读状态寄存器。

（5）通过读取 NFDATA[1]的值，判断擦除是否成功。

如果擦除操作失败，K9F1208U0M 将标识该块，并用另一个块来代替它。

6.4.4　NAND Flash 写操作

写过程即 PAGE PROGRAM 的过程，该过程中需注意的是地址寄存器虽然是 16 位，但高 8 位保留，因此配置命令写完后，只能传 4 次 4 个字节的命令来完成此过程。K9F1208U0M 写操作的具体步骤如下：

（1）发送写命令 80H。

（2）发送写块地址。

（3）写数据。

（4）发送写命令 10H。

（5）读状态寄存器。

（6）读取 NFDATA[1]的值，判断擦除是否成功。

如果写操作失败，也需要标识该坏块。

6.5　NAND Flash 控制器

6.5.1　S3C2440A 的 NAND Flash 控制器特征

目前 NAND Flash 存储器在价格上相对比较经济，因此 NAND Flash 存储器是目前嵌入式系统必不可少的存储设备；并且 S3C2440A 的 NAND Flash 控制器支持从 NAND Flash 启动系统，使开发者更加依赖该存储设备。

为了支持 NAND Flash 的 Bootloader，S3C2440A 配备了一个内置的 SRAM 缓冲器，叫作 Steppingstone。引导启动时，NAND Flash 存储器的开始 4K 字节将被加载到 Steppingstone 中，并且执行加载到 Steppingstone 的引导代码。通常引导代码会复制 NAND Flash 的内容到 SDRAM 中。在复制完成的基础上，将在 SDRAM 中执行主程序，如图 6.5.1 所示 NAND Flash 控制器的 Bootloader 方框图。并且 SteppingStone 支持大/小端模式的按字节/半字/字访问，其 4KB 的内部 SRAM 缓冲器可以在 NAND Flash 引导启动后用于其他用途。除此之外，S3C2440A 的 NAND Flash 控制器还具有以下特征：

（1）S3C2440A 支持多种 NAND Flash 存储器接口，包括 256 字，512 字节，1K 字和 2K 字节的页。

（2）用户可以通过软件模式直接访问 NAND Flash 存储器，如通过软件模式直接对 NAND Flash 存储器进行读/擦除/编程等操作。

（3）S3C2440A 支持 8/16 位的 NAND Flash 存储器接口总线。

（4）硬件 ECC 生成，检测和指示（软件纠错）。

（5）支持小端模式按字节/半字/字访问数据、ECC 数据寄存器，按字访问其他寄存器。

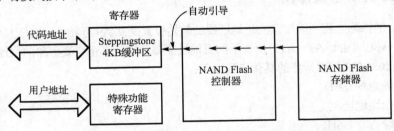

图 6.5.1　NAND Flash 控制器的 Bootloader 方框图

图 6.5.2 所示为 NAND Flash 控制器的结构图。

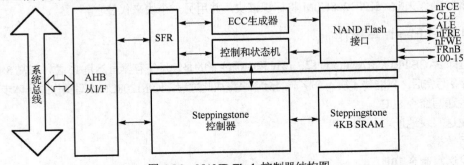

图 6.5.2　NAND Flash 控制器结构图

由结构图可知，S3C2440A 的 NAND Flash 控制器由 AHB 总线进行通信，通过特殊寄存器 SFR 控制 NAND Flash 控制器的各个接口与 NAND Flash 连接。该控制器只支持软件模式的访问。使用该模式，用户可以完整的访问 NAND Flash 存储器。NAND Flash 控制器支持 NAND Flash 存储器的直接访问。在软件模式下，用户必须通过定时查询或中断的方式来检测 RnB 状态输入引脚。

6.5.2　NAND Flash 控制器的配置

首先需对 NAND Flash 控制器的引脚进行正确配置，具体配置如下：

（1）OM[1:0] = 00：使能 NAND Flash 存储器引导启动，通过 Steppingstone 加载 Bootloader 来引导系统启动。

（2）NCON：NAND Flash 存储器选择，0 代表普通 NAND Flash（256 字或 512 字节页大小，3 或 4 个地址周期），1 代表先进 NAND Flash（1K 字或 2K 字节页大小，4 或 5 个地址周期）。

（3）GPG13：NAND Flash 存储器页容量选择，0 代表页=256 字（NCON=0）或页=1K 字（NCON=1），1 代表页=512 字节（NCON=0）或页=2K 字节（NCON=1）。

（4）GPG14：NAND Flash 存储器地址周期选择，0 代表 3 个地址周期（NCON=0）或 4 个地址周期（NCON=1），1 代表 4 个地址周期（NCON=0）或 5 个地址周期（NCON=1）。

（5）GPG15：NAND Flash 存储器总线宽度选择，0 代表 8 位宽度，1 代表 16 位宽度。

对于一个 8 位的 NAND Flash 存储器来说，它的接口如图 6.5.3 所示。

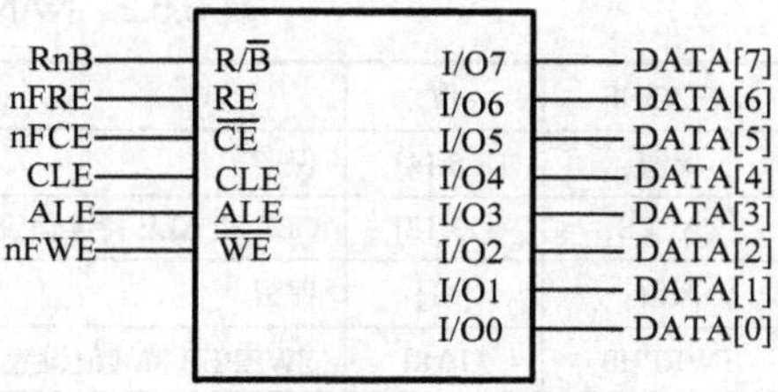

当写地址时，DATA[15:8]和 DATA[7:0]写同样的地址即可。也可以同时连接两片 8 位的 NAND Flash 存储器，如图 6.5.4 所示。

图 6.5.3　8 位的 NAND Flash 存储器接线

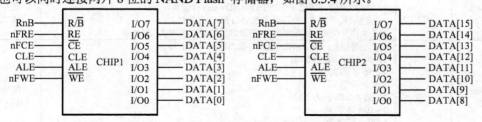

图 6.5.4　两片 8 位的 NAND Flash 存储器接线

对于 16 位 NAND Flash 存储器，只需要按照高地位连线即可，如图 6.5.5 所示。

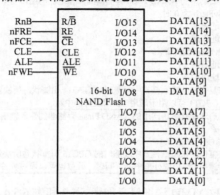

图 6.5.5　16 位的 NAND Flash 存储器接线

6.5.3　NAND Flash 控制器的特殊寄存器

S3C2440A 的 NAND Flash 控制器有 NAND Flash 配置寄存器 NFCONF、控制寄存器 NFCONT、命令寄存器 NFCMMD、地址寄存器 NFADDR、数据寄存器 NFDATA、主数据区域寄存器 NFMECCD0/1、备份区域 ECC 寄存器 NFSECCD、NFCON 状态寄存器 NFSTAT、ECC0/1 状态寄存器 NFESTAT0/1、主数据区域 ECC0/1 状态寄存器 NFMECC0/1、备份区域 ECC 状态寄存器 NFSECC 以及块地址寄存器 NFSBLK。其中需要经常使用的有 NFCONF、NFCMMD、NFADDR、NFDATA 和 NFSTAT，故在此将详细介绍。

NAND Flash 配置寄存器 NFCONF 详细信息如表 6.5.1 和表 6.5.2 所示。

表 6.5.1　NAND Flash 配置寄存器 NFCONF 描述

寄 存 器	地　　址	R/W	描　　述	复 位 值
NFCONF	0x4E000000	R/W	NAND Flash 配置寄存器	0x0000100X

表 6.5.2　NAND Flash 配置寄存器 NFCONF 说明

NFCONF	位	描　　述	初 始 状 态
保留	[15:14]	保留	-
TACLS	[13:12]	CLE 和 ALE 持续值设置（0 至 3）Duration = HCLK×TACLS	01
保留	[11]	保留	0
TWRPH0	[10:8]	TWRPH0 持续值设置（0~7）Duration = HCLK×(TWRPH0+1)	000
保留	[7]	保留	0
TWRPH1	[6:4]	TWRPH1 持续值设置（0~7）Duration = HCLK×(TWRPH1+1)	000
AdvFlash（只读）	[3]	自动引导启动用的先进 NAND Flash 存储器： 0：支持 256 字或 512 字节/页的 NAND Flash 存储器。 1：支持 1K 字或 2K 字节/页的 NAND Flash 存储器。 此位由在复位和从睡眠模式中唤醒时的 NCON0 引脚状态所决定	硬件设置（NCON0）
PageSize（只读）	[2]	自动引导启动用的 NAND Flash 存储器的闪存页面大小。 1）当 AdvFlash 为 0 时： 0=256 字节/页 1=512 字节/页 2）当 AdvFlash 为 1 时： 0=1024 字节/页 1=2048 字节/页 此位由在复位和从睡眠模式中唤醒时的 GPG13 引脚状态所决定。 复位后，GPG13 可以用于通用 I/O 口或外部中断	硬件设置（GPG13）
AddrCycle（只读）	[1]	自动引导启动用的 NAND Flash 存储器的闪存地址周期： 1）当 AdvFlash 为 0 时： 0=3 个地址周期 1=4 个地址周期 2）当 AdvFlash 为 1 时 0=4 个地址周期 1=5 个地址周期 此位由在复位和从睡眠模式中唤醒时的 GPG14 引脚状态所决定。 复位后，GPG14 可以用于通用 I/O 口或外部中断	硬件设置（GPG14）
BusWidth（R/W）	[0]	自动引导启动和普通访问用的 NAND Flash 存储器的输入输出总线宽度： 0=8 位总线 1=16 位总线 此位由在复位和从睡眠模式中唤醒时的 GPG15 引脚状态所决定。复位后，GPG15 可以用于通用 I/O 口或外部中断。同时，此位也可以通过软件改变	硬件设置（GPG15）

NAND Flash 命令寄存器 NFCMMD 详细信息如表 6.5.3 和表 6.5.4 所示。

表 6.5.3 NAND Flash 命令寄存器 NFCMMD 描述

寄存器	地址	R/W	描述	复位值
NFCMMD	0x4E000008	R/W	NAND Flash 命令集寄存器	0x00

表 6.5.4 NAND Flash 命令寄存器 NFCMMD 说明

NFCMMD	位	描述	初始状态
保留	[15:8]	保留	0x00
NFCMMD	[7:0]	NAND Flash 存储器命令值	0x00

NAND Flash 地址寄存器 NFADDR 详细信息如表 6.5.5 和 6.5.6 所示。

表 6.5.5 NAND Flash 地址寄存器 NFADDR 描述

寄存器	地址	R/W	描述	复位值
NFADDR	0x4E00000C	R/W	NAND Flash 地址集寄存器	0x0000XX00

表 6.5.6 NAND Flash 地址寄存器 NFADDR 说明

NFADDR	位	描述	初始状态
保留	[15:8]	保留	0x00
NFADDR	[7:0]	NAND Flash 存储器地址值	0x00

NAND Flash 地址寄存器 NFADDR 详细信息如表 6.5.7 和表 6.5.8 所示。

表 6.5.7 NAND Flash 数据寄存器 NFDATA 描述

寄存器	地址	R/W	描述	复位值
NFDATA	0x4E000010	R/W	NAND Flash 数据寄存器	0xXXXX

表 6.5.8 NAND Flash 数据寄存器 NFDATA 说明

NFDATA	位	描述	初始状态
NFDATA	[31:0]	NAND Flash 读取/编程数据给 I/O 注释：请参考用户手册中数据寄存器配置	0xXXXX

NAND Flash 的 NFCON 状态寄存器 NFSTAT 详细信息如表 6.5.9 和 6.5.10 所示。

表 6.5.9 NAND Flash 的 NFCON 状态寄存器 NFSTAT 描述

寄存器	地址	R/W	描述	复位值
NFSTAT	0x4E000020	R/W	NAND Flash 运行状态寄存器	0xXX00

表 6.5.10 NAND Flash 的 NFCON 状态寄存器 NFSTAT 说明

NFSTAT	位	描述	初始状态
保留	[7]	保留	X
保留	[6:4]	保留	0
IllegalAccess	[3]	软件锁定或紧锁一次使能。非法访问（编程、擦除）存储器屏蔽此位设置： 0：不检测非法访问 1：检测非法访问	0
RnB_TransDetect	[2]	当 RnB 由低变高时发生传输，如果使能此位则设置和发出中断。要清除此位时对其写入 "1" 0：不检测 RnB 传输 1：检测 RnB 传输 传输配置设置在 RnB_TransMode(NFCONT[8])中	0
nCE（只读）	[1]	nCE 输出引脚的状态	1
RnB（只读）	[0]	RnB 输入引脚的状态 0：NAND Flash 存储器忙 1：NAND Flash 存储器运行就绪	1

6.6　NAND Flash 测试实验

对于 NAND Flash，S3C2440A 提供一个专门的控制模块，用户通过设置该模块实现对不同型号的 NAND Flash 的使用。本实验目的是在目标开发板上实现对 K9F1208 的初始化、读、写、擦除等操作，并通过串口打印相应的信息。通过本实验，读者可熟悉 K9F1208 基本应用，并掌握如何设置 NAND Flash 控制器。值得注意的是，如果程序是被烧写到芯片的 NAND Flash 中运行，芯片启动时会将 NAND Flash 中的前 4K 代码自动复制到芯片内部运行，如果代码长度超过 4K，那么我们必须要将 NAND Flash 中的代码复制到 SDRAM 中运行。在 2440init.s 的汇编代码中我们已经调用了 Nand.c 文件中的代码复制程序，而且必须确保 2440init.s、Nand.c 和 Nand.h 的程序被编译的执行文件的前 4K（可以在 ADS 的文件管理界面中 Linker Order 选项中将 2440init.s、Nand.c 和 Nand.h 拖到最前面，就可以让他们先编译）。这样就可以调用 Nand.c 文件中的代码复制程序。

6.6.1　NAND Flash 实验电路及原理

对 NAND Flash 控制器的编程主要分为命令封装、NAND Flash 控制器初始化、读取数据、擦除数据和写入数据等操作。实验前首先了解电路原理。

图 6.6.1 所示电路图参照 K9F1208U0M 的用户手册中，8 位 NAND Flash 存储器接线图，需注意的是就绪/忙输出引脚 R/$\overline{B}$ 通过 10k 电阻上拉，再接 S3C2440A 的 FRnB 引脚。输入地址/数据/命令，输出数据通过 I/O0～I/O7 完成；在操作 Nand Flash 之前，要先通过 $\overline{CE}$ 片选引脚选中此芯片，才能操作；在输入命令之前，要先在模式寄存器中设置 CLE 指令锁存使能；在输入地址之前要先在模式寄存器中设置 ALE 地址锁存使能；在读取数据之前，要先使 $\overline{RE}$ 读使能；在写入数据之前，要先使 $\overline{WE}$ 写使能。

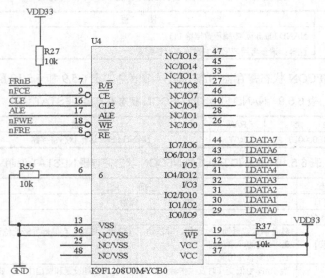

图 6.6.1　NAND Flash 控制器电路图

6.6.2　NAND Flash 初始化

在程序测试运行之前，需对某些相关端口进行设置，并初始化 NAND Flash 控制器相关寄存器。先对寄存器进行宏定义，具体代码如下：

```
//Nand Flash
#define rNFCONF   (*(volatile unsigned *)0x4E000000) //NAND Flash configuration
#define rNFCONT   (*(volatile unsigned *)0x4E000004)   //NAND Flash control
#define rNFCMD    (*(volatile unsigned *)0x4E000008)    //NAND Flash command
#define rNFADDR   (*(volatile unsigned *)0x4E00000C)    //NAND Flash address
#define rNFDATA   (*(volatile unsigned *)0x4E000010)    //NAND Flash data
#define rNFDATA8  (*(volatile unsigned char *)0x4E000010)   //NAND Flash data
#define NFDATA    (0x4E000010)       //NAND Flash data address
#define rNFMECCD0 (*(volatile unsigned *)0x4E000014)    //NAND Flash ECC for Main Area
#define rNFMECCD1   (*(volatile unsigned *)0x4E000018)
#define rNFSECCD  (*(volatile unsigned *)0x4E00001C)  //NAND Flash ECC for Spare Area
#define rNFSTAT   (*(volatile unsigned *)0x4E000020)  //NAND Flash operation status
#define rNFESTAT0   (*(volatile unsigned *)0x4E000024)
#define rNFESTAT1   (*(volatile unsigned *)0x4E000028)
#define rNFMECC0  (*(volatile unsigned *)0x4E00002C)
#define rNFMECC1  (*(volatile unsigned *)0x4E000030)
#define rNFSECC     (*(volatile unsigned *)0x4E000034)
#define rNFSBLK   (*(volatile unsigned *)0x4E000038)  //NAND Flash Start block address
#define rNFEBLK   (*(volatile unsigned *)0x4E00003C)  //NAND Flash End block address
```

接着是对 NAND Flash 控制器命令等的定义，在 Nand.h 文件中，具体代码如下：

```
#define CMD_READ        0x00//Read
#define CMD_READ1       0x01//Read1
#define CMD_READ2       0x50//Read2
#define CMD_READ3       0x30//Read3
#define CMD_READID      0x90//ReadID
#define CMD_WRITE1      0x80//Write phase 1
#define CMD_WRITE2      0x10//Write phase 2
#define CMD_ERASE1      0x60//Erase phase 1
#define CMD_ERASE2      0xd0//Erase phase 2
#define CMD_STATUS      0x70//Status read
#define CMD_RESET       0xff//Reset
#define CMD_WRITE1      0x80//Write phase 1
#define CMD_WRITE2      0x10//Write phase 2
#define CMD_ERASE1      0x60//Erase phase 1
#define CMD_ERASE2      0xd0//Erase phase 2
#define CMD_STATUS      0x70//Status read
#define CMD_RESET       0xff//Reset
#define CMD_WRITE2      0x10//Write phase 2
#define CMD_ERASE1      0x60//Erase phase 1
#define CMD_ERASE2      0xd0//Erase phase 2
#define CMD_STATUS      0x70//Status read
#define CMD_RESET       0xff//Reset
```

定义好上述底层文件后，再编写 NAND Flash 控制器的初始化程序、复位程序就要方便得多了，具体代码如下：

```
static void rNF_Reset()
```

```
{
    NF_nFCE_L();              //使能片选
    NF_CLEAR_RB();            //清除 RnB 信号
    NF_CMD(CMD_RESET);        //写入复位命令
    NF_DETECT_RB();           //等待 RnB 信号变高，即不忙
    NF_nFCE_H();              //关闭 nandflash 片选
}
```

NAND Flash 控制器的初始化程序如下：

```
static void rNF_Init(void)
{
    rNFCONF = (TACLS<<12)|(TWRPH0<<8)|(TWRPH1<<4)|(0<<0);   //BusWidth 8bit bus
//初始化时序参数
//非锁定，屏蔽 nandflash 中断，初始化 ECC 及锁定 main 区和 spare 区 ECC
//选使能 nandflash 片及控制器
    rNFCONT = (0<<13)|(0<<12)|(0<<10)|(0<<9)|(0<<8)|(1<<6)|(1<<5)|(1<<4)|
              (1<<1)|(1<<0);
    rNF_Reset();  //重启
}
```

NAND Flash 的判断坏块的程序如下：

```
int NF_IsBadBlock(unsigned int block)   //OOB 的第 517 个字节处标记是否是坏块
{
    int i;
    unsigned int blockPage;
    unsigned char data;

    blockPage=(block<<5);
    rNF_Init();
    NF_nFCE_L();
    NF_CLEAR_RB();
    NF_CMD(0x50);
    NF_ADDR(517&0xf);
    NF_ADDR(blockPage&0xff);
    NF_ADDR((blockPage>>8)&0xff);
    NF_ADDR((blockPage>>16)&0xff);
    for(i=0;i<10;i++);

    NF_WAITRB();

    data=NF_RDDATA8();
    NF_nFCE_H();
    if(data!=0xff)
    {

        return 1;
    }
```

```
        else
        {
            return 0;
        }
    }
```

在初始化函数 rNF_Init()中，主要对 NFCONF 寄存器、NFCONT 寄存器、NFSTAT 寄存器进行了设置，并通过 NF_Reset()函数对复位 NAND Flash。而复位程序中调用的宏定义的具体如下。对寄存器的简单操作通过宏定义，方便调用。

```
#define NF_nFCE_L()      {rNFCONT &= ～(1<<1); }     //使能片选
#define NF_nFCE_H()      {rNFCONT |= (1<<1); }       //关闭 nandflash 片选
#define NF_CE_L()        NF_nFCE_L()                 //打开 nandflash 片选(重复)
#define NF_CE_H()        NF_nFCE_H()  //关闭 nandflash 片选(重复)
#define NF_RSTECC()      {rNFCONT |= (1<<4); }       //复位 ECC
#define NF_MECC_UnLock() {rNFCONT &= ～(1<<5); }     //解锁 main 区 ECC
#define NF_MECC_Lock()   {rNFCONT |= (1<<5); }       //锁定 main 区 ECC
#define NF_SECC_UnLock() {rNFCONT &= ～(1<<6); }     //解锁 spare 区 ECC
#define NF_SECC_Lock()   {rNFCONT |= (1<<6); }       //锁定 spare 区 ECC

#define NF_WAITRB()      {while(!(rNFSTAT&(1<<0)));}//等待 Nand Flash 不忙
#define NF_CLEAR_RB()    {rNFSTAT |= (1<<2); }       //清除 RnB 信号
#define NF_DETECT_RB()   {while(!(rNFSTAT&(1<<2)));} //等待 RnB 信号变高，即不忙
#define NF_CMD(cmd)      {rNFCMD = (cmd); }          //命令
#define NF_ADDR(addr)    {rNFADDR = (addr); }        //传输地址
#define NF_RDDATA()      (rNFDATA)                   //读 32 位数据
#define NF_RDDATA8()     (rNFDATA8)                  //读 8 位数据
#define NF_WRDATA(data)  {rNFDATA = (data); }        //写 32 位数据
#define NF_WRDATA8(data) {rNFDATA8 = (data); }       //写 8 位数据
#define NF_RDMECC()      (rNFMECC0 )                 //主数据区域 ECC0 状态寄存器
#define NF_RDSECC()      (rNFSECC )                  //备份区域 ECC 状态寄存器
```

6.6.3　读 NAND Flash 函数

NAND Flash 读操作包括发送读命令、发送读地址、读数据、生成器 ECC、校验 ECC 并排除错误等步骤，具体代码如下：

```
unsigned char flashreadblock(unsigned int block, unsigned int page, unsigned char *buffer)
{
    int i;
    unsigned int MECC, secc;
    unsigned int blockPage = (block<<5)+page;
    unsigned char *bufPt = buffer;
    rNF_Init();
    NF_RSTECC();
    NF_nFCE_L();
    NF_CLEAR_RB();
    NF_CMD(CMD_READ);
    NF_ADDR(0x00);
```

```
        NF_ADDR(blockPage&0xff);
        NF_ADDR((blockPage>>8)&0xff);
        NF_ADDR((blockPage>>16)&0xff);
        NF_DETECT_RB();
        NF_MECC_UnLock();
        for(i=0;i<512;i++)
        {
            (*bufPt++)=rNFDATA8;
        }
        NF_MECC_Lock();
        MECC=rNFDATA;
        rNFMECCD0=((MECC&0xff00)<<8)|(MECC&0xff);
        rNFMECCD1=((MECC&0xff000000)>>8)|((MECC&0xff0000)>>16);

        NF_SECC_Lock(); //锁定 spare 区的 ECC 值
        secc=rNFDATA;
        rNFSECCD=((secc&0xff00)<<8)|(secc&0xff);
        for(i=0;i<1000;i++);
        NF_nFCE_H();

        if ((rNFESTAT0&0xf) == 0x0)
            return 100; //0x66; //正确
        else
            return (rNFESTAT0); //0x44; //错误

    }
```

　　flashreadblock()函数通过 block 和 page 参数指定读数据的地址，指针 buffer 存储读出的一页的数据。对 NAND Flash 读操作完成后，通过 NF_nFCE_H()关闭片选使能。

6.6.4　擦除 NAND Flash 函数

　　NAND Flash 擦除操作包括发送擦除命令、发送擦除块地址、发送第二阶段擦除命令、发送命令读状态寄存器、通过读取 NFDATA[1]的值是否为 1，判断擦除是否成功。如果擦除成功，则返回 1，如果擦除不成功，则标记该块为坏块，再返回 0。擦除函数可对一个 block 的数据进行擦除操作。具体代码如下：

```
    int NF_EraseBlock(unsigned char block)
    {
        U32 blockPage=(block<<5);

//#if BAD_CHECK
//  if(NF_IsBadBlock(block) && block!=0) //block #0 can't be bad block for NAND boot
//  return 0;
//#endif
        NF_nFCE_L();
        NF_CMD(0x60);   //Erase one block 1st command
        NF_ADDR(blockPage&0xff);        //Page number=0
        NF_ADDR((blockPage>>8)&0xff);
```

```
NF_ADDR((blockPage>>16)&0xff);
NF_CMD(0xd0);    //Erase one blcok 2nd command
Delay(1); //wait tWB(100ns)
NF_WAITRB();     //Wait tBERS max 3ms.
//NF_DETECT_RB();//by xh
NF_CMD(0x70);    //Read status command

if (NF_RDDATA()&0x1) //Erase error
{
    NF_nFCE_H();
    Uart_Printf("[ERASE_ERROR:block#=%d]\n" ,block);
    return 0;
}

else
{
    NF_nFCE_H();
    return 1;
}
}
```

6.6.5　写 NAND Flash 函数

NAND Flash 写操作包括发送写命令、发送写块地址、写数据、发送第二阶段写命令、读状态寄存器、判断写操作是否完成。具体代码如下：

```
unsigned char flashwriteblock(unsigned int block, unsigned int page, unsigned
    char *buffer)
{
    int i;
    unsigned char ecbuf[7];
    unsigned int MECC,secc;
    unsigned int blockPage = (block<<5)+page;
    unsigned char *bufPt = buffer;
    rNF_Init();
    NF_RSTECC();

    NF_nFCE_L();
    NF_CLEAR_RB();

    NF_CMD(CMD_READ);
    NF_CMD(CMD_WRITE1);
    NF_ADDR(0x00);
    NF_ADDR(blockPage&0xff);
    NF_ADDR((blockPage>>8)&0xff);
    NF_ADDR((blockPage>>16)&0xff);

    NF_MECC_UnLock();
```

```
    for(i=0;i<512;i++)
    {
        rNFDATA8=(*bufPt++);
    }

NF_MECC_Lock();
mecc0=rNFMECC0;

ecbuf[0]= (unsigned char)(MECC0&0xff);
ecbuf[1]= (unsigned char)((MECC>>8)&0xff);
ecbuf[2]= (unsigned char)((MECC>>16)&0xff);
ecbuf[3]= (unsigned char)((MECC>>24)&0xff);

NF_SECC_UnLock();
rNFDATA8 = ecbuf[0];
rNFDATA8 = ecbuf[1];
rNFDATA8 = ecbuf[2];
rNFDATA8 = ecbuf[3];

NF_SECC_Lock();
secc = rNFSECC;
ecbuf[4]= (unsigned char)(secc&0xff);

ecbuf[5]= (unsigned char)((secc>>8)&0xff);

rNFDATA8 = ecbuf[4];
rNFDATA8 = ecbuf[5];

NF_CMD(CMD_WRITE2);
 for(i=0;i<1000;i++);
  NF_CMD(CMD_STATUS);
  do
  {
   ecbuf[6] = rNFDATA8;
  } while(!(ecbuf[6]&0x40));
   ecbuf[6] = rNFDATA8;
  return ecbuf[6];
    NF_nFCE_H();
}
```

　　与 flashreadblock 函数类似,写操作函数 flashwriteblock 通过 block 和 page 参数指定读数据的地址,指针 buffer 存储读出的一页的数据,判断擦除是否成功。对 NAND Flash 读操作成功后,通过 NF_nFCE_H()关闭片选使能,并返回 1,否则返回 0。

6.6.6　NAND Flash 代码复制程序

　　程序是不能在 NAND Flash 中运行的,程序只能在 SDRAM 或者 SRAM 中运行。S3C2440 内部本身带有 4KB 的 SRAM,实际工程中的程序很容易大于 4KB,所以在设计硬件时往往再外挂一块比较

大的 SDRAM 用来运行程序，比如本书中我们外挂了两块 32MB 的 SDRAM。把程序链接编译之后会
生成 bin 文件，用 H-JTAG 将 bin 文件烧写到芯片外挂的 NAND Flash。当 S3C2440 芯片上电启动后，
S3C2440 会自动将 NAND Flash 中前 4KB 复制到 S3C2440 中的 SRAM 中，然后在 SRAM 中运行程序。
当编写的代码的长度大于 4KB 时，我们必须将 NAND Flash 中的所有代码复制到外挂的 SDRAM 中运
行。当芯片上电启动时，S3C2440 会自动将 NAND Flash 中前 4KB 复制到 S3C2440 中的 SRAM 中，
然后在 SRAM 中运行程序，首先会运行 2440init.s 中的汇编代码，2440init.s 中的代码会先完成一系列
初始化操作（建议读者自己去分析这些汇编代码），然后调用 nand.c 中 blockread(void)函数，从而将
NAND Flash 中的所有代码复制到外挂的 SDRAM 中，然后根据编译的生成的信息完成程序的代码段、
数据段等的搬运操作。最后程序跳转到外挂的 SDRAM 中运行。2440init.s 中汇编代码中有关 NAND
Flash 代码复制和代码段、数据段等的搬运操作以及后来程序跳转的部分如下：

```
    ;==========================================================

        ldr r0, =BWSCON
        ldr r0, [r0]
        andsr0, r0, #6              ;OM[1:0] != 0, NOR FLash boot

        bne copy_proc_beg          ;do not read nand flash
        adr r0, ResetEntry         ;OM[1:0] == 0, NAND FLash boot
        cmp r0, #0                 ;if use Multi-ice,
        bne copy_proc_beg          ;do not read nand flash for boot
        ;nop
    ;=====================NandFlash 启动=================================
nand_boot_beg
    [ {TRUE}
        bl blockread  ; bl blockread 也可以改成 bl RdNF2SDRAM，因为都是读取函数。
    ]
    ldr pc, =copy_proc_beg
    ;==========================================================
copy_proc_beg
    adr r0, ResetEntry
    ldr r2, BaseOfROM
    cmp r0, r2
    ldreq   r0, TopOfROM
    beq InitRam
    ldr r3, TopOfROM
0
    ldmia   r0!, {r4-r7}
    stmia   r2!, {r4-r7}
    cmp r2, r3
    bcc %B0

    sub r2, r2, r3
    sub r0, r0, r2
InitRam
    ldr r2, BaseOfBSS
```

```
        ldr r3, BaseOfZero
0
    cmp r2, r3
    ldrcc   r1, [r0], #4
    strcc   r1, [r2], #4
    bcc %B0

    mov r0, #0
    ldr r3, EndOfBSS
1
    cmp r2, r3
    strcc   r0, [r2], #4
    bcc %B1

    ldr pc, =%F2     ;goto compiler address


2


;   [ CLKDIV_VAL>1       ; means Fclk:Hclk is not 1:1.
;   bl  MMU_SetAsyncBusMode
;   |
;   bl MMU_SetFastBusMode   ; default value.
;   ]
;===============================================================
    ; Setup IRQ handler
    ldr r0,=HandleIRQ   ;This routine is needed
    ldr r1,=IsrIRQ  ;if there is not 'subs pc,lr,#4' at 0x18, 0x1c
    str r1,[r0]
    [ :LNOT:THUMBCODE
        bl  Main;Do not use main() because ......
        b   .
    ]

    [ THUMBCODE    ;for start-up code for Thumb mode
        orr lr,pc,#1
        bx  lr
        CODE16
        bl  Main; //跳转到 Main 函数中运行
        b   .
        CODE32
    ]
```

　　我们已经知道 2440init.s 中的汇编代码调用 nand.c 中的 void blockread(void)函数来实现代码的复制，NAND Flash 代码复制通过读块实现，这里提供的程序中复制了 12 块，如果你的程序大于 12 块了，那么调大即可。可以多复制，不要少复制。

```
void blockread(void)
{
```

```
        unsigned int block=0;
        unsigned int page=0;
        unsigned int  blockPage=0;
        int i,j;        //复制到外挂的 SDRAM, 起始地址是 0x30000000
        unsigned char *bufPt =(unsigned char *)0x30000000;
        rNF_Init();
        for(block=0;block<12;)  //复制 12 块,根据实际代码长度进行调整。可以多复制不可少复制。
        {
            if(NF_IsBadBlock(block)==1)   //判断是否为坏块
            {
                block++;
            }

            for(j=0;j<32;j++)
            {
                blockPage = (block<<5)+j;
                rNF_Reset();
                rNF_Init();
                NF_nFCE_L();
                NF_CLEAR_RB();
                NF_CMD(CMD_READ);
                NF_ADDR(0x00);
                NF_ADDR(blockPage&0xff);
                NF_ADDR((blockPage>>8)&0xff);
                NF_ADDR((blockPage>>16)&0xff);
                NF_DETECT_RB();
                for(i=0;i<512;i++)
                {
                    (*bufPt++)=rNFDATA8;
                }

                NF_nFCE_H();
            }
            block++;
        }
    }
```

6.6.7 Nand Flash 实验

在 main 函数中调用 nand.c 中的 flashread 对 Nand Flash 某个地址写数据,然后调用 flashwrite 对这个地址读数据,并通过 UART 发送到 DNW 上显示。在实验之前,要先将开发板的串口与计算机的串口相连,这里使用 S3C2440 的 UART0 与计算机进行通信,在计算机上打开 DNW 软件,先单击 Configuration-Option 在弹出来的对话框中选择相应的 Baud Rate 和 COM Port,然后单击 Serial Port-Connect 建立连接。

6.6.8　实验介绍

实验程序提供了对 NADN Flash 的写入、擦除和读写。你可以根据程序发送到 DNW 的程序，输入相应的块号和页号，对 NAND Flash 的某一块某一页进行写入、读写和擦除操作。实验结果中演示了对 NAND Flash 中的第 10 块上的第 11 页上写数字 13，然后又将第 10 块上的第 11 页的 13 读取出来。最后又进行了对 NAND Flash 的第 10 块的擦除操作。

6.6.9　使用 NAND Flash 注意事项

第一点，NAND Flash 被某块擦除的时候是将那块所有的存储区的每一个存储单元刷成 0xff。也就是说将所有 0 的变成 1 的过程。而对 NAND Flash 进行写入就是把某些存储单元 0 变成 1 的过程。因为写入的过程并不能将 0 变成 1，所以原则上如果要更改 NAND Flash 上的某个数据需要将那一块先进行擦除。举个例子，如果某个单元上存了数字 15，也就是二进制 00001111，那么可以通过直接写 NAND Flash 把它换成 8。因为 8 的二进制是 00001000，只要把原来的后面 3 位二进制码从 1 变成 0 即可。但不可以通过直接写 NAND Flash 将 15 改成 16。因为 31 的二进制是 00011111，需要将二进制的第 5 位由 0 变成 1。而要实现这一改变仅通过直接写 NAND Flash 是不可以完成的。NAND Flash 只有依靠整块的擦除操作才能将 0 变成 1。所以不能对 NAND Flash 进行局部改写操作。读者可以通过以上的实验程序验证。比如，先进行 writeflash 在第 10 块第 9 页写了 15，然后再进行 writeflash 在第 10 块第 9 页写入 8，然后执行 readflash 读出发现是 8，改写成功。但这时候你再进行 writeflash 在第 10 块第 9 页写 15，然后执行 readflash 读出发现还是 8，没有改写成功。

第二点，为了让程序简单，我们的测试程序对 NAND Flash 的实验程序是对某一块某一页的操作是对整页操作的。比如对第 9 块第 10 页写入数字 8，其实是对第 9 块的第 10 页的那整页的 512 个单元都写了 8。

第三点，当把实验程序的代码生成的 bin 文件通过 H-JTAG 烧写进 NAND Flash 运行的时候，这些程序是会从 NAND Flash 的第一块第一页开始烧写。这个实验程序生成的 bin 文件有 25K 左右。K9F1208 的一块有 16K，所以程序会烧写在 NAND Flash 的第一块和第二块。我们又知道，每一次上电启动的时候，程序会从 NAND Flash 中复制代码到外挂的 SDRAM 中运行。如果在运行上面的测试程序时，如果对 NAND Flash 的第一块和第二块进行写操作和擦除操作将改变原来的程序。等下次上电的时候，就会发现程序不能运行了。读者可以对这一点进行检验。

6.6.10　实验主要代码

在本实验中 main 函数主要调用了 flashread 函数完成 NAND Flash 的数据读取，调用了 flashwrite 函数完成 NAND Flash 的数据写入。调用上文中的 NF_EraseBlock 完成 NAND Flash 的擦除操作。其中 flashread 函数如下：

```
unsigned char flashread(unsigned int block,unsigned int page,unsigned char *buffer)
{
    U32 i;
    unsigned int addr = (block<<5)+page;
    rNF_Reset();
    // Enable the chip
    NF_nFCE_L();
    NF_CLEAR_RB();
```

```
        // Issue Read command
        NF_CMD(CMD_READ);
        //  Set up address
        NF_ADDR(0x00);
        NF_ADDR((addr) & 0xff);

        NF_ADDR((addr >> 8) & 0xff);
        NF_ADDR((addr >> 16) & 0xff);
        NF_DETECT_RB();          // wait tR(max 12us)
        for (i = 0; i < 512; i++)
        {
            *buffer =  NF_RDDATA8();
        }
        NF_nFCE_H();
    }
```

其中 flashwrite 函数如下：

```
    unsigned char flashwrite(unsigned int block, unsigned int page, unsigned char *buffer)
    {
        int i;
        unsigned int blockPage = (block<<5)+page;
        rNF_Init();
        NF_RSTECC();
        NF_nFCE_L();
        NF_CLEAR_RB();
        NF_CMD(CMD_READ);
        NF_CMD(CMD_WRITE1);
        NF_ADDR(0x00);
        NF_ADDR(blockPage&0xff);
        NF_ADDR((blockPage>>8)&0xff);
        NF_ADDR((blockPage>>16)&0xff);
        for(i=0;i<512;i++)
        {
            rNFDATA8=*buffer;
        }
        NF_CMD(CMD_WRITE2);
        for(i=0;i<1000;i++);
            NF_nFCE_H();
    }
```

Main.c 中的程序如下：

```
    #include "def.h"
    #include "option.h"
    #include "2440addr.h"
    #include "2440lib.h"
    #include "2440slib.h"
    #include "Nand.h"
```

```c
extern unsigned char flashread(unsigned int block, unsigned int page, unsigned
    char *buffer);
extern unsigned char flashwrite(unsigned int block, unsigned int page, unsigned
    char *buffer);
extern int NF_EraseBlock(unsigned char block) ;

int GETINNUMBER;
int count=0,count2=0;
unsigned int blocknumber=0,pagenumber=0;
unsigned char inputbuf[10];
unsigned char outputbuf[10];
int flashtype = 0;
void Main(void)
{
    Port_Init();                  //IO 端口初始化
    Uart_Init(0,115200);          //串口初始化
    Uart_Select(0);
    Uart_Printf("\n\n2440 NANDFLASH TEST\n") ;
    while(1)
    {
    Uart_Printf("input a number to selet flashtype: 0 is writeflash ,1 is
        readflash ,2 is EraseBlock\n");
    flashtype = Uart_GetIntNum();
    Uart_Printf("flashtype IS %d\n",flashtype);
    switch(flashtype)
    {
        case(0):
        {
            Uart_Printf("flashtype is writeflash,please input the blocknumber
                and pagenumber\n");
            Uart_Printf("at first, input blocknumber\n");
            while(count!=3)
            {
                GETINNUMBER = Uart_GetIntNum();
                count++;
                if(count==1)
                {
                    blocknumber = GETINNUMBER;
                    Uart_Printf("now input the  pagenumber\n");
                }
                else if(count==2)
                {
                    pagenumber = GETINNUMBER;
                    Uart_Printf("input a number(0-255) ,the number will be
                            written in the nand flash\n");
                }
                else if(count==3)
```

```
            {
                inputbuf[0] = (unsigned char)GETINNUMBER;
            }
            if(count==3)
            {

                flashwrite(blocknumber,pagenumber,inputbuf);
                Uart_Printf("write: now the number %d is written in block
                        %d, page %d
                    in the flash\n",inputbuf[0],blocknumber,pagenumber);
            }
        }
        count=0;
    }
    break;
    case(1):
    {
    Uart_Printf("flashtype is readflash,please input the blocknumber and
                pagenumber\n");
    Uart_Printf("at first, input blocknumber\n");
    while(count2!=2)
    {
        GETINNUMBER = Uart_GetIntNum();
        count2++;
        if(count2==1)
        {
            blocknumber = GETINNUMBER;
            Uart_Printf("now input the  pagenumber\n");
        }

        else if(count2==2)
        {
            pagenumber = GETINNUMBER;
        }

        if(count2==2)
        {
            Uart_Printf("read the block %d, page  %d\n",blocknumber,
                        pagenumber);
            flashread(blocknumber,pagenumber,outputbuf);
            Uart_Printf("read:the number in the flash IS %d \n",outputbuf[0]);
        }
    }
    count2=0;
    }
    break;
    case(2):
```

```
        {
            Uart_Printf("flashtype is EraseBlock\n");
            Uart_Printf("input blocknumber that you want to erase\n");
            GETINNUMBER = Uart_GetIntNum();
            blocknumber=GETINNUMBER;
            NF_EraseBlock(blocknumber);

            Uart_Printf("the block %d has been Erased\n",blocknumber);
        }
        break;
    }
    }
}
```

6.6.11 实验结果

在 NAND Flash 第 10 块上的第 11 页写上数字 13,操作如下:

```
2440 NANDFLASH TEST
input a number to selet flashtype: 0 is writeflash , 1 is readflash , 2 is EraseBlock
0
flashtype IS 0
flashtype is writeflash,please input the blocknumber and pagenumber
at first, input blocknumber
10
now input the pagenumber
11
input a number(0-255) ,the number will be written in the nand flash
13
write: now the number 13 is written in block 10, page 11 in the flash
input a number to selet flashtype: 0 is writeflash , 1 is readflash , 2 is EraseBlock
```

读取 NAND Flash 第 10 块上第 11 页的数据,操作如下:

```
1
flashtype IS 1
flashtype is readflash,please input the blocknumber and pagenumber
at first, input blocknumber
10
now input the pagenumber
11
read the block 10, page 11
read:the number in the flash IS 13
input a number to selet flashtype: 0 is writeflash , 1 is readflash , 2 is EraseBlock
```

擦除 NAND Flash 第 10 块的数据,操作如下:

```
2
flashtype IS 2
flashtype is EraseBlock
```

```
input blocknumber that you want to erase
10
the block 10 has been Erased
```
input a number to selet flashtype: 0 is writeflash , 1 is readflash , 2 is EraseBlock

6.7　WinCE BootLoader

WinCE 5.0 在 BSP 中有一个重要的组成部分就是 BootLoader，它在 WinCE 5.0 系统中主要作用是设置寄存器初始化硬件的工作方式，如设置时钟、中断控制寄存器等；完成内存映射、初始化 MMU 等；为调用操作系统内核准备好环境。因此 BootLoader 代码非常依赖于硬件：对于不同的 CPU 体系结构有不同的 BootLoader；对于相同 CPU 下不同的硬件环境中，BootLoader 也可能需要进行适当的修改才能使用。

6.7.1　WinCE 5.0 Stepldr

WinCE 的 BootLoader 包括两个部分：Stepldr 与 Eboot。由于在自动加载模式下 S3C2440A 会将 NANDFlash 的前 4K 内容复制到 Steppingstones 中运行，因此，前 4K 内容中需要完成的就是将主程序从 NANDFlash 的固定地址复制到 SDRAM 的起始地址开始处。由此可见，Stepldr 是 WinCE 启动后首先运行的程序。Stepldr 中的 startup.s 主要完成以下工作：禁用看门狗、禁止中断、设置系统时钟频率、设置内存控制寄存器、完成 Bank 映射、最后跳转到 main.c 中去执行其他程序。以下将介绍 startup.s 中几个重要的环节。

（1）禁用看门狗和禁止中断的设置方法都是类似的，只需要通过设置相应的寄存器即可。代码如下：

```
ldr      r0, =WTCON               ; disable the watchdog timer.
ldr      r1, =0x0
str      r1, [r0]


ldr      r0, =INTMSK               ; mask all first-level interrupts.
ldr      r1, =0xffffffff
str      r1, [r0]


ldr      r0, =INTSUBMSK            ; mask all second-level interrupts.
ldr      r1, =0x7fff
str      r1, [r0]
```

（2）系统时钟频率需要依据硬件环境中外部晶振的频率来设置。开发板上使用的外部晶振是 12MHz 的，因此，此处需要通过以下代码实现系统时钟频率的设置。

```
; CLKDIVN
ldr r0,=CLKDIVN
ldr r1,=0x7
str r1,[r0]
; TODO: to reduce PLL lock time, adjust the LOCKTIME register.
ldr r0, =LOCKTIME
ldr r1, =0xffffff
str r1, [r0]
```

```
; Configure the clock PLL.

    [ PLL_ON_START
    ldr r0, =UPLLCON
    ldr r1, =((0x38<<12)+(0x2<<4)+0x2)  ; Fin=12MHz, Fout=48MHz.
    str r1, [r0]
    Nop ;wait for the pll stable
    nop
    nop
    nop
    nop
    nop
    nop
    nop

    ldr     r0, =MPLLCON
    ldr     r1, =((0x7f<<12)+(0x2<<4)+0x1)  ; Fin=12MHz, Fout=405MHz.
    ;ldr    r1, =((M_MDIV<<12)+(M_PDIV<<4)+M_SDIV)  ; Fin=16.9344MHz,
Fout=400MHz.
    str     r1, [r0]
    mov     r0, #0x2000
10
    subs    r0, r0, #1
    bne     %B10
    ]
```

（3）设置内存控制寄存器并清除内存中的数据，完成对 RAM 的初始化工作。此部分代码需要根据硬件环境中的 SDRAM 型号及特性编写。本开发板中使用的 SDRAM 型号是 HY57V561620FTP，规格为 $4M \times 16 \times 4B$，Bank 大小是 $4MB \times 16 = 64MB$。在清除内存时，内存大小设置应为 64MB。

```
; Set up the memory control registers.
;
add     r0, pc, #SMRDATA - (. + 8)
ldr     r1, =BWSCON       ; BWSCON Address.
add     r2, r0, #52       ; End address of SMRDATA.
15
    ldr     r3, [r0], #4
    str     r3, [r1], #4
    cmp     r2, r0
    bne     %B15

; If this is a cold boot or a warm reset, clear RAM because the RAM filesystem
  may be
; bad. If this is a software reboot (triggered by the watchdog timer), don't
  clear RAM.
;
ldr r1, =GSTATUS2    ; Determine why we're in the startup code.
ldr r10, [r1]        ;
```

```
str    r10, [r1]        ; Clear GPSTATUS2.

tst    r10, #0x4        ; Watchdog (software) reboot?  Skip code that clears RAM.
bne    %F40
; Clear RAM.
;
mov    r1,#0
mov    r2,#0
mov    r3,#0
mov    r4,#0
mov    r5,#0
mov    r6,#0
mov    r7,#0
mov    r8,#0
ldr    r0,=0x30000000   ; Start address (physical 0x3000.0000).
ldr    r9,=0x04000000   ; 64MB of RAM.
20
    stmia    r0!, {r1-r8}
    subs r9, r9, #32
    bne      %B20
```

设置好基础的硬件设备后，系统将跳转到 main.c 中，去完成余下的初始化工作，包括：内存管理 MMU 初始化、所有的 GPIO 端口初始化、UART 初始化、NANDFlash 初始化，最后将 NANDFlash 中的程序搬到 RAM 中去执行；而 main.c 中初始化的函数实现都在 utils.c 中；对于 NANDFlash 的初始化等函数在 nand.c 中。因此 Stepldr 的主要功能，其实是将主程序从内核复制到 SDRAM 中。而引导内核的任务将由 Eboot 完成。

在完成复制的工作后，启动代码将跳转到已加载到 SDRAM 中的主程序中，这时启动代码的使命完成，MCU 由主程序来控制。在 Eboot 中有一个类似的 startup.s。主程序将从 Eboot 中的 startup.s 开始运行。

Eboot 是它的主要功能是初始化硬件设备，主要包括 CPU 内部的相关控制器、内存、网络、串口甚至 USB 口和 LCD。在完成所有的初始化工作之后，调用%_WINCEROOT%\PLATFORM\COMMON\SRC\COMMON\BOOT\BLCOMMON\blcommon.c 目录下的 BootloaderMain()。BootloaderMain()主要依次调用以下几个函数：OEMDebugInit()、OEMPlatformInit()、OEMPreDownload()、OEMLaunch()，而这些函数必须由 Eboot 的代码来实现，最终跳转到 OAL 层的 StartUp 处，进而启动 WinCE 操作系统。至此，BootLoader 的引导功能完成。

6.7.2　Eboot 移植

Eboot 同样分为两部分：第一阶段用汇编语言编写，用来初始化设备，设置 CPU 几个重要的寄存器，一般内容由 CPU 的体系构架决定，而使用汇编语言使其代码执行效率更高；第二阶段用 C 语言编写，实现其他硬件的初始化如 NANDFlash 等。Eboot 的移植其实也就是根据 Eboot 启动流程，将硬件相关部分代码修改为能初始化当前开发板硬件的代码。Eboot 启动流程如图 6.7.1 所示。

Eboot 的第一阶段工作内容比较简单，按执行的先后顺序通常包括以下工作。

（1）硬件设备初始化。为第二阶段的执行，以及随后的内核执行初始化芯片的基本寄存器，准备好基本硬件环境，具体有：屏蔽所有中断、设置 CPU 速度和时钟频率、RAM 初始化、初始化 LED、关闭 CPU 内部指令/数据 cache。

（2）初始化 SDRAM 控制器：实验板刚启动时，SDRAM 控制器采取了 CPU 的默认初始化，往往无法很好地与 S3C2440A 的 SRAM 交互，所以必须在运行依赖 RAM 的代码之前，对 CPU 的内存控制器进行初始化；

（3）将 Eboot 第二阶段可执行映像从固态存储设备复制到 SDRAM 的起始地址处。

（4）设置各种堆栈指针寄存器，依赖于要使用的中断类型往往需要初始化如下几个堆栈指针：SVC、IRQ、FIQ、ABT、UND、USR。

（5）跳转到第二阶段的入口点。

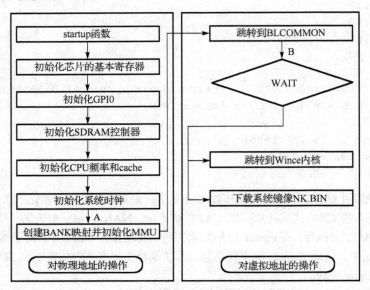

图 6.7.1　Eboot 启动流程

该阶段的内容与 Stepldr 中的 startup.s 类似。

第二阶段主要工作包括初始化硬件设备、检测系统内存映射（Memory Map）、将内核（Kernel）镜像从 Flash 上读到 RAM 空间中、为内核设置启动参数、调用内核等内容。使用 C 语言编写第二阶段的引导程序使其方便实现功能，并且容易移植。Bootloader 的第二阶段按执行的先后顺序通常包括以下步骤：

（1）初始化 C 程序需要的存储器，当然在执行 C 代码前，必须把程序段里面的 RW 段从 NANDFlash 复制到 RAM 中。而在该阶段需初始化的硬件通常包括：初始化至少一个串口以便和终端用户进行通信；初始化计时器；初始化网卡 DM9000；初始化 LCD 等。

（2）检测系统内存映像（Memory Map），并将内核映像从 Flash 设备上复制到 RAM 空间中去。

（3）设置内核启动参数，并调用启动内核。

例如，移植 DM9000 网卡的具体步骤如下。

（1）打开 bsp_base_reg_cfg.h 文件，在%_WINCEROOT%\PLATFORM\SMDK2440A\Src\Inc 文件夹下。加入 DM9000 网卡的宏定义如下：

```
#define BSP_BASE_REG_PA_DM9000A_IOBASE      0x20000300
#define BSP_BASE_REG_PA_DM9000A_MEMBASE     0x20000000
```

（2）打开 ether.c 文件，在%_WINCEROOT%\PLATFORM\SMDK2440A\Src\Bootloader\ Eboot 文件夹下。修改原本关于 CS8900 网卡的初始化程序如下：

```
extern BOOL DM9000AInit(BYTE *pAddress, DWORD dwMultiplier, USHORT mac[3]);
extern UINT16 DM9000ASendFrame(BYTE *pData, DWORD length);
extern UINT16 DM9000AGetFrame(UINT8 *pData, UINT16 *pLength);
void Wait(UINT32 microSeconds)
{
    while(microSeconds--)
    {
        int loop = S3C2440A_FCLK/(2*1000);
        while(loop--);
    }
}
BOOL InitEthDevice(PBOOT_CFG pBootCfg)
{
    PBYTE  pBaseIOAddress = NULL;
    UINT32 MemoryBase = 0;
    BOOL bResult = FALSE;

    OALMSG(OAL_FUNC, (TEXT("+InitEthDevice.\r\n")));

    // Use the MAC address programmed into flash by the user.
    //
    memcpy(pBSPArgs->kitl.mac, pBootCfg->EdbgAddr.wMAC, 6);

    // Use the DM9000 Ethernet controller for download.
    //
    pfnEDbgInit     = DM9000AInit;//DM9000AInit;
    pfnEDbgGetFrame = DM9000AGetFrame;//DM9000AGetFrame;
    pfnEDbgSendFrame = DM9000ASendFrame;//DM9000ASendFrame;

    }

    // Make sure MAC address has been programmed.
    //
    if (!pBSPArgs->kitl.mac[0] && !pBSPArgs->kitl.mac[1] && !pBSPArgs->kitl.mac[2])
    {
        OALMSG(OAL_ERROR, (TEXT("ERROR: InitEthDevice: InvalidMACaddress.\r\n")));
        goto CleanUp;
    }

    bResult = TRUE;

CleanUp:

    OALMSG(OAL_FUNC, (TEXT("-InitEthDevice.\r\n")));
    return(bResult);
}
```

（3）在%_WINCEROOT%\PLATFORM\SMDK2440A\Src\Bootloader\Eboot 下，修改 source 文件，在 TARGETLIBS 下加入以下内容：

```
$(_TARGETPLATROOT)\lib\$(_CPUINDPATH)\DM9000_debug.lib         \
```

使得 Eboot 可以使用以上驱动编译生成的 DM9000_debug.lib 库文件。

（4）在%_WINCEROOT%\PLATFORM\SMDK2440A\Src\Common\目录下的 dirs 中的添加

```
ETHDBG         \
```

（5）在%_WINCEROOT%\PLATFORM\SMDK2440A\Src\Common\目录下新建文件夹 ETHDBG，
然后在 ETHDBG 文件中新建文本文件 DIRS，在 DIRS 中写下：

```
!if 0
Copyright (c) Intel Corporation. All rights reserved.
!endif
DIRS= \
      DM9000
```

（6）将 DIRS 扩展名.txt 去掉。再在 ETHDBG 文件夹下新建文件夹 DM9000，再将 DM9000 的驱
动文件 DM9000.c 和 dm9000.h 放在 DM9000 文件夹下。

（7）在文件夹 DM9000 下新建文本文件 source 文件及文本文件 makefile 文件。Source 文件中内容
如下：

```
RELEASETYPE=PLATFORM

TARGETNAME=DM9000_debug
TARGETTYPE=LIBRARY
CDEFINES=$(CDEFINES) -DIN_KERNEL -DWINCEMACRO -DWinCE_BUILD
INCLUDES=$(_TARGETPLATROOT)\src\inc;$(_WINCEROOT)\PUBLIC\COMMON\SDK\INC;$
      (_WINCEROOT)\PUBLIC\COMMON\OAK\INC;$(_WINCEROOT)\PUBLIC\COMMON\DDK\INC
TARGETLIBS=
SOURCES=\
      DM9000.c
```

然后将文本文件 source 文件的扩展名 ".txt" 去掉。

makefile 文件如下：

```
!INCLUDE $(_MAKEENVROOT)\makefile.def
```

然后将文本文件 makefile 文件的扩展名 ".txt" 去掉。

习　题

1．简述 NAND Flash 与 SDRAM 的区别与存储原理。
2．在设计电路时，为使系统更加稳定，要如何处理 SDRAM 的地址总线和控制总线？
3．SDRAM 初始化过程中，主要对哪些模块进行了初始化？
4．画出 NAND Flash 的读、写、擦除函数的流程图。
5．S3C2440A 如何实现 NAND Flash 启动？
6．若选择 NAND Falsh 启动，要如何配置寄存器？
7．理解并完成 NAND Flash 测试实验。
8．修改 WinCE 5.0 BSP 中的 BootLoader，进入系统时核心板上 LED 指示灯提示。

第 7 章 中断系统

中断技术是嵌入式系统中不可缺少的重要功能，三星的 S3C2440A 微处理器提供有 60 个中断源，通过中断控制器对各种中断请求进行分配处理。对中断原理的理解是灵活应用这些中断功能的必要前提。本章将从原理到实验具体介绍 S3C2440A 的中断系统。

7.1 中断概述

7.1.1 中断的定义及作用

中断是 MCU 处理紧急事件的工作状态。在 MCU 正常运行程序时，由于内部/外部事件或由程序预先安排的事件，引起 MCU 暂时停止正在运行的程序，转到为该内部/外部事件或预先安排的事件服务的程序中去，服务完毕后，再返回继续运行被暂时中断的程序，这个过程称为中断。

与轮询的方式相比，很显然，中断技术有效地提高了程序的运行效率。所谓轮询，就是程序不断地主动轮流访问各个据点的状态信息。举个简单的例子，在主程序循环运行过程中，MCU 同时需要接收来自键盘输入信息时，轮询的方式只能让 MCU 在每次循环时都造访键盘的状态信息，根据查询到的状态信息在做出相应的动作。这种方式固然能实现对键盘信息接收，但会有两个弊端：一是浪费系统时间资源；二是实时性差。当需要造访的设备较多时，这两个缺点尤为突出。

而通过中断技术可以很好的解决这两个问题，它避免了 MCU 在每次循环主程序时都去访问键盘状态信息，当有键盘输入时，系统会直接跳转到中断服务程序，完成服务程序后在跳回主程序继续执行，保证了实时性。此外，中断还解决了外设与 MCU 之间的速度匹配问题，使 MCU 和外设在不同时钟下可以同步操作。

7.1.2 中断源

中断源是指引发中断事件的设备、故障或错误。在一个系统中通常存在多个中断源，每个中断源都有其特定的任务。要灵活运用中断技术，必须首先了解这些中断源。下面介绍三种常用的中断源。

（1）外部设备中断源：外部设备主要用于嵌入式系统的输入/输出数据，因此它是应用最广泛的中断源。外设中断源通过产生一个"中断请求"信号，向 MCU 请求外部中断。例如键盘按键值的获取可以通过外部中断实现。按键与 EINT0 引脚相连，当按键按下时产生的电平跳变产生中断请求，请求 MCU 执行键盘的中断服务程序，从而获取键值。

（2）数据通道中断源：数据通道如 I^2C、DMA、UART 等功能，都会用到中断技术。当数据传输完成，中断请求会自动产生。数据通道中断源保证了数据传输的实时性，避免了定时查询产生的时间资源浪费。

（3）定时时钟中断源：定时时钟中断源一般用于产生定时器中断，当定时器或计数器溢出时，自动产生中断请求。定时器中断一般可用于对时间的控制，周期性完成某些动作。

7.1.3 中断向量与中断嵌套

中断向量也可以理解成中断指针，而指针无非就是内存地址。当中断源发出的中断请求信号被

MCU 接收到，并且 MCU 允许响应这个中断，那么程序会跳转到一个固定地址空间去执行相应的中断服务程序。这个固定地址空间的首地址就是中断向量。每一个中断源对应一个中断向量，这些中断向量在程序的存储空间中占用一个连续的地址空间段，形成中断向量表。ARM 的中断向量往往由内部硬件决定，中断的跳转也由硬件实现。

中断嵌套是指中断系统正在执行一个中断服务时，有另一个优先级更高的中断提出中断请求，这时会暂时终止当前正在执行的级别较低的中断源的服务程序，去处理级别更高的中断源，待处理完毕，再返回到被中断了的中断服务程序继续执行，这个过程就是中断嵌套。由于 S3C2440A 不支持中断嵌套，因此只有在当前中断完成之后才允许响应下一个中断产生。

7.1.4　中断处理过程

嵌入式系统中，无论是外部设备请求中断，还是内部设备通过中断控制逻辑申请的中断，中断处理过程一般可以分为以下几个步骤。

1．中断请求

当某一中断源向 MCU 请求为其执行中断服务程序时，首先通过置位中断控制系统的中断请求触发器，发出中断请求信号。中断请求信号必须一直保持到 MCU 对其进行中断响应为止。

2．中断响应

在 MCU 接收到有效的中断请求信号，并且系统开中断的情况下，MCU 开始响应中断。

（1）当异常中断发生时，程序将当前执行指令的下一条指令的地址存入新的异常模式的链接寄存器 LR 中（R14_<mode>），以便程序在异常处理完后，能正确返回原程序。

（2）保存当前程序状态寄存器 CPSR 到对应异常中断的处理器模式下的 SPSR 中，以便完成中断处理后能返回到断点处继续执行被中断的原程序，这一过程由 MCU 自动完成。

（3）设置当前程序状态寄存器 CPSR 的处理器模式位为对应的处理器模式 CPSR[4:0]，使微处理器进入相应的工作模式，并禁止 IRQ 中断（设置 I 位=1），当进入的是 FIQ 模式时，禁止 FIQ 中断（设置 F 位=1）。

（4）识别中断源。通常一个系统中有多个中断源，当 MCU 接收到中断请求时，MCU 必须确定是哪一个中断源提出的中断请求，并通过中断控制器找到中断服务子程序的入口地址装入程序计数器（PC），使 MCU 执行相应的中断服务子程序。

3．中断服务

中断服务即中断服务子程序，是执行中断的主体部分。对于不同的中断请求，有各自不同的中断服务内容，中断服务的需要是根据中断源所要完成的功能，又程序员事先编写好相应的中断服务子程序存入内存。

4．中断返回

当中断处理完毕后，由链接寄存器（LR）的值强行恢复 PC 的值，返回到发生异常中断的指令的下一条指令处执行程序，这个过程是由硬件完成的。将 SPSR 的值复制到 CPSR 中，若在进入异常处理时设置了中断禁止位，要在此清除。

以上 4 个步骤就完成了一次完整的中断处理。只有在复位系统时，开始整个异常应用程序的执行，因此，复位异常处理程序不需要中断返回。

7.2　S3C2440A 的中断系统

7.2.1　S3C2440A 中断控制系统

S3C2440A 有一套完整的中断处理系统,接收来自片内设备和外部设备共 60 个中断源的中断请求,基本上满足了开发板内/外设备等对中断的需求。当从片内设备和外部中断请求引脚收到多个中断请求时,中断控制器在仲裁步骤后请求 ARM920T 内核的 FIQ 或 IRQ。仲裁步骤由硬件优先级逻辑决定,并且将结果写入到各中断源中优先级比较高的中断挂起寄存器中。图 7.2.1 所示是 S3C2440A 的中断控制逻辑图。

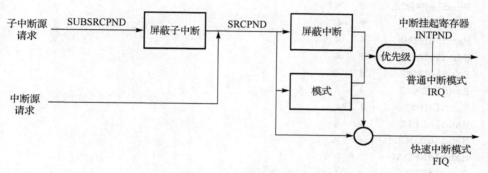

图 7.2.1　中断控制系统逻辑框图

中断源申请中断服务的同时,中断源挂起,并屏蔽该中断,系统进入相应的中断模式(FIQ 或 IRQ),如果进入的是普通中断模式,则会通过优先级判断执行哪个中断,如果进入到快速中断模式,则直接执行相应的中断服务程序。当中断源带有子中断寄存器的时候,同时要挂起子中断源和屏蔽相应子中断。其中 LCD 的中断特性与此不同,将在后续章节单独介绍。

7.2.2　S3C2440A 中断源

本小节将介绍 S3C2440A 的中断源,在中断程序实验的启动文件 2440init.s 中,可以找到如下代码:

```
        AREA RamData, DATA, READWRITE
        ^   _ISR_STARTADDRESS
HandleReset     #   4
HandleUndef     #   4
HandleSWI       #   4
HandlePabort    #   4
HandleDabort    #   4
HandleReserved  #   4
HandleIRQ       #   4
HandleFIQ       #   4
;;;;;;;;;;;;;;;;;;;;;;;;;;;;;;;;IntVectorTable;;;;;;;;;;;;;;;;;;;;;;;;;;;;;;;;
HandleEINT0     #   4
HandleEINT1     #   4
HandleEINT2     #   4
HandleEINT3     #   4
```

```
HandleEINT4_7   #   4
HandleEINT8_23  #   4
HandleCAM       #   4
HandleBATFLT    #   4
HandleTICK      #   4
HandleWDT       #   4
HandleTIMER0    #   4
HandleTIMER1    #   4
HandleTIMER2    #   4
HandleTIMER3    #   4
HandleTIMER4    #   4
HandleUART2     #   4
HandleLCD       #   4
HandleDMA0      #   4
HandleDMA1      #   4
HandleDMA2      #   4
HandleDMA3      #   4
HandleMMC       #   4
HandleSPI0      #   4
HandleUART1     #   4
HandleNFCON     #   4
HandleUSBD      #   4
HandleUSBH      #   4
HandleIIC       #   4
HandleUART0     #   4
HandleSPI1      #   4
HandleRTC       #   4
HandleADC       #   4
        END
```

　　这段代码定义了从 RAM 高端地址 _ISR_STARTADDRESS（0x33ffff00）开始的异常向量表（一级向量表）和 _ISR_STARTADDRESS+0x20（0x33ffff20）开始的中断向量表（二级向量表）。中断向量表中每个中断向量都对应一个中断源。S3C2440A 的中断源及描述信息如表 7.2.1 所示。

表 7.2.1　S3C2440A 中断源

中　断　源	描　　　　述	仲　裁　组
INT_ADC	ADC EOC 和触屏中断（INT_ADC_S/INT_TC）	ARB5
INT_RTC	RTC 闹钟中断	ARB5
INT_SPI1	SPI1 中断	ARB5
INT_UART0	UART0 中断（ERR、RXD 和 TXD）	ARB5
INT_IIC	IIC 中断	ARB4
INT_USBH	USB 主机中断	ARB4
INT_USBD	USB 设备中断	ARB4
INT_NFCON	Nand Flash 控制中断	ARB4
INT_UART1	UART1 中断（ERR、RXD 和 TXD）	ARB4
INT_SPI0	SPI0 中断	ARB4
INT_SDI	SDI 中断	ARB3

续表

中 断 源	描 述	仲 裁 组
INT_DMA3	DMA 通道 3 中断	ARB3
INT_DMA2	DMA 通道 2 中断	ARB3
INT_DMA1	DMA 通道 1 中断	ARB3
INT_DMA0	DMA 通道 0 中断	ARB3
INT_LCD	LCD 中断（INT_FrSyn 和 INT_FiCnt ）	ARB3
INT_UART2	UART2 中断（ERR、RXD 和 TXD）	ARB2
INT_TIMER4	定时器 4 中断	ARB2
INT_TIMER3	定时器 3 中断	ARB2
INT_TIMER2	定时器 2 中断	ARB2
INT_TIMER1	定时器 1 中断	ARB2
INT_TIMER0	定时器 0 中断	ARB2
INT_WDT_AC97	看门狗定时器中断（INT_WDT 、INT_AC97 ）	ARB1
INT_TICK	RTC 时钟滴答中断	ARB1
nBATT_FLT	电池故障中断	ARB1
INT_CAM	摄像头接口（INT_CAM_C 、INT_CAM_P ）	ARB1
EINT8_23	外部中断 8 至 23	ARB1
EINT4_7	外部中断 4 至 7	ARB1
EINT3	外部中断 3	ARB0
EINT2	外部中断 2	ARB0
EINT1	外部中断 1	ARB0
EINT0	外部中断 0	ARB0

S3C2440A 的子中断源及描述如表 7.2.2 所示：

表 7.2.2 S3C2440A 子中断源

子 中 断 源	描 述	源
INT_AC97	AC'97 中断	INT_WDT_AC97
INT_WDT	看门狗中断	INT_WDT_AC97
INT_CAM_P	摄像头接口中 P 端口捕获中断	INT_CAM
INT_CAM_C	摄像头接口中 C 端口捕获中断	INT_CAM
INT_ADC_S	ADC 中断	INT_ADC
INT_TC	触摸屏中断（笔起/落）	INT_ADC
INT_ERR2	UART2 错误中断	INT_UART2
INT_TXD2	UART2 发送中断	INT_UART2
INT_RXD2	UART2 接收中断	INT_UART2
INT_ERR1	UART1 错误中断	INT_UART1
INT_TXD1	UART1 发送中断	INT_UART1
INT_RXD1	UART1 接收中断	INT_UART1
INT_ERR0	UART0 错误中断	INT_UART0
INT_TXD0	UART0 发送中断	INT_UART0
INT_RXD0	UART0 接收中断	INT_UART0

7.2.3 S3C2440A 中断控制寄存器

与 S3C2440A 的中断控制系统相关寄存器有程序状态寄存器（PSR）、中断模式寄存器（INTMOD）、中断挂起寄存器（INTPND）、中断源挂起寄存器（SRCPND）、中断屏蔽寄存器（INTMSK）、中断优先级寄存器（PRIORITY）、中断偏移寄存器（INTOFFSET）、外部中断控制寄存器（EXTINT[2:0]）、外部中断屏蔽寄存器（EXTMASK）。下面将分别介绍各寄存器功能。

1．程序状态寄存器（PSR）

ARM920T 包含了一个当前程序状态寄存器（Current Program Status Register-CPSR），和 5 个用于异常程序处理的保存程序状态寄存器（Saved Program Status Registers-SPSR）。寄存器的第 6 位和第 7 位分别是 FIQ 和 IRQ 使能/禁止位。当 ARM920T CPU 中的 CPSR 的 F 位被置位为 1，CPU 不会接受来自中断控制器的快中断请求（FIQ 禁止）。同样的如果 CPSR 的 I 位被置位为 1，CPU 不会接受来自中断控制器的普通中断请求（IRQ 禁止）。因此，中断控制器可以通过清除 CPSR 的 F 位和 I 位为 0，并且设置 INTMSK 的相应位为 0 来接收中断。

程序状态寄存器的 M[4:0]是模式位，M[4:0]值为 10001、10010 分别代表快中断模式（FIQ）和普通中断模式（IRQ）这两种中断模式。

2．中断模式寄存器（INTMOD）

ARM920T 有两种中断模式的类型：FIQ 或 IRQ。FIQ 异常是为支持数据传输或通道处理而设计的。为使 FIQ 模式响应更快，在 ARM 状态时 FIQ 模式有更多的专用寄存器（R8～R14）来处理中断，因此大多数快中断处理过程不需要保存任何寄存器。IRQ 异常是一个由 nIRQ 输入端的低电平产生的一个普通中断。IRQ 的优先级低于 FIQ，当进入了相关的 FIQ，会屏蔽 IRQ。除非是在特权(非用户) 模式，其他任何时刻都禁止设置 CPSR 内的 I 位。

所有中断源在中断请求时通过 INTMOD 寄存器决定使用哪种模式。INTMOD 寄存器由 32 位组成，其每一位都都涉及一个中断源。如果某一位被置位为 1，则相应中断为 FIQ 模式中断，否则为 IRQ 模式中断。INTMOD 初始值为 0x0。

3．中断挂起寄存器

S3C2440A 有两个中断挂起寄存器：源挂起寄存器（SRCPND）和中断挂起寄存器（INTPND）。当中断源请求中断服务，SRCPND 寄存器的相应位被置位为 1，并且同时在仲裁步骤后 INTPND 寄存器相应位自动置位为 1。如果屏蔽了中断，则 SRCPND 寄存器的相应位被置位为 1，但不会引起 INTPND 寄存器的位的改变。当 INTPND 寄存器的挂起位为置位，每当 I 标志或 F 标志被清除为 0 中断服务程序将开始。SRCPND 和 INTPND 寄存器可以被读取和写入，因此服务程序必须首先通过写 1 到 SRCPND 寄存器的相应位来清除挂起状态并且通过相同方法来清除 INTPND 寄存器中挂起状态。

SRCPND 寄存器由 32 位组成，其每一位都代表一个中断源。如果中断源产生了中断则相应的位被设置为 1 并且等待中断服务。因此此寄存器指示出是哪个中断源正在等待请求服务。注意，SRCPND 寄存器的每一位都是由中断源自动置位，其不顾 INTMASK 寄存器中的屏蔽位。另外，SRCPND 寄存器不受中断控制器的优先级逻辑的影响。

在指定中断源的中断服务程序中，必须通过清除 SRCPND 寄存器的相应位来正确的获取相同源的中断请求。如果从 ISR 中返回并且未清除相应位，中断控制器会认为有其他中断请求已经从该源进入并正等待服务。清除相应位的时间依赖于用户的需要。如果希望收到来自相同中断源的其他有效请求，则应该清除相应位和使能中断。可以通过写入一个数据到此寄存器来清除 SRCPND 寄存器的指定位。其只清除那些数据中被设置为 1 的相应位置的 SRCPND 位。那些数据中被设置为 0 的相应位置的位保持不变。

INTPND 寄存器同 SRCPND 寄存器一样由 32 位组成，每一位都代表一个中断源。当某一位被置位为 1，则表明了该位相应中断未屏蔽并且正在等待中断服务的中断请求具有最高的优先级。当

INTPND 寄存器在优先级逻辑被定位了，只有 1 位可以设置为 1 并且产生中断请求 IRQ 给 CPU。IRQ 的中断服务程序可以读取此寄存器来决定服务 32 个中断源的哪个源。

同 SRCPND 寄存器一样，必须在中断服务程序中清除了 SRCPND 寄存器后清除此寄存器。可以通过写入数据到此寄存器中来清除 INTPND 寄存器的指定位。只会清除数据中设置为 1 的相应 INTPND 寄存器位的位置。数据中设置为 0 的相应位的位置则保持不变。

4．中断屏蔽寄存器（INTMSK）

INTMSK 寄存器由 32 位组成，其每一位都代表一个中断源。如果某一位被置位为 1，即使中断源产生了中断请求并且置位了 SRCPND 寄存器相应位，CPU 也不会去服务来自该中断源的中断请求。如果屏蔽位为 0，则可以服务中断请求。可以说，INTMSK 寄存器是中断服务的总开关。

5．中断优先级寄存器（PRIORITY）

PRIORITY 寄存器的 M[6:0]的 7 位分别代表仲裁器模式控制（ARB_MODEn），M[7:20]的每 2 位分别代表仲裁器选择控制信号（ARB_SELn）。ARB_SEL 位为 00b，优先级顺序为 REQ0、REQ1、REQ2、REQ3、REQ4 和 REQ5。ARB_SEL 位为 01b，优先级顺序为 REQ0、REQ2、REQ3、REQ4、REQ1 和 REQ5。ARB_SEL 位为 10b，优先级顺序为 REQ0、REQ3、REQ4、REQ1、REQ2 和 REQ5。ARB_SEL 位为 11b，优先级顺序为 REQ0、REQ4、REQ1、REQ2、REQ3 和 REQ5。

当 ARB_MODE 位被设置为 0，相应 ARB_SEL 位不能自动或手动改变来重新配制优先级，这使得仲裁器操作在固定优先级模式中。当 ARB_MODE 某一位为 1，相应 ARB_SEL 位会被轮换方式改变。如果 REQ1 被服务，ARB_SEL 位被自动改为 01b 使 REQ1 进入到最低的优先级。如果 REQ2 被服务，ARB_SEL 位被改为 10b。如果 REQ3 被服务，ARB_SEL 位被改为 11b。如果 REQ4 被服务，ARB_SEL 位被改为 00b。如果 REQ0 或 REQ5 被服务，ARB_SEL 位不会改变。中断优先级发生模块如图 7.2.2 所示。

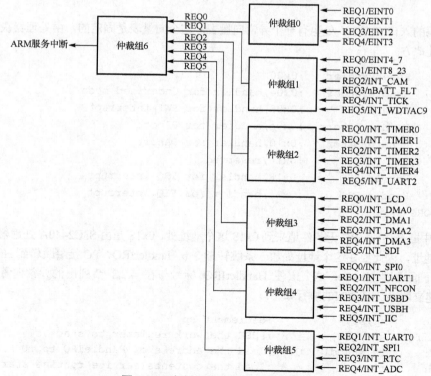

图 7.2.2 中断优先级发生模块示意图

6. 中断偏移寄存器（INTOFFSET）

中断偏移寄存器中的值表明了是哪个 IRQ 模式的中断请求在 INTPND 寄存器中。此位可以通过清除 SRCPND 和 INTPND 相应位自动清除。FIQ 模式中断不会影响 INTOFFSET 寄存器，因为该寄存器只对 IRQ 模式中断有效。

7. 外部中断寄存器

控制外部中断的寄存器主要有外部中断控制寄存器（EXTINT[2:0]）、外部中断屏蔽寄存器（EXTMASK）和外部中断挂起寄存器（EINTPEND）。

EXTINT[2:0]的每个寄存器可控制 8 个外部中断由哪种信号触发方式处罚中断请求。EXTINT 寄存器不仅可以为外部中断配制信号触发方式，还可以配置信号触发极性。例如 EXTINT 0[2:0]的值代表的触发方式，000：低电平触发、001：高电平触发、01x：下降沿触发、10x：上升沿触发、11x：双边沿触发。

EXTMASK 寄存器中 EXTMASK[23:4]分别代表外部中断 23～4 的使能与否。某一位被置位 1，则相应外部中断被屏蔽，否则外部中断使能。外部中断 3～0 的使能不受 EXTMASK 寄存器控制。

EINTPEND 寄存器同上述的中断挂起寄存器类似，该寄存器挂起的是外部中断源。同 SRCPND 寄存器一样，必须在中断服务程序中清除了 SRCPND 寄存器后再清除此寄存器。可以通过写入数据到此寄存器中来清除 EINTPEND 寄存器的指定位，通过这样会清除数据中设置为 1 的相应 EINTPEND 寄存器位的位置，而数据中设置为 0 的相应位的位置则保持不变。

7.2.4　S3C2440A 的 IRQ 中断处理过程

了解了关于中断原理和中断寄存器的基础知识后，就可以学习 S3C2440A 的 IRQ 中断处理的具体过程。

启动代码的入口 ENTRY 处也有一个异常向量表，这个向量表是固定的，由处理器决定，必须要放在 0x0 地址地方。

```
b       ResetHandler    ;0x00
b       HandlerUndef    ;0x04,handler for Undefined mode
b       HandlerSWI      ;0x08,handler for SWI interrupt
b       HandlerPabort   ;0x0c,handler for PAbort
b       HandlerDabort   ;0x10,handler for DAbort
b       .               ;0x14,reserved
b       HandlerIRQ      ;0x18,handler for IRQ interrupt
b       HandlerFIQ      ;0x1c,handler for FIQ interrupt
LTORG
```

当 IRQ 中断产生时，PC 无条件地来到 0x18 这个地址处，0x18 是由 S3C2440A 处理器决定的 IRQ 中断的入口地址，因此要在这个地址处放一条跳转指令 b HandlerIRQ，PC 接着跳转到 HandlerIRQ 地址标号处。下面通过 Handler 这个宏使 HandlerIRQ 标号与在 4.2.2 节列出的异常向量表中定义的 HandleIRQ 建立联系。具体宏的执行如下：

```
sub     sp,sp,#4            ;decrement sp
stmfd   sp!,{r0}           ;PUSH the work register to stack
ldr     r0,=HandleIRQ      ;load the address of HandleIRQ to r0
ldr     r0,[r0]            ;load the contents(service routine start address)
                            of HandleIRQ
```

```
str     r0,[sp,#4]          ;store the contents(ISR) of HandleIRQ to stack
ldmfd   sp!,{r0,pc}         ;POP the r0 and pc(jump to ISR)
```

进入 C 语言前，通过以下代码，将用来查二级中断向量表的中断例程安装到一级向量表（异常向量表）中。

```
ldr r0,=HandleIRQ           ;This routine is needed
ldr r1,=IsrIRQ              ;if there isn't 'subs pc,lr,#4' at 0x18, 0x1c
str r1,[r0]
```

将 IsrIRQ 的地址给 HandleIRQ 后，实现了把 PC 指向 IsrIRQ 的目的。程序来到 IsrIRQ：

```
IsrIRQ
     sub sp,sp,#4           ;reserved for PC
     stmfd  sp!,{r8-r9}
     ldr r9,=INTOFFSET
     ldr r9,[r9]
     ldr r8,=HandleEINT0
     add r8,r8,r9,lsl #2
     ldr r8,[r8]
     str r8,[sp,#8]
     ldmfd sp!,{r8-r9,pc}
```

首先将 INTOFFSET 寄存器中的值，即中断偏移量赋值给 r9，再左移 2 位（因为每一个中断向量占 4 字节空间）后与 HandleEINT0 的地址相加，得到最终的中断入口地址。最后通过 ldmfd 指令使 PC 指向相应的中断处理地址。至此完成了中断向量的跳转，那么在如何去服务中断子程序呢？下一节内容将通过一个实例详细分析 C 语言中如何实现中断服务程序。

7.3　外部中断实验

7.3.1　C 语言实现中断过程

要实现 C 语言中断处理，在 2440addr.h 文件中也有和 2440init.s 中一样的中断向量表：

```
// Exception vector
#define pISR_RESET          (*(unsigned *)(_ISR_STARTADDRESS+0x0))
#define pISR_UNDEF          (*(unsigned *)(_ISR_STARTADDRESS+0x4))
#define pISR_SWI            (*(unsigned *)(_ISR_STARTADDRESS+0x8))
#define pISR_PABORT         (*(unsigned *)(_ISR_STARTADDRESS+0xc))
#define pISR_DABORT         (*(unsigned *)(_ISR_STARTADDRESS+0x10))
#define pISR_RESERVED       (*(unsigned *)(_ISR_STARTADDRESS+0x14))
#define pISR_IRQ            (*(unsigned *)(_ISR_STARTADDRESS+0x18))
#define pISR_FIQ            (*(unsigned *)(_ISR_STARTADDRESS+0x1c))
// Interrupt vector
#define pISR_EINT0          (*(unsigned *)(_ISR_STARTADDRESS+0x20))
#define pISR_EINT1          (*(unsigned *)(_ISR_STARTADDRESS+0x24))
#define pISR_EINT2          (*(unsigned *)(_ISR_STARTADDRESS+0x28))
#define pISR_EINT3          (*(unsigned *)(_ISR_STARTADDRESS+0x2c))
```

```
#define pISR_EINT4_7       (*(unsigned *)(_ISR_STARTADDRESS+0x30))
#define pISR_EINT8_23      (*(unsigned *)(_ISR_STARTADDRESS+0x34))
#define pISR_CAM           (*(unsigned *)(_ISR_STARTADDRESS+0x38))
#define pISR_BAT_FLT       (*(unsigned *)(_ISR_STARTADDRESS+0x3c))
#define pISR_TICK          (*(unsigned *)(_ISR_STARTADDRESS+0x40))
#define pISR_WDT_AC97      (*(unsigned *)(_ISR_STARTADDRESS+0x44))
#define pISR_TIMER0        (*(unsigned *)(_ISR_STARTADDRESS+0x48))
#define pISR_TIMER1        (*(unsigned *)(_ISR_STARTADDRESS+0x4c))
#define pISR_TIMER2        (*(unsigned *)(_ISR_STARTADDRESS+0x50))
#define pISR_TIMER3        (*(unsigned *)(_ISR_STARTADDRESS+0x54))
#define pISR_TIMER4        (*(unsigned *)(_ISR_STARTADDRESS+0x58))
#define pISR_UART2         (*(unsigned *)(_ISR_STARTADDRESS+0x5c))
#define pISR_LCD           (*(unsigned *)(_ISR_STARTADDRESS+0x60))
#define pISR_DMA0          (*(unsigned *)(_ISR_STARTADDRESS+0x64))
#define pISR_DMA1          (*(unsigned *)(_ISR_STARTADDRESS+0x68))
#define pISR_DMA2          (*(unsigned *)(_ISR_STARTADDRESS+0x6c))
#define pISR_DMA3          (*(unsigned *)(_ISR_STARTADDRESS+0x70))
#define pISR_SDI           (*(unsigned *)(_ISR_STARTADDRESS+0x74))
#define pISR_SPI0          (*(unsigned *)(_ISR_STARTADDRESS+0x78))
#define pISR_UART1         (*(unsigned *)(_ISR_STARTADDRESS+0x7c))
#define pISR_NFCON         (*(unsigned *)(_ISR_STARTADDRESS+0x80))
#define pISR_USBD          (*(unsigned *)(_ISR_STARTADDRESS+0x84))
#define pISR_USBH          (*(unsigned *)(_ISR_STARTADDRESS+0x88))
#define pISR_IIC           (*(unsigned *)(_ISR_STARTADDRESS+0x8c))
#define pISR_UART0         (*(unsigned *)(_ISR_STARTADDRESS+0x90))
#define pISR_SPI1          (*(unsigned *)(_ISR_STARTADDRESS+0x94))
#define pISR_RTC           (*(unsigned *)(_ISR_STARTADDRESS+0x98))
#define pISR_ADC           (*(unsigned *)(_ISR_STARTADDRESS+0x9c))
```

_ISR_STARTADDRESS 的地址同 opinion.inc 中的值一样，中断向量表定义在 RAM 的高端地址。这样在 C 语言中只要将中断服务函数的首地址赋值给相应的中断向量，PC 就能跳转到中断服务函数入口处理中断。

在主程序中对中断进行初始化，一般需要设置中断模式、屏蔽所有中断源和子中断源。因为 INTMOD 寄存器默认值为 0x0，因此，如果设置的中断是普通中断模式，则可以省略这一步。在通过置位 INTMSK 寄存器和 INTSUBMSK 寄存器屏蔽所有中断源。初始化程序如下：

```
void Isr_Init(void)
{
    rINTMOD    = 0x0;                //All=IRQ mode
    rINTMSK    = BIT_ALLMSK;         //All interrupt is masked.
    rINTSUBMSK = BIT_SUB_ALLMSK;     //All sub-interrupt is masked.
    …
}
```

对于外部中断，需要通过引脚接收中断请求信号，因此要对相应的 I/O 口功能进行配置。例如使用外部中断 EINT0，对应的 I/O 口是 F 口的 GPF0，需要将其设置为中断模式：GPFCON[1:0]=0x10；接着要通过修改 EXTINT0 寄存器设置 EINT0 中断的触发方式；最后，通过设置 INTMSK 和 INTSUBMSK 寄存器打开中断接收总开关，等待中断请求。

下面将根据上述过程，完成一个完整的外部中断实验。

7.3.2 外部中断寄存器配置

实验目的在于理解中断的实质，学习 ARM9 中断处理过程并学会编写中断程序。实验内容是通过编程，实现通过按键 K1～K6 产生外部中断，并通过串口打印中断信息。首先通过按键电路原理图图 7.3.1 来分析硬件原理。

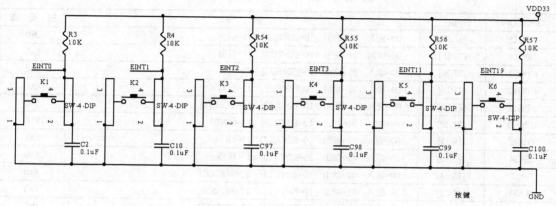

图 7.3.1　按键电路原理

其中 K1～K4 分别对应外部中断 EIN0～3，K5、K6 分别对应 EINT11、EINT19。当按键按下时，会产生高电平到低电平的跳变，当按键松开时会产生低电平到高电平的跳变。通过查看 S3C2440A 的数据手册中的 IO 端口功能，可以找到 GPF 与 GPG 端口有外部中断的复用功能。其中，表 7.3.1、表 7.3.3 分别是 GPF 与 GPG 端口各寄存器地址与属性，表 7.3.2、表 7.3.4 分别是 GPFCON 寄存器、GPGCON 寄存器各个位的状态设置。

表 7.3.1　GPF 端口各寄存器地址

寄 存 器	地　　址	R/W	描　　述	复 位 值
GPFCON	0x56000050	R/W	配置端口 F 的引脚	0x0
GPFDAT	0x56000054	R/W	端口 F 的数据寄存器	–
GPFUP	0x56000058	R/W	端口 F 的上拉使能寄存器	0x00

表 7.3.2　GPFCON 状态控制寄存器

GPFCON	位	描　　述				初 始 值
GPF7	[15:14]	00=输入	01=输出	10=EINT[7]	11=保留	0x0
GPF6	[13:12]	00=输入	01=输出	10=EINT[6]	11=保留	0x0
GPF5	[11:10]	00=输入	01=输出	10=EINT[5]	11=保留	0x0
GPF4	[9:8]	00=输入	01=输出	10=EINT[4]	11=保留	0x0
GPF3	[7:6]	00=输入	01=输出	10=EINT[3]	11=保留	0x0
GPF2	[5:4]	00=输入	01=输出	10=EINT[2]	11=保留	0x0
GPF1	[3:2]	00=输入	01=输出	10=EINT[1]	11=保留	0x0
GPF0	[1:0]	00=输入	01=输出	10=EINT[0]	11=保留	0x0

表 7.3.3　GPG 端口各寄存器地址

寄存器	地址	R/W	描　述	复 位 值
GPGCON	0x56000060	R/W	配置端口 G 的引脚	0x0
GPGDAT	0x56000064	R/W	端口 G 的数据寄存器	-
GPGUP	0x56000068	R/W	端口 G 的上拉使能寄存器	0xFC00

表 7.3.4　GPGCON 状态控制寄存器

GPGCON	位	描　述	初 始 值
GPG15	[31:30]	00=输入　01=输出　10=EINT[23]　11=保留	0x0
GPG14	[29:28]	00=输入　01=输出　10=EINT[22]　11=保留	0x0
GPG13	[27:26]	00=输入　01=输出　10=EINT[21]　11=保留	0x0
GPG12	[25:24]	00=输入　01=输出　10=EINT[20]　11=保留	0x0
GPG11	[23:22]	00=输入　01=输出　10=EINT[19]　11=TCLK[1]	0x0
GPG10	[21:20]	00=输入　01=输出　10=EINT[18]　11=nCTS1	0x0
GPG9	[19:18]	00=输入　01=输出　10=EINT[17]　11=nRTS1	0x0
GPG8	[17:16]	00=输入　01=输出　10=EINT[16]　11=保留	0x0
GPG7	[15:14]	00=输入　01=输出　10=EINT[15]　11=SPICLK1	0x0
GPG6	[13:12]	00=输入　01=输出　10=EINT[14]　11=SPIMOSI1	0x0
GPG5	[11:10]	00=输入　01=输出　10=EINT[13]　11=SPIMISO1	0x0
GPG4	[9:8]	00=输入　01=输出　10=EINT[12]　11=LCD_PWRDN	0x0
GPG3	[7:6]	00=输入　01=输出　10=EINT[11]　11=nSS1	0x0
GPG2	[5:4]	00=输入　01=输出　10=EINT[10]　11=nSS0	0x0
GPG1	[3:2]	00=输入　01=输出　10=EINT[9]　11=保留	0x0
GPG0	[1:0]	00=输入　01=输出　10=EINT[8]　11=保留	0x0

通过以上两张寄存器表可知，EINT0～EINT3 对应引脚是 GPF0～GPF3，EINT11、EINT19 对应的引脚是 GPG3、GPG11。通过设置 GPFCON[7:0]、GPGCON[7:6]、GPGCON[23:22]分别设置这 6 个引脚为中断模式。

7.3.3　实验测试

首先建立一个 ADS 工程，分别完成外部中断初始化程序、中断服务程序和主程序的编写。

中断初始化程序代码如下：

```
void Eint_Init(void)
{
  pISR_EINT0=(U32)Eint0Int;
  pISR_EINT1=(U32)Eint1Int;
  pISR_EINT2=(U32)Eint2Int;
  pISR_EINT3=(U32)Eint3Int;
  pISR_EINT8_23=(U32)Eint11_19;

  rGPFCON = (rGPFCON & 0xffcc)|(1<<7)|(1<<5)|(1<<3)|(1<<1);//PF0/1/2/3 = EINT0/1/2/3
  rGPGCON = (rGPGCON & 0xff3fff3f)|(1<<23)|(1<<7);    //PG3/11 = EINT11/19

  rEXTINT0 = (rEXTINT0 & 0xFFFFDDDD | 0x4444); //EINT0/1/2/3=falling edge triggered
  rEXTINT1 = (rEXTINT1 & ～(7<<12)) | 0x4<<12;    //EINT11=rising edge triggered
```

```
    rEXTINT2 = (rEXTINT2 & ~(7<<12)) | 0x4<<12;    //EINT19=rising edge triggered

    rEINTPEND = 0xffffff;
    rSRCPND = BIT_EINT0|BIT_EINT1|BIT_EINT2|BIT_EINT3|BIT_EINT8_23;
    rINTPND = BIT_EINT0|BIT_EINT1|BIT_EINT2|BIT_EINT3|BIT_EINT8_23;
    rEINTMASK=~( (1<<11)|(1<<19) );
    rINTMSK=~(BIT_EINT0|BIT_EINT1|BIT_EINT2|BIT_EINT3|BIT_EINT8_23);
}
```

在初始化过程中,对中断寄存器进行了一系列的配置,并把各个中断服务程序入口地址赋值给相应的中断向量。做好了初始化步骤,就可以编写中断服务程序。

本实验一共测试 6 个外部中断,分别是外部中断 EINT0、EINT1、EINT2、EINT3、EINT11、EINT19。其中 EINT0~EINT3 拥有 4 个独立的中断向量 pISR_EINT0~ pISR_EINT3,而 EINT11 和 EINT19 共用一个中断向量 pISR_EINT8_23。也就是说当外部中断 EINT0~EINT3 产生中断时,PC 会通过相应的中断向量跳转到相应的中断服务程序入口地址,而外部中断 EINT11 或 EINT19 产生中断时,PC 都会跳转到 pISR_EINT8_23 中存放的中断服务程序入口地址,中断服务程序中通过 EINTPEND 寄存器判断到底是哪一位产生了中断请求。本实验只是简单的测试外部中断,因此中断服务程序中只执行串口信息的打印。EINT0 中断服务程序代码如下:

```
static void __irq Eint0Int(void)
{
    ClearPending(BIT_EINT0);
    Uart_Printf("EINT0 interrupt is occurred.\n");
}
```

EINT1 中断服务程序代码如下:

```
static void __irq Eint1Int(void)
{
    ClearPending(BIT_EINT1);
    Uart_Printf("EINT1 interrupt is occurred.\n");
}
```

EINT2 中断服务程序代码如下:

```
static void __irq Eint2Int(void)
{
    ClearPending(BIT_EINT2);
    Uart_Printf("EINT2 interrupt is occurred.\n");
}
```

EINT3 中断服务程序代码如下:

```
static void __irq Eint3Int(void)
{
    ClearPending(BIT_EINT3);
    Uart_Printf("EINT3 interrupt is occurred.\n");
}
```

EINT11 和 EINT19 中断服务程序代码如下:

```
static void __irq Eint11_19(void)
{
    if(rEINTPEND&(1<<11))
    {
        Uart_Printf("EINT11 interrupt is occurred.\n");
        rEINTPEND|=(1<<11);
    }
    else if(rEINTPEND&(1<<19))
    {
        Uart_Printf("EINT19 interrupt is occurred.\n");
        rEINTPEND|=(1<<19);
    }
    else
    {
        Uart_Printf("rEINTPEND=0x%x\n",rEINTPEND);
        rEINTPEND=(1<<19)|(1<<11);
    }
    ClearPending(BIT_EINT8_23);
}
```

其中__irq 是一个标号，用来表示一个函数是否是中断函数。对不同的编译器，__irq 放置的位置可能不同，但是功能是一样的：当编译器识别__irq 标号后，会首先保护入口现场，在进入中断函数。当中断函数执行完毕，再恢复现场。当然也可以不使用__irq 标号，但是中断函数中必须要有保护现场和恢复现场的功能。

中断服务程序的内容可以在中断函数中实现，比如想实现 LED 灯点亮/灭的功能，则可以对 LED 灯初始化后，在中断函数中完成开/关 LED 灯的动作。

主函数是整个工程的主体部分。程序在执行完 2440init.s 启动文件后，会直接跳转到 main 函数中执行。主程序代码如下：

```
void Main(void)
{
    Port_Init();           //IO 端口初始化
    Isr_Init();            //中断初始化
    Uart_Init(0,115200);   //串口初始化
    MMU_Init();            //启动 MMU
    Uart_Select(0);
    Eint_Init();
    Uart_Printf("\n======S3C2440A EINT TEST START!====== \n") ;//打印系统信息
    Test_Eint();
}
```

主程序中，会对本实验用到的模块功能进行一系列初始化，如 IO 端口初始化、中断初始化、串口初始化、内存管理单元（MMU）初始化以及外部中断 EINT 初始化。初始化设备后，可以开始执行外部中断测试函数 Test_Eint()，Test_Eint()的函数代码如下：

```
void Test_Eint(void)
{
```

```
Uart_Printf("Press the EINT0/1/2/3/11/19 buttons or Press any key to exit.\n");
Uart_Getch();
rEINTMASK=0xffffff;
rINTMSK=BIT_ALLMSK;
Uart_Printf("EINT TEST FINISH.\n");
}
```

在测试函数中，有一个 Uart_Getch()函数，是用来等待接收串口信息的，程序将停在此处，直到串口接收到有效的按键信息，才会继续往下执行关中断等操作。在等待串口信息时，系统将接收外部中断请求并执行中断服务程序。

7.3.4　实验结果

编译工程后用 ADS 进行仿真实验，或者直接将编译生成的 bin 文件烧写到开发板中，运行后串口打印信息如下：

```
======S3C2440A EINT TEST START!=======
Press the EINT0/1/2/3/11/19 buttons or Press any key to exit.
```

根据串口 Debug 信息，我们依次按下 K1～K6 按键。串口打印以下信息内容

```
EINT0 interrupt is occurred.
EINT1 interrupt is occurred.
EINT2 interrupt is occurred.
EINT3 interrupt is occurred.
EINT11 interrupt is occurred.
EINT19 interrupt is occurred.
```

实验结果可以从以上 Debug 信息中得到。系统接收了按键产生的外部中断请求，并执行了相应中断服务程序。

习　　题

1. 什么是中断向量及中断向量表？
2. S3C2440A 的中断向量表存放在哪里？
3. S3C2440A 中断处理过程分哪几个步骤？请简要概括。
4. 在 C 语言中，要完成 PC 指针跳转到中断入口地址的动作，需要做哪些工作？
5. 实现通过按键产生外部中断控制 LED 灯亮灭的中断实验，目的达到 K1～K4 分别控制 LED1～LED4。

第 8 章　ADC 与触摸屏接口

在嵌入式系统中，通常需要与外界交互，完成这些交互通常需要一些设备实现。例如，手机与人的交互中通常用到触摸屏、重力传感器等设备。嵌入式系统对外界模拟信号的采集测量一般都会用到 ADC 设备，而 S3C2440A 的触摸屏接口也要用到相应的 ADC 接口来实现对坐标的采集转换。为什么将 ADC 与触摸屏接口同时介绍呢？本章将从原理出发，通过具体实例详细介绍 ADC 与触摸屏接口应用，以及两者之间的关系。

8.1　ADC 与触摸屏工作原理

8.1.1　ADC 工作原理

模/数转换器（Analog-to-Digital Converter，ADC），是指将连续的模拟信号转换为离散的数字信号的器件。现实世界中往往反映的都是模拟信号量，例如温度、声音、图像、压力等，而计算机处理的都是易于存储的数字信号量。模/数转换器的功能就是完成两者之间的转换。

S3C2440A 处理器带有 8 个通道的 10 位逐次逼近型 A/D 转换器，在 2.5MHz 的时钟频率下，能达到最大 500ksps 的转换速率，并且带有采样–保持功能和掉电模式。逐次逼近型 A/D 转换器顾名思义是通过逐位的比较，最终确定对应模拟信号的二进制数据。它通常由逐次逼近寄存器 SAR、比较器以及时序控制逻辑等部分组成。采样步骤如下：首先将 SAR 寄存器清零，转换开始时，将最高位置位，再与实际电压做比较，如果 SAR 表示的电压比实际模拟电压高，则保留 SAR 最高位的置位状态；如果比实际模拟电压低，则清零最高位。然后对 SAR 的每一位按照从高位到低位的顺序进行如上的操作，最后得到的最终二进制数据就是模拟电压的数字形态。这种转换方式类似于二叉树遍历方式，转换速度较快。很明显，逐次逼近型 A/D 转换器的精度与 SAR 寄存器的位数有关，位数越高，则精度越高。当然位数越高，需要比较的次数越多，转换速率会相应降低。

应用于工业场合中，S3C2440A 自带的 10 位逐次逼近型 A/D 转换器精度已经足够，并且拥有相当快的转换速度。但是由于逐次逼近型 A/D 转换器容易受到干扰，因此在使用 A/D 时，一般都要做适当的滤波处理。

8.1.2　触摸屏工作原理

随着信息技术的发展以及嵌入式系统的普及应用，作为鼠标和键盘的替代品出现的触摸屏逐渐得到广泛应用，它拥有更加便捷和人性化的操作体验。工作时，首先用户用手指或其他物体触摸安装在显示器前端的触摸屏，然后系统通过程序获取触摸点的坐标，再通过坐标来确定用户所选择的信息。触摸屏由触摸检测部件和触摸屏控制器组成，触摸检测部件安装在显示屏前面，用于检测用户触摸位置，并发送给触摸屏控制器，而触摸屏控制器的主要作用是从触摸点检测装置上接收触摸信息，并将它转换成触点坐标。按照工作原理和传输信息的介质，触摸屏可分为 4 类：电阻式、电容感应式、红外线式以及表面声波式。S3C2440A 处理器拥有触摸屏接口模块，供开发者开发触摸屏应用。以下将主要介绍嵌入式系统中应用比较广泛的电阻式触摸屏和电容感应式触摸屏。

1. 电阻式触摸屏

电阻触摸屏是一块透明的 4 层复合薄膜屏，最下面的基层由玻璃或有机玻璃构成；最上面是一层外表面经过硬化处理的塑料层，使触摸屏光滑防刮；中间是两层金属导电层，分别在基层和塑料层的内表面，在两金属导电层之间通过许多细小的透明隔离点把它们隔开。当手指触摸屏幕时，两导电层在触摸点处接触。

在触摸屏的两金属导电层的两端各涂有一条银胶，形成一对电极，若在其中一层金属导电层的电极对上施加电压，则在该导电层上就会形成均匀连续的平行电压分布。如图 8.1.1 所示，在 X 方向的电极对上施加电压，而 Y_+ 电极接一个高阻抗的 ADC，在 X 平行电压场中，触点处的电压值可以在 Y_+ 电极上反映出来，通过 ADC 采集测量 Y_+ 电极对地的电压大小。

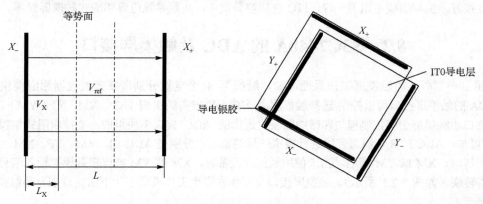

图 8.1.1　电阻式触摸屏坐标采集示意图

通过等式 $V_{ref} / V_x = L / L_x$ 很容易得到 L_x，即 X 方向的坐标。同理，当在 Y 方向的电极对上施加电压，而 X_+ 电极接一个高阻抗 ADC，通过采集测量 X_+ 电极的电压，便可得知触点的 Y 坐标。

电阻类触摸屏的关键在于材料科技，常用的透明导电涂层材料有：ITO，氧化铟，弱导电体，特性是当厚度降到 1800Å（$Å = 10^{-10}$m）以下时会突然变得透明，透光率为 80%，再薄下去透光率反而下降，到 300Å 厚度时又上升到 80%。ITO 是所有电阻技术触摸屏及电容技术触摸屏都用到的主要材料。但是由于 ITO 材质较脆，长时间的触按施压使上层的 PET 和 ITO 都会发生形变，在形变经常发生时容易损坏器件。一旦 ITO 层断裂，导电的均匀性也就被破坏，上面推导坐标时的比例等效性也就不再存在，因此四线电阻触摸屏的寿命不长。而五线电阻触摸屏的外导电层使用了延展性好的镍金涂层材料，可以有效地延长使用寿命，但相应的工艺成本较为高昂。

这种触摸屏利用压力感应进行控制，当手指触摸屏幕时，两层导电层在触摸点位置就有了接触，电阻发生变化，在 X 和 Y 两个方向上产生信号，然后送触摸屏控制器。控制器侦测到这一接触并计算出 (X, Y) 的位置，再根据模拟鼠标的方式运作。这就是电阻技术触摸屏的最基本的原理。

2. 电容感应式触摸屏

人体是一个带电体，人体电流主要是靠细胞膜极化产生，其最重要的功能就是在神经中传递神经信号。手指上的微小电流，其实就是神经电信号在皮肤上的表现。电容感应式触摸屏原理正是利用人体是一个电场的特性，在手指接触触摸屏时，与触摸屏表面形成耦合电容。对于高频电流来说，电容是直接导体，于是手指从接触点吸走一个很小的电流。这个电流从触摸屏的四角上的电极中流出，并且流经这 4 个电极的电流与手指到四角的距离成正比，控制器通过对这 4 个电流比例的精确计算，得出触摸点的位置。

    电容感应式触摸屏的透光率和清晰度都优于四线电阻屏，因此在手机行业中得到了广泛的应用。当然电容感应式触摸屏同样存在很多缺点，比如反光严重，色彩失真，图像字符模糊等。同时，由于电容感应式触摸屏在原理上把人体当作一个电容器元件的一个电极使用，当有导体靠近与夹层 ITO 工作面之间耦合出足够量的电容时，流走的电流就足够引起电容屏的误动作。我们知道，电容值虽然与极间距离成反比，却与相对面积成正比，并且还与介质的绝缘系数有关。因此，当较大面积的手掌或导电物而不是触摸时就能引起电容屏的误动作，在潮湿的天气，这种情况尤为严重，手扶住显示器、手掌靠近显示器 7cm 以内或身体靠近显示器 15cm 以内就能引起电容屏的误动作。而在戴手套的手或手持不导电的物体触摸时没有反应，这是因为增加了更为绝缘的介质。当环境温度、湿度改变时，环境电场发生改变时，都会引起电容屏的漂移，造成不准确。电容感应式触摸屏最外面的矽土保护玻璃防刮擦性很好，但同四线电阻屏一样，ITO 材质容易损坏，从而导致电容感应式触摸屏损坏。

8.2   S3C2440A 的 ADC 及触摸屏接口

    按照上一节所述的触摸屏工作原理可知，触摸屏 4 个电极分别需要接处理器相应模块引脚。S3C2440A 的触摸屏接口可以控制/选择触摸屏 X 方向、Y 方向的引脚（XP，XM，YP，YM）的变换。触摸屏接口由触摸屏引脚控制模块和带中断发生逻辑的 ADC 接口模块组成，支持电阻式触摸屏。由图 8.2.1 可知，ADC 的 8 个通道可以进行模拟信号的输入，分别是 AD[3:0]、YM、YP、XM、XP。当使用触摸屏时，XM 或 YM 接地。当未使用触摸屏设备时，XM 或 YM 被连接到模拟输入信号进行普通 ADC 转换（如图 8.2.1 所示）。触摸屏接口可工作在多个工作模式下，下面将分别介绍触摸屏的 5 种工作模式。

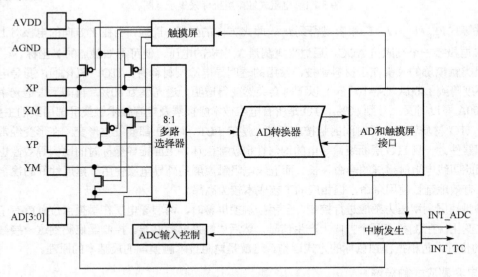

图 8.2.1   ADC 和触摸屏接口功能方框图

1. 普通工作模式

    单转换模式就是通常所使用的普通 ADC 转换，将模拟信号采集进来进行转换的模式。此模式可以通过设置 ADCCON（ADC 控制寄存器）来初始化 ADC 普通工作模式，再通过读写 ADCDAT0（ADC 数据寄存器 0）完成对采集数据的读写。

2. 分离的 X/Y 方向转换模式

触摸屏控制器的转换模式有两种，一种是分离的 X/Y 方向转换模式，另一种是自动（顺序）X/Y 方向转换模式。分离的 X/Y 方向转换模式操作方法如下：首先 X 方向模式写 X 方向转换数据到 ADCDAT0，再由触摸屏接口产生中断源给中断控制器。然后 Y 方向模式写 Y 方向转换数据到 ADCDAT1，由触摸屏接口产生中断源给中断控制器。X/Y 方向的坐标转换是分离的，不同时产生中断。

3. 自动（顺序）X/Y 方向转换模式

自动（顺序）X/Y 方向转换模式操作方法如下：触摸屏控制器顺序变换 X 方向和 Y 方向数据。在自动方向转变模式中触摸控制器在写入 X 测量数值到 ADCDAT0 和写入 Y 测量数值到 ADCDAT1 后，触摸屏接口产生中断源给中断控制器。

4. 等待中断模式

首先设置 rADCTSC=0xd3 使触摸屏接口工作在等待中断模式，当笔尖落下时，触摸屏控制器产生中断信号 INT_TC。触摸屏控制器产生中断信号 INT_TC 后，必须清除等待中断模式，并将 XY_PST 设置到无操作模式。

5. 待机模式

当 ADCCON[2]被设置为 1 时激活待机模式。此模式中，停止 A/D 转换操作并且寄存器 ADCDAT0、ADCDAT1 存储的是先前转换的数据。

此外需要注意的是 A/D 转换的数据可以通过中断或查询方式访问。中断方式的总体转换时间为从 A/D 转换器开始到转换数据的读取，可能由于中断服务程序的返回时间和数据访问时间而延迟。查询方式是通过检查转换结束标志位的 ADCCON[15]，可以确定读取 ADCDAT 寄存器的时间。当 ADCCON[1]设置为 1 时，A/D 转换启动的同时，开始转换并读取数据。

8.3　ADC 与触摸屏接口特殊寄存器

ADC 与触摸屏接口模块拥有多个特殊寄存器，本小节将分别介绍这些特殊寄存器以便后续实验案例中调用。

1. ADC 控制寄存器 ADCCON

ADCCON 寄存器是 ADC 控制寄存器，可读写。通过该寄存器可设置 ADC 的各个模式和通道选择等。表 8.3.1 和表 8.3.2 是 ADCCON 寄存器的详细介绍内容。

表 8.3.1　ADCCON 寄存器的地址及基本描述

寄 存 器	地　　址	R/W	描　　述	复 位 值
ADCCON	0x5800000	R/W	ADC 控制寄存器	0x3FC4

表 8.3.2　ADCCON 寄存器的状态

ADCCON	位	描　　述	初始状态
ECFLG	[15]	转换结束标志位（只读）：0＝A/D 正在转换　1＝A/D 转换已结束	0
PRSCEN	[14]	A/D 转换器预分频器使能：0＝禁止　1＝使能	0
PRSCVL	[13:6]	A/D 转换器预分频值（0-255） 注意：ADC 频率应该设置为低于 PCLK 的 1/5（例如 PCLK=10MHz 则，ADC 频率 <2MHz）	0xFF

续表

ADCCON	位	描　述	初始状态
SEL_MUX	[5:3]	模拟输入通道选择：000 = AIN0　001 = AIN1　010 = AIN2　011 = AIN3 100 = YM 101 = YP　110 = XM　111 = XP	0
STDBM	[2]	待机模式选择：0 =　正常工作模式　1 =　待机模式	1
READ_START	[1]	读启动 A/D 转换：0 = 禁止读启动操作 1 = 使能读启动操作	0
ENABLE_START	[0]	使能 A/D 转换启动。如果 READ_START 为使能，则此值无效；0 = 无操作　1 = A/D 转换启动且此位在启动后被清零	0

当触摸屏 4 个端口（YM、YP、XM、XP）为禁用时，这些端口可以被用于 ADC 的模拟输入端口（AIN4、AIN5、AIN6、AIN7）。此外，当从待机模式中变换到正常工作模式时，必须在最后的 3 个 ADC 时钟前使能 ADC 的预分频器。

2. ADC 触摸屏控制寄存器 ADCTSC

触摸屏控制寄存器 ADCTSC 是设置触摸屏工作状态的寄存器。其详细定义可通过表 8.3.3 和表 8.3.4 可知。

表 8.3.3　ADCTSC 寄存器的地址及描述

寄　存　器	地　址	R/W	描　述	复　位　值
ADCTSC	0x5800004	R/W	ADC 触摸屏控制寄存器	0x58

表 8.3.4　ADCTSC 寄存器的状态

ADCTSC	位	描　述	初始状态
UD_SEN	[8]	检测笔尖起落状态：0 = 检测笔尖落下中断信号　1 = 检测笔尖抬起中断信号	0
YM_SEN	[7]	YM 开关使能：0 = YM 输出驱动器禁止　1 = YM 输出驱动器使能	0
YP_SEN	[6]	YP 开关使能：0 = YP 输出驱动器使能　1 = YP 输出驱动器禁止	1
XM_SEN	[5]	XM 开关使能：0 = XM 输出驱动器禁止　1 = XM 输出驱动器使能	0
XP_SEN	[4]	XP 开关使能：0 = XP 输出驱动器使能　1 = XP 输出驱动器禁止	1
PULL_UP	[3]	上拉开关使能：0 = XP 上拉使能　1 = XP 上拉禁止	1
AUTO_PST	[2]	自动顺序 X 方向和 Y 方向转换：0 = 正常 ADC 转换　1 = 自动顺序 X 方向和 Y 方向测量	0
XY_PST	[1:0]	手动测量 X 方向或 Y 方向：00 = 无操作模式　01 = X 方向测量 10 = Y 方向测量　11 = 等待中断模式	0

应注意，当等待触摸屏中断时，XP_SEN 位应该被设置为 1（XP 输出禁止）并且 PULL_UP 位应该被设置为 0（XP 上拉使能）；只有在自动顺序 X/Y 方向转换时 AUTO_PST 位应该被设置为 1；在睡眠模式期间应该分离 XP、YP 与 GND 源应避免漏电流。

3. ADC 启动延时寄存器 ADCDLY

顾名思义，该寄存器是用于 ADC 启动或初始化延时的寄存器。该寄存器地址是 0x5800008，可读写，复位值为 0x00ff。ADCDLY[15:0]表示延时时间，可用于正常转换模式、XY 方向模式、自动方向模式这三种模式。需要注意的是 ADCDLY 寄存器的值不能为 0。

4. ADC 转换数据寄存器 ADCDAT0

ADCDAT0 寄存器用于控制 ADC 的数据的转换和保存，其地址是 0x580000C。其中 ADCDAT0[9:0]用于保存 10 位的 X 方向转换数据或者正常的 ADC 转换数据。ADCDAT0[15]用于控制中断的触发方式。ADCDAT0[14]用于选择是否使用自动顺序 X、Y 方向转换方式。ADCDAT0[13]用于选择是否使用手动 X、Y 方向转换方式。关于寄存器的具体描述，可参照数据手册。

5. ADC 转换数据寄存器 ADCDAT1

ADCDAT1 寄存器功能同 ADCDAT0 寄存器一样，其地址是 0x5800010。不同的是 ADCDAT0[9:0] 是用于保存 10 位的 Y 方向转换数据。

6. ADC 触摸屏起落中断检测寄存器 ADCUPDN

ADCUPDN 寄存器是笔尖抬起/落下中断产生状态寄存器，该寄存器地址是 0x5800014，复位值为 0x0，可读写。寄存器一共 2 位，分别表示抬起触发中断和落下触发中断方式下的状态。

8.4　触摸屏实验

前面小节是对触摸屏工作原理和 S3C2440A 的触摸屏接口的学习。接下来通过触摸屏实验来全面学习 S3C2440A 的 ADC 和触摸屏接口的应用，通过编程实现并掌握对触摸屏的控制。

8.4.1　触摸屏实验寄存器配置

该试验主要通过编程完成触摸屏的应用。上电启动后，根据串口打印的提示信息，将触摸笔笔尖单击在触摸屏上，会产生中断，串口打印中断内容，当笔尖抬起，再次打印相应信息。首先查阅原理图中触摸屏接口的电路原理图，如图 8.4.1 所示。

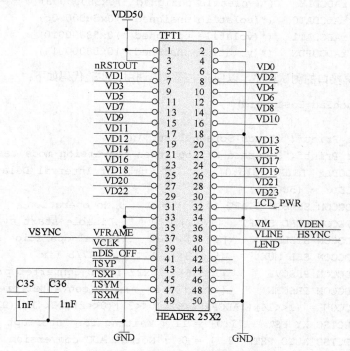

图 8.4.1　触摸屏接口电路原理图

从上图可知，TSYP、TSXP、TSYM、TSXM 这 4 个接口是电阻式触摸屏的接口。其中 TSYP、TSXP 通过 1nF 滤波电容与 S3C2440A 芯片相连，用来采集 X、Y 方向的电压。在使用触摸屏设备时，TSYM、TSXM 接地。

接着通过配置寄存器，设置触摸屏工作在开发者想要的工作模式下。首先要使能 A/D 转换器预分频器，并设置预分频值。可以通过配置 ADCCON 寄存器实现。当 PCLK 频率在 50MHz 并且预分频器的值为 49 时，A/D 转换时间如下：

$$A/D转换器频率 = 50MHz / (49 + 1) = 1MHz$$

$$转换时间 = 1 / (1MHz/5周期) = 1/200MHz = 5\mu s$$

因此，A/D 转换器被设计为最高工作在 2.5MHz 时钟下，因此转换率可以达到 500ksps。然后是配置 ADCTSC 寄存器，使触摸屏接口工作在等待中断模式，并且配置上拉电阻，是 A/D 转换器工作在普通的工作模式下。

触摸屏的初始化工作基本完成，当然既然是通过中断模式实现数据转换的，则需要配置中断方面的寄存器，并完成中断函数编写和中断向量的赋值，最后开中断即可。

8.4.2 实验测试

首先建立一个 ADS 工程，加入之前中断程序中已有的启动文件，头文件等必要文件。编写触摸屏测试程序。在实现触摸屏接口的初始化之前，需要先定义寄存器的宏定义，代码如下：

```
// ADC
#define rADCCON     (*(volatile unsigned *)0x58000000)
#define rADCTSC     (*(volatile unsigned *)0x58000004)
#define rADCDLY     (*(volatile unsigned *)0x58000008)
#define rADCDAT0    (*(volatile unsigned *)0x5800000c)
#define rADCDAT1    (*(volatile unsigned *)0x58000010)
#define rADCUPDN    (*(volatile unsigned *)0x58000014)
```

接着实现触摸屏接口的测试程序，以便在主程序中调用，实验代码如下：

```
void TouchPad_Test(void)
{
    Uart_Printf("[Touch Screen Test.]\n");
    Uart_Printf("Separate X/Y position conversion mode test\n");
    //ADCDLY  DELAY [15:0]  :  DC Start or Interval Delay
    rADCDLY = (50000);
    //ADCCON ENABLE_START [0   ] = 0   : No operation
    //ADCCON READ_START   [1   ] = 0   : Disable start by read operation
    //ADCCON STDBM        [2   ] = 0   : Normal operation mode
    //ADCCON SEL_MUX      [5 : 3] = 111 : AIN7/5 fix
    //ADCCON PRSCVL       [13: 6] = 0x27 : A/D converter prescaler value.
    //ADCCON PRSCEN       [14  ] = 1    : A/D converter prescaler Enable
    rADCCON = (1<<14)|(ADCPRS<<6)|(0<<3)|(0<<2)|(0<<1)|(0);
    //ADCTSC XY_PST   [1:0] = 11 : Waiting for Interrupt Mode
    //ADCTSC AUTO_PST [2 ] = 0 : Normal ADC conversion
    //ADCTSC PULL_UP  [3 ] = 0 : XP pull-up enable
    //ADCTSC XP_SEN   [4 ] = 1 : nXPON output is 1 (XP is connected with AIN[7]).
    //ADCTSC XM_SEN   [5 ] = 0 : XMON output is 0 (XM = Hi-Z).
    //ADCTSC YP_SEN   [6 ] = 1 : nYPON output is 1 (YP is connected with AIN[5]).
    //ADCTSC YM_SEN   [7 ] = 1 : YMON output is 1 (YM = GND).
    rADCTSC = (0<<8)|(1<<7)|(1<<6)|(0<<5)|(1<<4)|(0<<3)|(0<<2)|(3);
    pISR_ADC  = (unsigned)Adc_or_TsSep; //定义中断响应函数
```

```
//INTMSK     INT_ADC [31]  = 0 : Service available,
rINTMSK    =~(BIT_ADC);
//INTSUBMSK  INT_TC [9]  = 0 : Service available,
rINTSUBMSK =~(BIT_SUB_TC);
Uart_Printf("\nPress any key to exit!!!\n");
Uart_Printf("\nStylus Down, please...... \n");
Uart_Getch();
//INTSUBMSK  INT_TC [9]  = 0 : Masked
rINTSUBMSK |= BIT_SUB_TC;

//INTMSK     INT_ADC [31]  = 0 : Masked
rINTMSK    |= BIT_ADC;
Uart_Printf("[Touch Screen Test.]\n");
}
```

　　上述触摸屏程序的测试函数包括了触摸屏接口的初始化部分，中断向量的赋值，触摸屏测试实验，以及开中断等几部分。接下来是 ADC 的中断程序，用来采集触摸屏上 X、Y 方向的电压，从而换算得到相应的二维坐标值。

```
void __irq Adc_or_TsSep(void)
{
    int i;
    U32 Pt[6];
//INTSUBMSK  INT_TC  [ 9] = 1  Mask sub interrupt
//INTSUBMSK  INT_ADC [10] = 1  Mask sub interrupt
    rINTSUBMSK |= (BIT_SUB_ADC|BIT_SUB_TC);
// TC(Touch screen Control) Interrupt
    if(rADCTSC & 0x100)
    {
        Uart_Printf("\nStylus Up!!\n");
//ADCTSC XY_PST    [1:0] = 11 : Waiting for Interrupt Mode
//ADCTSC AUTO_PST  [2  ] = 1  : Auto (Sequential) X/Y Position Conversion Mode
//ADCTSC PULL_UP   [3  ] = 1  : XP pull-up disable
//ADCTSC XP_SEN    [4  ] = 1  : nXPON output is 1 (XP is connected with AIN[7]).
//ADCTSC XM_SEN    [5  ] = 1  : XMON output is 1 (XM = GND).
//ADCTSC YP_SEN    [6  ] = 1  : nYPON output is 1 (YP is connected with AIN[5]).
//ADCTSC YM_SEN    [7  ] = 1  : YMON output is 1 (YM = GND).
        rADCTSC &= 0xff;   //Set stylus down interrupt
    }
    else
    {
        Uart_Printf("\nStylus Down!!\n");
// <X-Position Read>
//ADCTSC XY_PST    [1:0] = 11 : Waiting for Interrupt Mode
//ADCTSC AUTO_PST  [2  ] = 0  : Normal ADC conversion
//ADCTSC PULL_UP   [3  ] = 1  : XP pull-up disable
//ADCTSC XP_SEN    [4  ] = 0  : nXPON output is 0 (XP = External voltage).
//ADCTSC XM_SEN    [5  ] = 1  : XMON output is 1 (XM = GND).
//ADCTSC YP_SEN    [6  ] = 1  : nYPON output is 1 (YP is connected with AIN[5]).
```

```c
//ADCTSC YM_SEN      [7  ] = 0  : YMON output is 0 (YM = Hi-Z).
    rADCTSC=(0<<8)|(0<<7)|(1<<6)|(1<<5)|(0<<4)|(1<<3)|(0<<2)|(1);
    for(i=0;i<LOOP;i++);              //delay to set up the next channel
    for(i=0;i<5;i++)                  //5 times
    {
        rADCCON|=0x1;                 //Start X-position conversion
        while(rADCCON & 0x1);         //Check if Enable_start is low
        while(!(0x8000&rADCCON));     //Check ECFLG
        Pt[i]=(0x3ff&rADCDAT0);
    }

    Pt[5]=(Pt[0]+Pt[1]+Pt[2]+Pt[3]+Pt[4])/5;//求一个平均值
    Uart_Printf("X-Posion[AIN5] is %04d\n", Pt[5]);
// <Y-Position Read>
//ADCTSC XY_PST      [1:0] = 10 : Y-position measurement
//ADCTSC AUTO_PST    [2  ] = 0  : Normal ADC conversion
//ADCTSC PULL_UP     [3  ] = 1  : XP pull-up disable
//ADCTSC XP_SEN      [4  ] = 0  : nXPON output is 0 (XP = External voltage).
//ADCTSC XM_SEN      [5  ] = 1  : XMON output is 1 (XM = GND).
//ADCTSC YP_SEN      [6  ] = 1  : nYPON output is 1 (YP is connected with AIN[5]).
//ADCTSC YM_SEN      [7  ] = 0  : YMON output is 0 (YM = Hi-Z).
rADCTSC=(0<<8)|(0<<7)|(1<<6)|(1<<5)|(0<<4)|(1<<3)|(0<<2)|(2);
//Down,GND,Ext vlt,Hi-Z,AIN7,Pullup Dis,Normal,Y-position
    for(i=0;i<LOOP;i++);              //delay to set up the next channel
    for(i=0;i<5;i++)                  //5 times
    {
        rADCCON|=0x1;                 //Start Y-position conversion
        while(rADCCON & 0x1);         //Check if Enable_start is low
        while(!(0x8000&rADCCON));     //Check ECFLG
        Pt[i]=(0x3ff&rADCDAT1);
    }
    Pt[5]=(Pt[0]+Pt[1]+Pt[2]+Pt[3]+Pt[4])/5;//求一个平均值
    Uart_Printf("Y-Posion[AIN7] is %04d\n", Pt[5]);
    //ADCTSC XY_PST      [1:0] = 11 : Waiting for Interrupt Mode
    //ADCTSC AUTO_PST    [2  ] = 0  : Normal ADC conversion
    //ADCTSC PULL_UP     [3  ] = 0  : XP pull-up enable
    //ADCTSC XP_SEN      [4  ] = 1  : nXPON output is 1 (XP is connected with AIN[7]).
    //ADCTSC XM_SEN      [5  ] = 0  : XMON output is 0 (XM = Hi-Z).
    //ADCTSC YP_SEN      [6  ] = 1  : nYPON output is 1 (YP is connected with AIN[5]).
    //ADCTSC YM_SEN      [7  ] = 1  : YMON output is 1 (YM = GND).
    rADCTSC=(1<<8)|(1<<7)|(1<<6)|(0<<5)|(1<<4)|(0<<3)|(0<<2)|(3);
    //Up,GND,AIN,Hi-z,AIN,Pullup En,Normal,Waiting mode
}

    //SUBSRCPND INT_TC [9] = 1 : Requested
    rSUBSRCPND |= BIT_SUB_TC;
    //INTSUBMSK  INT_TC [9] = 0 : Service available,
    rINTSUBMSK =~ (BIT_SUB_TC);        // Unmask sub interrupt (TC)
    ClearPending(BIT_ADC);
}
```

　　上述程序是触摸屏测试程序的中断程序部分，程序完成了 X、Y 方向上的电压采集。每个方向的电压分别采集 5 次，取平均值。只要反应速度能达到开发者和用户要求，也可以取更多次电压值取平均值的方法实现软件上的平滑滤波效果，使采集的电压值更加可靠。

　　定义好了测试函数和中断服务程序，就可以编写主程序，并在主程序中调用测试函数。主函数的主要内容包括 I/O 端口初始化、中断初始化、串口初始化等内容。程序代码如下：

```
void Main(void)
{
    Port_Init();                  //IO端口初始化
    Isr_Init();                   //中断初始化
    Uart_Init(0,115200);          //串口初始化
    Uart_Select(0);
    Eint_Init();
    Uart_Printf("\n\n2440 Experiment System (ADS) Ver1.2\n") ;//打印系统信息
    TouchPad_Test();
}
```

8.4.3　实验结果

　　编写好上述代码，启动开发板电源。将 ADS 工程编译，编译通过后将生成的文件下载到板子上进行仿真。通过串口提示测试程序。

```
2440 Experiment System (ADS) Ver1.2

[Touch Screen Test.]
Separate X/Y position conversion mode test
Press any key to exit!!!
Stylus Down, please......
[Touch Screen Test.]
```

　　按照提示要求，将笔尖轻轻按下，再松开，串口打印信息如下：

```
Stylus Down!!
X-Posion[AIN5] is 0575
Y-Posion[AIN7] is 0394
Stylus Up!!
```

　　进入中断服务程序后，A/D 开始采集电压，并把 X、Y 方向坐标打印出来，最后松开笔尖，再打印信息。

习　题

　　1．简述四线电阻触摸屏的工作原理。
　　2．简述逐次比较型 A/D 转换器的工作原理。
　　3．S3C2440A 处理器的 A/D 转换的精度是由谁决定的？
　　4．S3C2440A 处理器 A/D 转换速率如何计算？
　　5．编写程序测试触摸屏应用，利用触摸屏控制 LED 灯的亮/灭。

第 9 章　LCD 程序设计

学习了触摸屏接口的之后，接下来就是如何设计 LCD 接口应用。如果说触摸屏是带给用户全新的交互感受，那么 LCD 屏在其中起着更重要的作用。可以想象，假如没有 LCD 屏带给用户各种视觉感受，触摸屏也将无用武之地。LCD 在嵌入式系统的人机交互中，作为主要的输出设备，几乎是每个嵌入式系统开发者必须掌握的一种设备。本章将从 LCD 最基本的概念，再到原理，最后通过具体实验来全面介绍 LCD 的应用开发过程。

9.1　LCD 基本概念

LCD 是 Liquid Crystal Display（液晶显示）的简称，它通过 TFT 上的信号与电压改变来控制液晶分子的转动方向，控制每个像素点偏振光出射与否来达到目的。液晶显示屏拥有体积小、耗电量低、轻薄、无辐射等优点。并且，随着 LCD 液晶显示屏技术的飞速发展，LCD 显示屏价格也逐渐降低，目前已经得到充分的普及。

9.1.1　LCD 的发展历史

早在 1888 年，奥地利的植物学家，菲德烈·莱尼泽（Friedrich Reinitzer）发现了一种特殊的物质。它是一种几乎完全透明的液体状物质，能同时呈现液体与晶体的某些特性。例如，液晶外观上成液体状，而它的分子结构又表现出晶体形态。

直到 20 世纪 60 年代，在美国 RCA 公司（收音机与电视的发明公司）的沙诺夫研发中心，工程师们发现液晶分子受到电压的影响会改变其分子的排列状态，并且可以让射入的光线产生偏转的现象。利用这一原理，RCA 公司发明了世界上第一台使用液晶显示的屏幕，LCD 液晶显示屏从此正式面世。大约在 1971 年，液晶显示设备就在人类的生活中出现。这就是最初的 TN-LCD（扭曲阵列）显示器。尽管当时还只是单色显示，但在某些领域已开始加以应用（如医学仪器等）。到 80 年代初期，TN-LCD 开始被应用到计算机产品上。1984 年，欧美国家提出 STN-LCD（超扭曲阵列），同时 TFT-LCD（薄膜式电晶体）技术也被提出，但技术和制作过程仍不够成熟。到 80 年代末期，由于日本厂商掌握着 STN-LCD 的主要生产技术，它们开始在生产线上进行大规模的生产，LCD 显示屏也从此开始普及。

1993 年，在日本掌握 TFT-LCD 的生产技术后，液晶显示器开始向两个方向发展：一个方向是朝着价格低、成本低的 STN-LCD 显示器方向发展，随后又推出了 DSTN-LCD（双层超扭曲阵列）；而另一个方向是朝高质量的薄膜式电晶体 TFT-LCD 发展。日本的研发人员在 1997 年开发了以 550×670mm 为代表的大尺寸基板的第三代 TFT-LCD 生产线，并使 1998 年大尺寸的 LCD 显示屏的价格比 1997 年下降了接近一半。1996 年以后，韩国和中国台湾都开始投巨资建造第三代的 TFT-LCD 生产线。

从 1971 年开始，液晶作为一种显示媒体使用以来，随着液晶显示技术的不断完善和成熟，使其应用日趋广泛，到目前已涉及微型电视、数码照相机、数码摄像机以及显示器等多个领域，已在平面显示领域中占据了重要的地位。在其经历了一段稳定、漫长的发展历程后，液晶产品摒弃了以前那种简陋的单色设备形象。从 1985 年世界第一台笔记本电脑诞生以来，LCD 液晶显示屏就一直是笔记本电脑的标准显示设备，所以一谈到 LCD 必定会与笔记本电脑联系起来。笔记本电脑为了达到轻、薄、小等功能，率先采用 LCD 液晶面板作为显示器。而如今，更多的电子产品都纷纷采用 LCD 作为显示面板（如移动电话、便携式电视、游戏机等），因而也令 LCD 产业得到了蓬勃的发展。

9.1.2　LCD 分类

　　液晶显示器的亮度、对比度、色彩、可视角度、可视面积以及反应速度等参数是决定 LCD 显示屏性能的重要指标，而这些参数很大程度上由液晶面板决定。目前生产液晶面板的厂商主要为三星、LG-Philips、友达等，由于各厂商技术水平的差异，生产的液晶面板也大致分为几种不同的类型。而液晶屏根据其不同的技术可分为 STN、GF、TFT、TFD、OLED 等几类，下面将分别介绍这几类 LCD 液晶显示屏。

1．STN 液晶屏

　　STN（Super Teisted Nematic）属于无源被动矩阵式 LCD，几乎所有黑白屏手机的液晶屏都是这种材料。彩色 STN 液晶屏就是在单色的 STN 液晶屏基础上加个彩色滤光片，并将单色显示矩阵中的每个像素分成三个子像素，分别通过彩色滤光片显示红、绿、蓝三种颜色，从而实现彩色画面。由于技术的限制，目前 STN 液晶屏最高只有 65536 种色彩，市场上见到的大多数都是 4096 色的 STN 产品，所以 STN 也被称为伪彩。

2．GF 液晶屏

　　GF（Glass Fine Color），由于现在市面上采用 GF 液晶屏的数码产品非常少，或许大家对 GF 液晶屏较为陌生。其实 GF 属于 STN 的一种，GF 的主要特点是：在保证功耗较小的前提下亮度有所提高，但 GF 液晶屏会有些偏色。

3．TFT 液晶屏

　　TFT（Thin Film Transistor）被称为真彩，它属于有源矩阵液晶屏，是由薄膜晶体管组成的屏幕，它的每个液晶像素点都是由薄膜晶体管来驱动的，每个像素点后面都有 4 个相互独立的薄膜晶体管驱动像素点发出彩色光，可显示 24bit 色深的真彩色。在分辨率上，TFT 液晶屏最高可以达到 1600px×1200px。TFT 的排列方式具有记忆性，所以电流消失后不会马上恢复原状，从而改善了 STN 液晶屏闪烁和模糊的缺点，有效地提高了液晶屏显示动态画面的效果，在显示静态画面方面的能力也更加突出，TFT 液晶屏的优点是响应时间比效短，并且色彩艳丽，所以它被广泛使用于掌上电脑、手机等移动嵌入式设备上。而 TFT 液晶屏的缺点就是比较耗电，并且成本也比较高。

4．TFD 液晶屏

　　TFD（Thin Film Diode）是由 EPSON 专门为手机屏幕开发出来的 LCD 技术。它同样属于有源矩阵液晶屏，LCD 上的每一个像素都配备了一个单独的二极管，可以对每个像素进行单独控制，使每个像素之间不会互相影响，这样可以明显提高分辨率，可以无拖尾地显示动态画面和绚丽的色彩。但是这也大大增加了产品的成本。在性能方面，TFD 液晶屏兼顾了 TFT 液晶屏和 STN 液晶屏的优点，TFD 液晶屏比 STN 液晶屏的亮度更高，并且色彩也更鲜艳，同时比 TFT 液晶屏更省电，不过在色彩和亮度上还是比 TFT 液晶逊色一些。

5．OLED 液晶屏

　　OLED（Organic Light Emitting Display）也被称为有机发光显示屏，它采用了有机发光技术，这也是目前最新的显示技术。OLED 显示技术与传统的液晶显示方式不同，它不需要背光灯，而是采用非常薄的有机材料涂层和玻璃基板，当有电流通过时，这些有机材料就会发光，所以它的视角很大，从各个方向都可以看清楚屏幕上的内容,不但可以做得很薄,而且 OLED 显示屏能够显著节省电能。目前市面上大部分智能手机都配备这种技术的 LCD 屏。

9.1.3　LCD 参数介绍

分辨率、视角、可视面积、亮度、对比度、反应速度以及色彩等参数是决定 LCD 显示屏性能的重要指标,

1．分辨率

分辨率是指屏幕上水平和垂直方向所能够显示的点数的多少,分辨率越高,同一屏幕内能够容纳的信息就越多。对 LCD 来说,LCD 的最大分辨率就是它的真实分辨率,也就是最佳分辨率。

2．视角

LCD 可视角度根据工艺先进与否而有所不同,部分新型产品的可视角度已经能够达到 160 度以上。也有一些 LCD 虽然标称视角为 160 度,但实际上却达不到这个标准。用户在使用过程中一旦视角超出其实际可视范围,画面的颜色就会减退、变暗,甚至出现正像变成负像的情况。

3．可视面积

可视面积指的是在实际应用中,可以用来显示图像的那部分屏幕的面积。对于 LCD 来说,标称的尺寸大小基本上就是可视面积的大小,被边框占用的空间非常小,15 英寸 LCD 的可视面积大约有 14.5 英寸左右。

4．亮度与对比度

液晶显示器的显示功能主要是因为其有一个背光光源,这个光源的亮度决定整台 LCD 的画面亮度及色彩的饱和度。从理论上来说,液晶显示器的亮度是越高越好,亮度的测量单位为 cd/m^2,也叫流明。目前 TFT 屏幕的亮度大部分都是从 150Nits 开始起步,通常情况下 200Nits 才能表现出比较好的画面。对比度也就是黑与白两种色彩不同层次的对比测量度。对比度 120:1 时就可以显示生动、丰富的色彩(因为人眼可分辨的对比度约在 100:1 左右),对比率高达 300:1 时便可以支持各阶级的颜色。目前大多数 LCD 显示器的对比度都在 100:1～300:1 左右。

5．反应速度

反应速度是指像素由亮变暗,再由暗变亮所需的时间。这个数值越小,说明反应速度越快。目前主流 LCD 的反应速度都在 25ms 以上,用于一般商业应用中已经足够。而如果是用来玩游戏、观看 VCD/DVD 等全屏高速动态影象时,反应速度将影响画面效果。如果反应速度较慢,画面就会出现拖尾、残影等现象。

6．色彩

LCD 只能显示大约 26 万种颜色,绝大部分产品都宣称能够显示 1677 万色(32 位色),实际上都是通过抖动算法来实现的,与真正的 32 位色相比还是有很大差距。

9.2　LCD 工作原理

液晶的物理特性是,当通电施加上电场时,液晶排列变得有秩序,使光线容易通过。而不通电时排列混乱,阻止光线通过。大多数液晶都属于有机复合物,由长棒状的分子构成。在自然状态下,这些棒状分子的长轴大致平行。下面将介绍 LCD 的工作原理以及 LCD 驱动方式。

9.2.1　显示原理

　　LCD 的工作原理主要利用了液晶的物理特性。除此之外 LCD 还有两个特点：第一个特点是必须将液晶灌入两个列有细槽的平面之间才能正常工作。这两个平面上的槽互相垂直（90 度相交），也就是说，若一个平面上的分子南北向排列，则另一平面上的分子东西向排列，从而位于两个平面之间的分子被强迫进入一种 90 度扭转的状态。由于光线顺着分子的排列方向传播，所以光线经过液晶时也被扭转 90 度。但当在液晶上加一个电压时，分子便会重新垂直排列，使光线能直射出去，而不发生任何扭转。

　　LCD 的第二个特点是它依赖极化滤光片和光线本身，自然光线是朝四面八方随机发散的，极化滤光片实际是一系列越来越细的平行线。这些线形成一张网，阻断不与这些线平行的所有光线，极化滤光片的线正好与第一个垂直，所以能完全阻断那些已经极化的光线。只有两个滤光片的线完全平行，或者光线本身已扭转到与第二个极化滤光片相匹配，光线才得以穿透。LCD 正是由这样两个相互垂直的极化滤光片构成，所以在正常情况下应该阻断所有试图穿透的光线。但是，由于两个滤光片之间充满了扭曲液晶，所以在光线穿出第一个滤光片后，会被液晶分子扭转 90 度，最后从第二个滤光片中穿出。而当液晶加上一个电压，分子又会重新排列并完全平行，使光线不再扭转，所以正好被第二个滤光片挡住。

　　总之，加电将光线阻断，不加电则使光线射出。当然，也可以改变 LCD 中的液晶排列，使光线在加电时射出，而不加电时被阻断。但由于液晶屏幕几乎总是亮着的，所以只有"加电将光线阻断"的方案才能达到省电的目的。

9.2.2　LCD 的驱动方式

　　液晶显示器驱动器是为液晶显示器提供电场的器件。由于液晶显示像素上施加的必须是交流电场，因此要求液晶显示驱动器的驱动输出必须是交流驱动。

　　单纯矩阵驱动的方式是由垂直于水平方向的电极构成，选择要驱动的部分由水平方向电压来控制，垂直方向的电极则负责驱动液晶分子。在 TN 与 STN 型的液晶显示器中，所使用的是单纯驱动电极的方式，都是采用 X 轴、Y 轴的交叉方式来驱动。

　　目前液晶显示技术大多采用了主动式矩阵（active-matrix addressing）的方式来驱动，这也是能达到高密度液晶显示效果的理想装置，并且分辨率极高。方法是利用薄膜技术所做成的硅晶体管电极，利用扫描法来选择任意一个显示点（pixel）的开与关。这其实是利用薄膜式晶体管的非线性功能来取代不易控制的液晶非线性功能。主动式矩阵的驱动方式是让每个像素都对应一个组电极，电压以扫描的方式来表示每个像素的状态。

　　在 TFT 型 LCD 中，导电玻璃上画上网状的细小线路，电极是由薄膜式晶体管排列而成，在每个线路相交的地方有一个控制开关，虽然驱动信号快速地在各像素点上扫描而过，但只有电极上晶体管矩阵中被选择的像素点才得到驱动，使液晶分子轴转向，未被选择的像素点不会被驱动，液晶分子也不会转向。这种驱动方式避免了显示对电场效应的依赖。色彩的实现和 STN 型 LCD 类似，但是更丰富。

9.3　S3C2440A 的 LCD 模块

9.3.1　S3C2440A 的 LCD 模块组成结构

　　S3C2440A 中的 LCD 控制器由数据转移逻辑组成。它将位于视频缓冲区的图像数据转移到外部 LCD 驱动器，使外部 LCD 模块能使用图像数据。系统结构如图 9.3.1 所示。

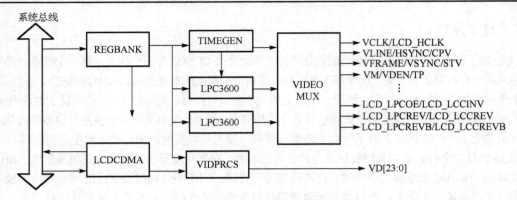

图 9.3.1　LCD 控制器框图

由以上 LCD 控制器框图可知，S3C2440A 的 LCD 控制器包括 REGBANK、LCDCDMA、VIDPRCS、TIMEGEN 和 LPC3600（LPC3600 为 LTS350Q1-PD1/2 或 LTS350Q1-PE1/2 的时序控制逻辑单元）几个模块，其功能是传输视频数据 VD[23:0]并产生相应的控制信号，如 VFRAME、VLINE、VCLK、VM 等。

REGBANK 有 17 个可编程寄存器和 256×16 位用于配制 LCD 控制器的调色板内存空间。LCDCDMA 是 LCD 控制器的专用 DMA 通道，它可以自动将视频数据从帧存储器到传输 LCD 驱动器。通过使用专用的 DMA，不需要通过 CPU 控制，视频数据就可以直接在屏幕上显示。VIDPRCS 用来接收来自 LCDCDMA 的视频数据，将其变换成适当格式后，通过数据端口发送至 LCD 驱动器，例如 4/8 位单扫描或 4 位双扫描显示模式。TIMEGEN 由可编程逻辑组成，可支持不同 LCD 驱动器的一般接口时序和速率，并产生 VFRAME、VLINE、VCLK、VM 等控制信号。

9.3.2　S3C2440A 的 LCD 控制器的特性

S3C2440A 的 LCD 控制器支持单色、2 位色深（4 阶灰度）或 4 位色深（16 阶灰度）模式。通过对 LCD 控制器编程，可以实现屏幕水平和垂直像素数、数据接口的数据线宽度、接口时序和刷新频率的配置。

对于 STN 类型 LCD 屏，S3C2440A 的 LCD 控制器支持 4 位单扫描、4 位双扫描和 8 位单扫描显示类型的 LCD 面板；支持单色、4 阶灰度和 16 阶灰度的显示；通过抖动算法和帧频控制（FRC）方法，该控制器可以连接到 8 位色深（256 色）的彩色 LCD 面板和连接到 12 位色深（4096 色）的 STN 类型 LCD；支持 640×480、320×240、160×160 等多种屏幕尺寸；最大虚拟屏幕尺寸为 4M 字节，256 色模式最大虚拟屏幕尺寸：4096×1024、2048×2048、1024×4096 等。

对于 TFT 类型 LCD 屏，S3C2440A 的 LCD 控制器支持单色深、2 位色深、4 位色深和 8 位色深的调色 TFT-LCD 面板，以及 16 位色深和 24 位色深的无调色真彩显示；支持 24 位色深模式下最大 16M 色 TFT 型 LCD；支持 640×480、320×240、160×160 等多种屏幕尺寸；最大虚拟屏幕尺寸为 4M 字节，64K 色模式最大虚拟屏幕尺寸：2048×1024 等。

此外，该 LCD 控制器有一个支持从视频缓冲区接收图像数据的专用 DMA 通道。其功能包括：

（1）专用的中断功能（INT_FrSyn 和 INT_FiCnt）；

（2）使用系统存储器作为显存；

（3）支持多种虚拟屏，支持硬件水平/垂直滚动；

（4）对于不同的显示面板可通过编程实现时序控制；

（5）与 WinCE 数据格式一样，可支持大/小端模式的数据存储方式；

（6）支持以下两种类型的 SEC TFT-LCD 面板：LTS350Q1-PD1/2 面板和 LTS350Q1-PE1/2 面板。

需要注意的是：由于 WinCE 系统不支持 12 位封装数据格式。因此，在 WinCE 系统下需确保可以支持 12 位色模式。

对于不同类型的 LCD 屏，LCD 控制器的外部接口信号也有差异，图 9.3.1 右侧输出的各个信号对应的屏信息如表 9.3.1 所示。

表 9.3.1　外部接口信号

STN	TFT	SEC TFT (LTS350Q1- PD1/2)	SEC TFT (LTS350Q1- PE1/2)
VFRAME （帧同步信号）	VSYNC （垂直同步信号）	STV	STV
VLINE （行同步脉冲信号）	HSYNC （水平同步信号）	CPV	CPV
VCLK （像素时钟信号）	VCLK （像素时钟信号）	LCD_HCLK	LCD_HCLK
VD[23:0] （LCD 像素数据输出端口）	VD[23:0] （LCD 像素数据输出端口）	VD[23:0]	VD[23:0]
VM （LCD 驱动器的 AC 偏压信号）	VDEN （数据使能信号）	TP	TP
—	LEND （行结束信号）	STH	STH
LCD_PWREN	LCD_PWREN	LCD_PWREN	LCD_PWREN
—	—	LPC_OE	LCC_INV
—	—	LPC_REV	LPC_REV
—	—	LPC_REVB	LPC_REVB

9.3.3　STN-LCD 控制器配置

1．时序发生器 TIMEGEN 配置

通过配置 REGBANK 中可编程寄存器 LCDCON1/2/3/4/5，使控制器产生 STN-LCD 驱动器的控制信号，如 VFRAME、VLINE、VCLK 和 VM 等。VFRAME 在整个第一行的持续时间内，以每帧发送一个脉冲的频率发送 VFRAME 信号，用于将 LCD 的行指针移至屏幕的最上方来重新显示。VM 信号帮助 LCD 驱动器改变行/列电压的极性。VM 信号的触发率由 LCDCON1 寄存器的 MMODE 位和 LCDCON4 寄存器的 MVAL[7:0]控制。如果 MMODE 值为 0，则 VM 信号被配制为每帧触发；如果 MMODE 为 1，则 VM 信号被配制为每次由 MVAL[7:0]的值所指定数量的 VLINE 的消逝事件触发。当 MMODE=1 时，VM 频率：

$$f_{VM} = f_{VLIN} / (2 \times MAVL)$$

VFRAME 和 VLINE 脉冲发生取决于 LCDCON2/3 寄存器中 HOZVAL 字段和 LINEVAL 字段。每个字段又与 LCD 大小和显示模式有关。即通过配置 HOZVAL 和 LINEVAL 可以改变 LCD 面板大小和显示模式。具体公式如下：

HOZVAL = (水平显示大小/有效 VD 数据行数) −1

彩色模式中：水平显示大小=3×水平像素数

由下列公式可得，4 位单扫描显示模式中，有效 VD 数据行数应该为 4。在 4 位双扫描显示情况中，有效 VD 数据行数应该同样为 4，而 8 位单扫描显示模式中，有效 VD 数据行数应该为 8：

单扫描显示类型情况中：LINEVAL= (虚拟显示大小) −1

双扫描显示类型情况中：LINEVAL= (虚拟显示大小/2) −1

VCLK 信号速率由 LCDCON1 寄存器中 CLKVAL 字段控制，具体公式如下：

$$\text{VCLK(Hz)=HCLK/(CLKVAL}\times 2)$$

表 9.3.2 现实了 VCLK 与 CLKVAL 的关系。其中 CLKVAL 的最小值为 2。

表 9.3.2   VCLK 与 CLKVAL 之间的关系（STN、HCLK= 60MHz）

CLKVAL	60MHz/X	VCLK
2	60MHz /4	15.0MHz
3	60MHz /6	10.0MHz
…	…	…
1023	60MHz/2048	29.3kHz

帧频为 VFRAM 信号频率。帧频与 LCDCON1/2/3/4 寄存器中的 WLH[1:0]（VLINE 脉宽）、WDLY[1:0]（VLINE 脉冲后的 VCLK 延迟宽度）、HOZVAL、LINEBLANK 和 LINEVAL 字段以及 VCLK 和 HCLK 密切相关。多数 LCD 驱动器需要它们自己适当的帧频。帧频计算公式如下：

$$f_{\text{Hz}} = 1 \bigg/ \left\{ \left[\left(\frac{1}{\text{VCLK}} \right) \times (1 + \text{HOZVAL}) \times (A + B + \text{LINEBLANK} \times 8) \right] \times (\text{LINEVAL} + 1) \right\}$$

$$A = 2^{4+\text{WLH}}, B = 2^{4+\text{WDLY}}$$

2. 视频操作

S3C2440A 的 LCD 控制器支持 256 色模式、4096 色模式、单色模式、4 阶灰度模式和 16 阶灰度模式。在灰色或彩色模式下，需要通过基于时间的抖动算法和帧频控制（FRC）方法来实现灰阶或彩色的色深。该配置可以通过跟随一个可编程查找表实现。单色模式下不需要顾及 FRC 和查找表模块。通过移位视频数据到 LCD 驱动器来将 FIFOH（和 FIFOL，如果使用双扫描显示类型）数据串行化为 4 位（或 8 位，如果使用 4 位双扫描或者 8 位单扫描显示类型）的数据。

S3C2440A 支持通过查找表选择色深和灰阶，以确保用户的灵活操作。查找表其实就是调色板，用户可以在 4 阶灰度模式中通过使用查找表来选择 16 种灰阶中的 4 种。而在 16 阶灰度模式中不能选择该灰度。所有 16 阶灰度必须在可能的 16 种灰阶中选择。256 色（8 位）情况中，分配 3 位给红色、3 位给绿色及 2 位给蓝色。256 色意味着颜色由 8 红、8 绿和 4 蓝（8×8×4=256）色深组合而成的。彩色模式中，可以使用查找表选择合适的色深。可以选择 16 种红色深中的 8 种、16 种绿色深中的 8 种和 16 种蓝色深中的 4 种。需要注意的是 4096 色模式情况中不能像 256 色模式中一样选择。

S3C2440A 的 LCD 控制器支持两种灰度模式：4 阶灰度和 16 阶灰度。4 阶灰度模式是使用查找表（BLUELUT）选择的，它允许在 16 种可能的灰度阶级中选择 4 阶灰度。4 阶灰度模式查找表是使用彩色模式中蓝色查找表寄存器 BLUELUT 中的 BULEVAL[15:0]来配置的。将由 BLUEVAL[3:0]值标记灰度 0。例如 BLUEVAL[3:0]为 9，则等级 0 将被表示为 16 灰阶中的灰阶 9；BLUEVAL[3:0]为 15，则等级 0 将被表示为 16 灰阶中的灰阶 15。接着以上相同方法，等级 1 将由 BLUEVAL[7:4]标记，等级 2 将由 BLUEVAL[11:8]标记和等级 3 将由 BLUEVAL[15:12]标记。BLUEVAL[15:0]中的这 4 组将表示等级 0、等级 1、等级 2 和等级 3。

S3C2440A 的 LCD 控制器可以通过使用抖动算法和 FRC 来实现 256 色深，并分配 3 位给红色、3 位给绿色和 2 位给蓝色。彩色显示模式使用不同查找表给红色、绿色和蓝色。每个查找表使用 REDLUT 寄存器的 REDVAL[31:0]、GREENLUT 寄存器的 GREENVAL[31:0] 和 BLUELUT 寄存器的 BLUEVAL[15:0]作为可编程查找表入口。

类似于灰度模式显示，REDLUR 寄存器中 8 组字段，即 REDVAL[31:28]、REDLUT[27:24]、

REDLUT[23:20]、REDLUT[19:16]、REDLUT[15:12]、REDLUT[11:8]、REDLUT[7:4]和 REDLUT[3:0]，被分配给每个红色等级。每组字段的可能组合都有 16 种，并且每个红色等级应该被分配到可能的 16 种情况中的 1 种。换句话说，用户可以通过使用此查找表的类型来选择合适的红色等级。对于绿色，GREENLU 寄存器的 GREENVAL[31:0]被分配作为查找表，与红色情况相同操作。类似的，BLUELUT 寄存器的 BLUEVAL[15:0]同样被分配作为查找表。对于蓝色，2 位被分配给 4 蓝色等级，与 8 红色或绿色等级不同。此外 S3C2440A 的 LCD 控制器能支持 4096 色显示模式。彩色显示模式可以通过使用抖动算法和 FRC 来产生 256 级色深。12 位被编码到 4 位给红色，4 位给绿色，4 位给蓝色。4096 色显示模式不使用查找表。

3．抖动算法与 FRC

STN-LCD 除了单色显示情况外，其他显示情况都必须通过抖动算法来处理视频数据。DITHFRC 模块有两种功能，一是基于时间的抖动算法用来降低闪烁，二是用于实现 STN 面板上显示灰度和色深的帧频控制 FRC。FRC 的主要原理如下：例如，要显示总计 16 个等级中的第三灰度（3/16），应该 3 次像素打开和 13 次像素关闭。也就是说，16 帧中的 3 帧应该在特定像素上打开，其余的 13 帧在特定像素上关闭，并应该周期性地显示这 16 帧。这就是如何在屏幕上显示灰度的基本原理，即所谓的由 FRC 实现的灰度显示。实际例子如表 9.3.3 所示。例如，第 14 灰度，需要一个 6/7 占空比，这意味着有 6 次像素打开和 1 次像素关闭。

表 9.3.3　抖动占空比例子

预抖动数据 （灰度号）	占　空　比	预抖动数据 （灰度号）	占　空　比
15	1	7	1/2
14	6/7	6	3/7
13	4/5	5	2/5
12	3/4	4	1/3
11	5/7	3	1/4
10	2/3	2	1/5
9	3/5	1	1/7
8	4/7	0	0

STN-LCD 显示中需注意的是由于相邻帧的像素同时打开或关闭引起的闪烁问题。例如，如果第一帧的像素全部打开并且下一帧的所有像素都关闭，闪烁噪声将为最大化。为了降低屏幕上的闪烁噪声，帧之间像素打开和关闭的平均几率应该相同。为了实现这一点应使用基于时间抖动算法来实现。灰度和 FRC 之间应该有如表 9.3.3 所示联系。例如，对于 16 阶灰度，第 15 灰度应该总为像素打开，第 14 灰度应该有 6 次像素打开和 1 次像素关闭，第 13 灰度应该有 4 次像素打开和 2 次像素关闭等等。

4．显示模式

LCD 控制器支持三种 LCD 驱动器类型：4 位双扫描、4 位单扫描、8 位单扫描显示模式。图 9.3.2 显示了单色显示的三种不同显示类型和彩色显示的三种不同显示类型。

由图 9.3.2 可知，4 位双扫描显示使用 8 条并行数据线同时移位数据到显示的上半部分和下半部分。8 条并行数据线中 4 位数据被移位到高半部分，而另 4 位数据被移位到低半部分，当显示的每一半被转移时就到达了帧尾。从 LCD 控制器的 LCD 输出的 8 个引脚 VD[7:0]可以直接连接到 LCD 驱动器。
4 位单扫描显示使用 4 条并行数据线同时将数据转移到连续的行上，直到所有帧都被转移。从 LCD 控
制器 4 个输出引脚 VD[3:0]直接连接到 LCD 驱动器，另 4 个引脚 VD[7∶4]未被使用。8 位单扫描显示
使用 8 条并行数据线同时将数据移位到连续的行上，直到所有帧都被转移。LCD 控制器的 8 个输出引
脚 VD[7∶0]直接连接到 LCD 驱动器。

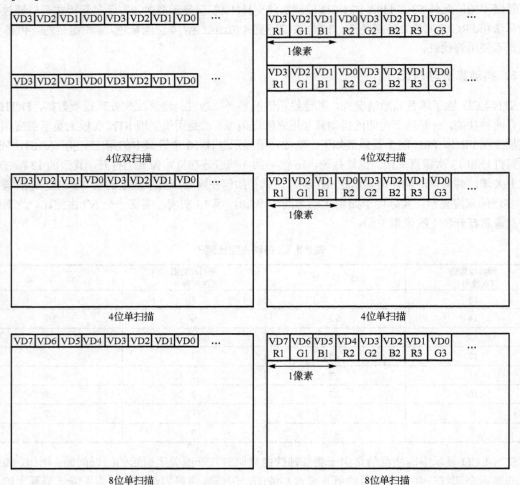

图 9.3.2　单色和彩色显示的 3 中不同显示类型

　　彩色显示每像素需要 3 位（红、绿和蓝）图像数据，因此每行的水平移位寄存器数等于一行
的像素数的 3 倍。这将导致水平移位寄存器对于每行的像素数长 3 倍。RGB 通过并行数据线被连
续的转移到 LCD 驱动器。图 9.3.2 的右侧显示了三种彩色显示类型的并行数据线中 RGB 和像素次
序。彩色显示每像素需要 3 位（红、绿和蓝）图像数据，因此，每行的移位寄存器数等于一行的
像素数的 3 倍。RGB 通过并行数据线被连续的移位到 LCD 驱动器。RGB 次序由视频缓冲器中的
视频数据顺序决定。

5．数据存储格式

　　4 位或 8 位的单扫描模式的视频数据存储方式与 4 位双扫描模式有所区别。在单扫描模式中，

依次从视频缓存区的 0000H 地址开始存储数据，每 4 个字节存储一个 32 数据；而在双扫描模式下，一部分数据依次存储在 0000H 地址开始的缓存区，另一部分存储在 1000H 地址开始的缓存区。

在 4 阶灰度模式中，视频数据的 2 位相当于 1 个像素。16 阶灰度模式中，视频数据的 4 位相当于 1 个像素。256 色模式中，视频数据的 8 位（红 3 位、绿 3 位、蓝 2 位）相当于 1 个像素。字节中彩色数据格式如表 9.3.4 所示。

表 9.3.4 256 色模式彩色数据格式

位[7:5]	位[4:2]	位[1: 0]
红色	绿色	蓝色

4096 色模式中，封装与未封装的 12BPP 彩色模式视频数据的 12 位（红 4 位、绿 4 位、蓝 4 位）相当于 1 个像素。字节中彩色数据格式如表 9.3.5、表 9.3.6 所示（视频数据必须固定以 3 字为边界）。

表 9.3.5 封装的 12BPP 彩色模式 RGB 次序

DATA	[31:28]	[27:24]	[23:20]	[19:16]	[15:12]	[11:8]	[7:4]	[3:0]
字#1	红(1)	绿(1)	蓝(1)	红(2)	绿(2)	蓝(2)	红(3)	绿(3)
字#2	蓝(3)	红(4)	绿(4)	蓝(4)	红(5)	绿(5)	蓝(5)	红(6)
字#3	绿(6)	蓝(6)	红(7)	绿(7)	蓝(7)	红(8)	绿(8)	蓝(8)

表 9.3.6 未封装的 12BPP 彩色模式 RGB 次序

DATA	[31:28]	[27:24]	[23:20]	[19:16]	[15:12]	[11:8]	[7:4]	[3:0]
字#1	-	红(1)	绿(1)	蓝(1)	-	红(2)	绿(2)	蓝(2)
字#2	-	红(3)	绿(3)	蓝(3)	-	红(4)	绿(4)	蓝(4)
字#3	-	红(5)	绿(5)	蓝(5)	-	红(6)	绿(6)	蓝(6)

16BPP 彩色模式的视频数据 16 位（红 5 位、绿 6 位、蓝 6 位）相当于 1 个像素。但是 STN 控制器将只会使用 12 位彩色数据。这意味着只有每个彩色数据的高 4 位将被用作像素数据（R[15:12]、G[10:7]、B[4:1]）。表 9.3.7 显示了字中彩色数据格式。

表 9.3.7 16BPP 彩色模式 RGB 次序

DATA	[31:28]	[27:21]	[20:16]	[15:11]	[10:5]	[4:0]
字#1	红(1)	绿(1)	蓝(1)	红(2)	绿(2)	蓝(2)
字#2	红(3)	绿(3)	蓝(3)	红(4)	绿(4)	蓝(4)
字#3	红(5)	绿(5)	蓝(5)	红(6)	绿(6)	蓝(6)

6. 时序要求

VD[7:0]信号用于将图像数据从存储器转移到 LCD 驱动器。VCLK 信号用于给转移数据到 LCD 驱动器的移位寄存器提供时钟。当每行的数据移位到 LCD 驱动器移位寄存器后，发出 VLINE 信号从而开始在面板上显示。VM 信号给显示屏提供一个 AC 信号，LCD 用此信号来打开或关闭像素的行和列电压的极性。可通过编程配置其为每帧触发或每 VLINE 数量的信号触发。图 9.3.3 显示了 LCD 驱动器接口的时序。

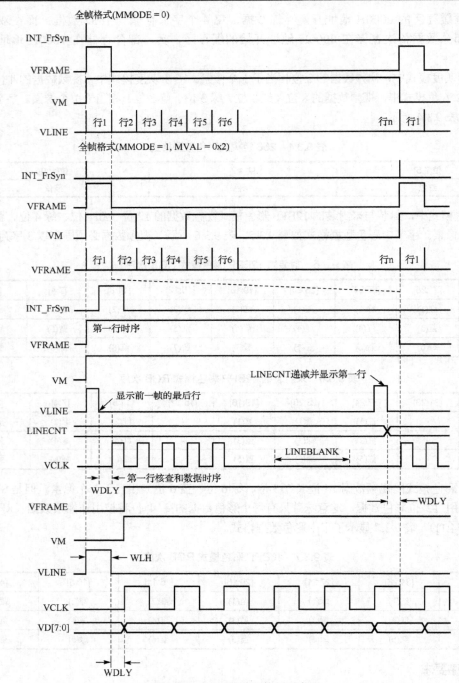

图 9.3.3　LCD 驱动器接口时序图

9.3.4　TFT-LCD 控制器配置

1. 时序发生器 TIMEGEN 配置

通过配置 REGBANK 中可编程寄存器 LCDCON1/2/3/4/5，使控制器产生 TFT-LCD 驱动器的控制信号，例如 VSYNC、HSYNC、VCLK、VDEN 和 LEND 信号。VSYNC 信号用于使 LCD 的行指针从显示屏的顶端重新开始显示。VSYNC 和 HSYNC 脉冲由 LCDCON2/3 寄存器中 HOZVAL 字段和 LINEVAL 字段控制产生。HOZVAL 和 LINEVAL 由 LCD 面板大小决定，可以按照下列等式计算：

$$HOZVAL =（水平显示大小）-1$$

$$LINEVAL =（垂直显示大小）-1$$

VCLK 信号的频率取决于 LCDCON1 寄存器中的 CLKVAL 字段。表 9.3.8 定义了 VCLK 和 CLKVAL 之间的关系。CLKVAL 的最小值为 0。计算公式如下：

$$VCLK(Hz) = HCLK/[(CLKVAL+1) \times 2]$$

表 9.3.8　VCLK 和 CLKVAL 之间的关系（TFT，HCLK = 60MHz）

CLKVAL	60MHz/X	VCLK
2	60MHz/4	15.0MHz
3	60MHz/6	10.0MHz
…	…	…
1023	60MHz/2048	30kHz

帧频即为 VSYNC 信号频率。帧频与 LCDCON1 与 LCDCON2/3/4 寄存器中的 VSYNC、VBPD、VFPD、LINEVAL、HSYNC、HBPD、HFPD、HOZVAL，以及 CLKVAL 字段有关。多数 LCD 驱动器需要合适的帧频。

$$f_{Hz} = 1 \bigg/ \left\{ \left[\left(\frac{1}{VCLK} \right) \times (1+HOZVAL) \times (A+B+LINEBLANK \times 8) \right] \times (LINEVAL+1) \right\}$$

$$A = 2^{4+WLH}, B = 2^{4+WDLY}$$

2．视频操作

S3C2440A 中的 TFT-LCD 控制器支持 1BPP、2BPP、4BPP 或 8BPP（位每像素）调色显示和 16BPP 或 24BPP 无调色真彩显示。S3C2440A 可以支持 256 色调色板给各种色彩的映射提供选择，从而使用户能够灵活操作。

3．数据存储格式

不同色深的视频数据存储方式也不同。对 24BPP 数据而言，BPP24BL 位的值不同，存储方式也会不同。24BPP 的数据存储格式以及引脚描述如表 9.3.9、表 9.3.10 所示。

表 9.3.9　24BPP 数据存储格式

	BSWP=0，HWSWP=0，BPP24BL=0		BSWP=0，HWSWP=0，BPP24BL=1	
	D[31:24]	D[23:0]	D[31:8]	D[7:0]
000H	空位	P1	P1	空位
004H	空位	P2	P2	空位
008H	空位	P3	P3	空位
…				

表 9.3.10　s24BPP 下 VD 的引脚描述

VD	23	22	21	20	19	18	17	16	15	14	13	12	11	10	9	8	7	6	5	4	3	2	1	0
红	7	6	5	4	3	2	1	0																
绿									7	6	5	4	3	2	1	0								
蓝																	7	6	5	4	3	2	1	0

与 24BPP 视频数据类似，HWSWP 位的值决定了 16BPP 数据的存储格式。16BPP 的数据存储格式以及引脚描述如表 9.3.11、表 9.3.12 和表 9.3.13 所示。

表 9.3.11　16BPP 数据存储格式

	BSWP=0，HWSWP=0		BSWP=0，HWSWP=1	
	D[31:16]	D[15:0]	D[31:16]	D[15:0]
000H	P1	P2	P2	P1
004H	P3	P4	P4	P3
008H	P5	P6	P6	P5
...				

表 9.3.12　16BPP 下 VD 的引脚描述(5:6:5)

VD	23	22	21	20	19	18	17	16	15	14	13	12	11	10	9	8	7	6	5	4	3	2	1	0
红	4	3	2	1	0		NC								NC							NC		
绿									5	4	3	2	1	0										
蓝																	4	3	2	1	0			

表 9.3.13　16BPP 下 VD 的引脚描述（5:5:5:1）

VD	23	22	21	20	19	18	17	16	15	14	13	12	11	10	9	8	7	6	5	4	3	2	1	0
红	4	3	2	1	0	1		NC							NC								NC	
绿									4	3	2	1	0	1										
蓝																	4	3	2	1	0	1		

8BPP、4BPP 和 2BPP 的数据存储格式以及引脚描述如表 9.3.14～9.3.18 所示。

表 9.3.14　8BPP 数据存储格式（BSWP=0，HWSWP=0）

	D[31:24]	D[23:16]	D[15:8]	D[7:0]
000H	P1	P2	P3	P4
004H	P5	P6	P7	P8
008H	P9	P10	P11	P12
...				

表 9.3.15　8BPP 数据存储格式（BSWP=1，HWSWP=0）

	D[31:24]	D[23:16]	D[15:8]	D[7:0]
000H	P4	P3	P2	P1
004H	P8	P7	P6	P5
008H	P12	P11	P10	P9
...				

表 9.3.16　4BPP 数据存储格式（BSWP=0，HWSWP=0）

	D[31:28]	D[27:24]	D[23:20]	D[19:16]	D[15:12]	D[11:8]	D[7:4]	D[3:0]
000H	P1	P2	P3	P4	P5	P6	P7	P8
004H	P9	P10	P11	P12	P13	P14	P15	P16
008H	P17	P18	P19	P20	P21	P22	P23	P24
...								

表 9.3.17　4BPP 数据存储格式（BSWP=1，HWSWP=0）

	D[31:28]	D[27:24]	D[23:20]	D[19:16]	D[15:12]	D[11:8]	D[7:4]	D[3:0]
000H	P7	P8	P5	P6	P3	P4	P1	P2
004H	P15	P16	P13	P14	P11	P12	P9	P10
008H	P23	P24	P21	P22	P19	P20	P17	P18
…								

表 9.3.18　2BPP 数据存储格式（BSWP=0，HWSWP=0）

	D[31:30]	D[29:28]	D[27:26]	D[25:24]	D[23:22]	D[21:20]	D[19:18]	D[17:16]
000H	P1	P2	P3	P4	P5	P6	P7	P8
004H	P17	P18	P19	P20	P21	P22	P23	P24
008H	P33	P34	P35	P36	P37	P38	P39	P40
…								
	D[15:14]	D[13:12]	D[11:10]	D[9:8]	D[7:6]	D[5:4]	D[3:2]	D[1:0]
000H	P9	P10	P11	P12	P13	P14	P15	P16
004H	P25	P26	P27	P28	P29	P30	P31	P32
008H	P41	P42	P43	P44	P45	P46	P47	P48

4．256 色调色板使用

S3C2440A 为 TFT-LCD 控制器提供了 256 色调色板。用户可以从 64K 色中选择两种数据格式的 256 色调色板：5:6:5（R:G:B）格式（5:6:5 格式的相关数据如表 9.3.19 所示）和 5:5:5:I（R:G:B:I）。256 色调色板由 256×16 位 SPSRAM 组成。当用户使用 5:5:5:I 格式时，强度数据 I 作为 RGB 数据的共用位 LSB，即 5:5:5:I 格式与 R(5+I):G(5+I):B(5+I)格式相同。在 5:5:5:I 格式中，用户可以参照表 9.3.20 所提供的方式写调色板；连接 VD 引脚到 TFT-LCD 面板（R(5+I)=VD[23:19]+VD[18]、VD[10]或 VD[2]，G(5+I)=VD[15:11]+VD[18]、VD[10]或 VD[2]，B(5+I)=VD[7:3]+VD[18]、VD[10]或 VD[2]）；清零 LCDCON5 寄存器的 FRM565 这个位。

表 9.3.19　5:6:5 格式的 VD 引脚描述

索引	15	14	13	12	11	10	9	8	7	6	5	4	3	2	1	0	地址
00H	R4	R3	R2	R1	R0	G5	G4	G3	G2	G1	G0	B4	B3	B2	B1	B0	0X4D000400
01H	R4	R3	R2	R1	R0	G5	G4	G3	G2	G1	G0	B4	B3	B2	B1	B0	0X4D000404
…																	
FFH	R4	R3	R2	R1	R0	G5	G4	G3	G2	G1	G0	B4	B3	B2	B1	B0	0X4D0007FC
VD 数	23	22	21	20	19	15	14	13	12	11	10	7	6	5	4	3	

表 9.3.20　5:5:5:I 格式的 VD 引脚描述

索引	15	14	13	12	11	10	9	8	7	6	5	4	3	2	1	0	地址
00H	R4	R3	R2	R1	R0	G4	G3	G2	G1	G0	B4	B3	B2	B1	B0	I	0X4D000400
01H	R4	R3	R2	R1	R0	G4	G3	G2	G1	G0	B4	B3	B2	B1	B0	I	0X4D000404
…																	
FFH	R4	R3	R2	R1	R0	G4	G3	G2	G1	G0	B4	B3	B2	B1	B0	I	0X4D0007FC
VD 数	23	22	21	20	19	15	14	13	12	11	7	6	5	4	3	2	

当用户执行调色板的读/写操作时，必须检查 LCDCON5 寄存器 HSTATUS 和 VSTATUS，因为 HSTATUS 和 VSTATUS 在 ACTIVE 状态期间禁止读/写操作。S3C2440A 允许用户填充单色到帧缓冲

器或调色板，而无需进行复杂的单色填充帧。通过向 TPAL 寄存器的 TPALVAL 字段写入一个单色帧，并使能 TPALEN，就可以在 LCD 上显示写入的颜色。

9.4　S3C2440A 的 LCD 控制器特殊寄存器

S3C2440A 的 LCD 控制器拥有 5 个控制寄存器 LCDCON1/2/3/4/5，3 个帧缓冲起始地址寄存器 LCDSADDR1/2/3，3 个代表红、绿、蓝三色的查找表寄存器，1 个抖动模式寄存器 DITHMODE，1 个临时调色板寄存器 TPAL。此外还有用于 LCD 中断的 LCD 中断挂起寄存器 LCDINTPND，LCD 中断源挂起寄存器 LCDSRCPND，LCD 中断屏蔽寄存器 LCDINTMSK，以及一个用于控制 LPC3600/LCC3600 模式的 TCON 控制寄存器。通过设置好这些寄存器中相应控制位或字段，就可以设置 S3C2440A 的 LCD 控制器工作在用户想要的工作模式下。

9.4.1　LCD 控制器的控制寄存器 LCDCON1/2/3/4/5

LCD 控制器的控制寄存器地址是从 0X4D000000 开始的，该控制器是一种 32 位可读写寄存器，用于控制 LCD 的工作模式等。具体如表 9.4.1～表 9.4.5 所示。

表 9.4.1　LCD 控制寄存器 LCDCON1

LCDCON1	位	描　　述	初始状态
LINECNT（只读）	[27:18]	提供行计数器的状态。从 LINEVAL 递减计数到 0	0000000000
CLKVAL	[17:8]	决定 VCLK 的频率和 CLKVAL[9:0] STN：VCLK=HCLK/(CLKVAL×2)　　　　　（CLKVAL≥2） TFT：VCLK=HCLK/[(CLKVAL+1)×2]　　　（CLKVAL≥0）	0000000000
MMODE	[7]	决定 VM 的触发频率：0=每帧　　1=由 MVAL 定义此频率	0
PNRMODE	[6:5]	选择显示模式： 00=4 位双扫描显示模式　　　　　　　01=4 位单扫描显示模式 10=8 位单扫描显示模式　　　　　　　11=TFT-LCD 面板	00
BPPMODE	[4:1]	选择 BPP 模式（位每像素）： 0000=STN 的 1BPP 单色模式 0001=STN 的 2BPP4 阶灰度模式 0010 = STN 的 4BPP16 阶灰度模式 0011 = STN 的 8BPP 彩色模式（256 色） 0100 = STN 的封装 12BPP 彩色模式（4096 色） 0101 = STN 的未封装 12BPP 彩色模式（4096 色） 0110 = STN 的封装 16BPP 彩色模式（4096 色） 1000 = TFT 的 1BPP　　　　1001 = TFT 的 2BPP 1010 = TFT 的 4BPP　　　　1011 = TFT 的 8BPP 1100 = TFT 的 16BPP　　　1101 = TFT 的 24BPP	0000
ENVID	[0]	LCD 视频输出和逻辑使能/禁止 0=禁止视频输出和 LCD 控制信号 1=允许视频输出和 LCD 控制信号	0

表 9.4.2　LCD 控制寄存器 LCDCON2

LCDCON2	位	描　　述	初始状态
VBPD	[31:24]	TFT：垂直后沿为帧开始时，垂直同步周期后的的无效行数 STN：STN-LCD 时应该设置此位为 0	0x00
LINEVAL	[23:14]	TFT/STN：此位决定了 LCD 面板的垂直尺寸	0000000000
VFPD	[13:6]	TFT：垂直前沿为帧结束时，垂直同步周期前的的无效行数 STN：STN-LCD 时应该设置此位为 0	00000000
VFPD	[5:0]	TFT：通过计算无效行数垂直同步脉冲宽度决定 VSYNC 脉冲的高电平宽度 STN：STN-LCD 时应该设置此位为 0	000000

表 9.4.3　LCD 控制寄存器 LCDCON3

LCDCON3	位	描　述	初始状态
HBPD（TFT）	[25:19]	TFT：水平后沿为 HSYNC 的下降沿与有效数据的开始之间的 VCLK 周期数	0000000
WDLY（STN）		STN：WDLY[1:0]位通过计数 HCLK 数来决定 VLINE 与 VCLK 之间的延迟保留 WDLY[7:2] 00=16HCLK　01=32HCLK　10=48HCLK　11=64HCLK	
HOZVAL	[18:8]	TFT/STN：此位决定了 LCD 面板的水平尺寸。必须决定 HOZVAL 来满足 1 行的总字节为 4n 字节。单色模式中 LCD 的 x 尺寸为 120 个点，但不能支持 x=120，因为 1 行是由 16 字节（2n）所组成。LCD 面板驱动器将舍弃额外的 8 个点	00000000000
HFPD（TFT）	[7:0]	TFT：水平后沿为有效数据的结束与 HSYNC 的上升沿之间的 VCLK 周期数	0X00
LINEBLANK（STN）		STN：此位表明一次水平行持续时间中的空时间。此位微调 VLINE 的频率 LINEBLANK 的单位为 HCLK×8 例如，当 LINEBLANK 的值为 10，则在 80 个 HCLK 期间插入空时间到 VCLK	

表 9.4.4　LCD 控制寄存器 LCDCON4

LCDCON4	位	描　述	初始状态
MVAL	[15:8]	STN：此位定义如果 MMODE 位被置位为逻辑 1 的 VM 信号将要触发的频率	0x00
HSPW（TFT）	[7:0]	TFT：通过计算 VCLK 的数水平同步脉冲宽度决定 HSYNC 脉冲的高电平宽度	0x00
WLH（STN）		STN：通过计算 HCLK 的数 WLH[1:0]位决定 VLINE 脉冲的高电平宽度。保留 WLH[7:2] 00=16HCLK　01=32HCLK　10=48HCLK　11=64HCLK	

表 9.4.5　LCD 控制寄存器 LCDCON5

LCDCON5	位	描　述	初始状态
保留	[31:17]	保留此位并且应该为 0	0
VSTATUS	[16:15]	TFT：垂直状态（只读）： 00=VSYNC　01=后沿　10=ACTIVE　11=前沿	0
HSTATUS	[14:13]	TFT：水平状态（只读） 00=VSYNC　01=后沿　10=ACTIVE　11=前沿	0
BPP24BL	[12]	TFT：此位决定 24BPP 视频存储器的顺序： 0=LSB 有效　1=MSB 有效	0
FRM565	[11]	TFT：此位选择 16BPP 输出视频数据的格式： 0=5:5:5:I 格式　1=5:6:5 格式	0
INVVCLK	[10]	STN/TFT：此位控制 VCLK 有效沿的极性 0=VCLK 下降沿取视频数据　1=VCLK 上升沿取视频数据	0
INVVLINE	[9]	STN/TFT：此位表明 VLINE/HSYNC 脉冲极性：0=正常　1=反转	0
INVVFRAME	[8]	STN/TFT：此位表明 VFRAME/VSYNC 脉冲极性：0=正常　1=反转	0
INVVD	[7]	STN/TFT：此位表明视频数据 VD 脉冲极性：0=正常　1=反转	0
INVVDEN	[6]	TFT：此位表明 VDEN 信号极性：0=正常　1=反转	0
INVPWREN	[5]	STN/TFT：此位表明 PWREN 信号极性：0=正常　1=反转	0
INVLEND	[4]	TFT：此位表明 LEND 信号极性：0=正常　1=反转	0
PWREN	[3]	STN/TFT：LCD_PWREN 输出信号使能/禁止： 0=禁止 PWREN 信号　1=允许 PWREN 信号	0
ENLEND	[2]	TFT：LEND 输出信号使能/禁止： 0=禁止 LEND 信号　1=允许 LEND 信号	0
BSWP	[1]	STN/TFT：字节交换控制位：　0=交换禁止　1=交换使能	0
HWSWP	[0]	STN/TFT：半字节交换控制位：0=交换禁止　1=交换使能	0

此外还有一个用于控制 LPC3600/LCC3600 模式的寄存器 TCONSEL。该寄存器是地址从 0X4D000060 的可读写寄存器，初始值为 0xF84。具体信息如表 9.4.6 所示。

表 9.4.6　寄存器 ICONSEL

TCONSEL	位	描　述	初始状态
LCC_TEST2	[11]	LCC3600 测试模式 2（只读）	1
LCC_TEST1	[10]	LCC3600 测试模式 1（只读）	1
LCC_SEL5	[9]	选择 STV 极性	1
LCC_SEL4	[8]	选择 CPV 信号引脚 0	1
LCC_SEL3	[7]	选择 CPV 信号引脚 1	1
LCC_SEL2	[6]	选择行/点反转	0
LCC_SEL1	[5]	选择 DG/普通模式	0
LCC_EN	[4]	决定 LCC3600 使能/禁止：0=LCC3600 禁止　1=LCC3600 使能	0
CPV_SEL	[3]	选择 CPV 脉冲低电平宽度	0
MODE_SEL	[2]	选择 DE/同步模式：0=同步模式　1=DE 模式	1
RES_SEL	[1]	选择输出分辨率类型：0=320×240　1=240×320	0
LPC_EN	[0]	决定 LPC3600 使能/禁止：0=LP C3600 禁止　1=LPC3600 使能	0

9.4.2　帧缓冲起始地址寄存器 LCDSADDR1/2/3

帧缓冲起始地址寄存器是继控制寄存器之后的 0X4D000014 开始的，32 位可读写寄存器，用于定义帧缓冲区的起始地址，具体如表 9.4.7、表 9.4.8 所示。

表 9.4.7　帧缓冲器开始地址寄存器 LCDSADDR1

LCDSADDR1	位	描　述	初始状态
LCDBANK	[29:21]	这些位表明系统存储器中视频缓冲器的 BANK 的位置。即使当移动视口时也不能改变 LCDBANK 的值。LCD 帧缓冲器应该在 4MB 连续区域内，以保证当移动视口时不会改变 LCDBANK 的值。因此在使用 malloc() 函数时需注意这点	0
LCDBASEU	[20:0]	对于双扫描 LCD：这些位表明递增地址计数器的开始地址，它是用于双扫描 LCD 的递增帧存储器或单扫描 LCD 的帧存储器。对于单扫描 LCD：这些位表明 LCD 帧缓冲器的开始地址	0

表 9.4.8　帧缓冲器开始地址寄存器 LCDSADDR2/3

LCDSADDR2	位	描　述	初始状态
LCDBASEL	[20:0]	对于双扫描 LCD：这些位表明递减地址计数器的开始地址的，它是用于双扫描 LCD 的递减帧存储器 对于单扫描 LCD：这些位表明 LCD 帧缓冲器的结束地址的 LCDBASEL=((帧结束地址)>>1)+1=LCDBASEU +(PAGEWIDTH+OFFSIZE)×(LINEVAL+1)	0x0000
LCDSADDR3	**位**	**描　述**	**初始状态**
OFFSIZE	[21:11]	虚拟屏偏移尺寸（半字数）：此值定义了显示在前 LCD 行的最后半字的地址与要新 LCD 行中显示的第一半字的地址之间的差	0
PAGEWIDTH	[10:0]	虚拟屏页宽度（半字数）：此值定义了帧中视口的宽度	0

当 LCD 控制器为打开时，用户可以改变 LCDBASEU 和 LCDBASEL 的值来实现滚屏。但是用户不要为了 FIFO 取得下一帧数据，而在帧尾通过修改 LCDCON1 寄存器中 LINECNT 字段来改变 LCDBASEU 和 LCDBASEL 寄存器的值。因此如果改变了帧，FIFO 取得的数据将为过时的，并且 LCD 控制器将显示一个错误信息。为了检查 LINECNT，应该屏蔽中断。如果正好在读取 LINECNT 之后执行了任何中断，读取到的 LINECNT 值可能是过时。

9.4.3　视频显示寄存器

用于色彩显示的寄存器包括红、绿、蓝三种颜色的查找表寄存器，抖动模式寄存器和临时调色板寄存器。红色查找表寄存器是地址从 0X4D000020 开始的 32 位可读写寄存器，用于 STN-LCD 的红色查找。具体寄存器描述如表 9.4.9 所示。

表 9.4.9　红色查找表寄存器

REDLUT	位	描　述	复 位 值
REDVAL	[31:0]	这些位定义了将在由 8 种可能的红色组合中选择哪 16 色深： 000 = REDVAL[3:0]　　001 = REDVAL[7:4] 010 = REDVAL[11:8]　011 = REDVAL[15:12] 100 = REDVAL[19:16]　101 = REDVAL[23:20] 110 = REDVAL[27:24]　111 = REDVAL[31:28]	0x00000000

类似的，绿色查找表和蓝色查找表寄存器如表 9.4.10、表 9.4.11 描述，其中蓝色查找表是地址从 0X4D000028 开始的 16 位可读写寄存器。

表 9.4.10　绿色查找表寄存器

GREENLUT	位	描　述	复 位 值
GREENVAL	[31:0]	这些位定义了将在由 8 种可能的绿色组合中选择哪 16 色深： 000 = GREENVAL[3:0]　　001 = GREENVAL[7:4] 010 = GREENVAL[11:8]　011 = GREENVAL[15:12] 100 = GREENVAL[19:16]　101 = GREENVAL[23:20] 110 = GREENVAL[27:24]　111 = GREENVAL[31:28]	0x00000000

表 9.4.11　蓝色查找表寄存器

BLUELUT	位	描　述	复 位 值
BLUEVAL	[15:0]	这些位定义了将在由 4 种可能的蓝色组合中选择哪 16 色深： 00 = BLUEVAL[3:0]　　01 = BLUEVAL[7: 4] 10 = BLUEVAL[11: 8]　11 = BLUEVAL[15: 12]	0x0000

需要注意的是 0x14A0002C 到 0x14A00048 的地址区域是保留给测试模式，因此在编程时不要使用这个区域的地址。

抖动模式寄存器是地址从 0X4D00004C 开始的可读写寄存器，其具体信息如表 9.4.12 所示。

表 9.4.12　抖动模式寄存器

DITHMODE	位	描　述	复 位 值
DITHMODE	[18:0]	使用以下值给 LCD：0x00000 或 0x12210	0x00000

临时调色板寄存器是作为 TFT-LCD 临时调色板的寄存器。此寄存器的值将作为下一帧的视频数据。具体信息如表 9.4.13 所示。

表 9.4.13　临时调色板寄存器

TPAL	位	描　述	初 始 状 态
TPALEN	[24]	临时调色板寄存器使能位：0=禁止　1=使能	0
TPALVAL	[23:0]	临时调色板值寄存器： TPALVAL[23:16]：红色 TPALVAL[15:8]：绿色 TPALVAL[7:0]：蓝色	0x000000

9.4.4　LCD 中断控制寄存器

LCD 中断控制寄存器包括 LCD 中断挂起寄存器 LCDINTPND，LCD 中断源挂起寄存器 LCDSRCPND 以及 LCD 中断屏蔽寄存器 LCDINTMSK。具体信息如表 9.4.14～表 9.4.16 所示。

表 9.4.14　LCD 中断挂起寄存器

LCDINTPND	位	描　述	初 始 状 态
INT_FrSyn	[1]	LCD 帧同步中断挂起位: 0=未请求中断　　1=帧发出中断请求	0
INT_FiCnt	[0]	LCD FIFO 中断挂起位: 0=未请求中断 1=当 LCD FIFO 到达触发深度十请求 LCD FIFO 中断	0

表 9.4.15　LCD 源挂起寄存器

LCDSRCPND	位	描　述	初 始 状 态
INT_FrSyn	[1]	LCD 帧同步中断源挂起位: 0=未请求中断　　1=帧发出中断请求	0
INT_FiCnt	[0]	LCD FIFO 中断源挂起位: 0=未请求中断 1=当 LCD FIFO 到达触发深度十请求 LCD FIFO 中断	0

表 9.4.16　LCD 中断屏蔽寄存器

LCDSRCPND	位	描　述	初 始 状 态
FIWSEL	[2]	决定 LCD FIFO 的触发深度: 0=4 字　1=8 字	
INT_FrSyn	[1]	屏蔽 LCD 帧同步中断: 0=中断服务可用 1=屏蔽中断服务	1
INT_FiCnt	[0]	屏蔽 LCD FIFO 中断: 0=中断服务可用 1=屏蔽中断服务	1

9.4.5　LCD 寄存器设置向导

STN-LCD 控制器可以通过特殊寄存器设置来支持多种屏幕尺寸，CLKVAL 的值决定了 VCLK 的频率。必须决定此值使得 VCLK 值为大于数据传输率。LCD 控制器的 VD 端口的数据传输率被用于决定 CLKVAL 寄存器的值。数据传输率由以下等式给出，各种显示模式的 MV 值如表 9.4.17 所示。

$$数据传输率 = HS \times VS \times FR \times MV$$

表 9.4.17　每种显示模式的 MV 值

模　　式	MV 值
单色，4 位单扫描显示	1/4
单色，8 位单扫描显示或 4 位双扫描显示	1/8
4 阶灰度，4 位单扫描显示	1/4
阶灰度，8 位单扫描显示或 4 位双扫描显示	1/8
16 阶灰度，4 位单扫描显示	1/4
16 阶灰度，8 位单扫描显示或 4 位双扫描显示	1/8
彩色，4 位单扫描显示	3/4
彩色，8 位单扫描显示或 4 位双扫描显示	3/8

LCDBASEU 寄存器值为帧缓冲器的第一个地址值。burst4 字存取时必须忽略低 4 位。LCDBASEL 寄存器值由 LCD 尺寸和 LCDBASEU 而定。LCDBASEL 的值由以下等式给出:

$$LCDBASEL = LCDBASEU + LCDBASEL 偏移$$

S3C2440A 的 LCD 控制器可以使用帧频控制（FRC）来产生 16 阶灰度。FRC 特性可能会引起无法预知的灰度类型，这些错误类型可能在快响应 LCD 或低帧频时表现出来。由于 LCD 灰度的品质（quality）是由 LCD 自己的特性决定的，用户必须在观察了用户自己的 LCD 的所有灰度后选择一个合适的灰度。

在选择合适的尺寸（为无闪烁 LCD 系统应用）方面，用户必须考虑由 LCD 显示尺寸决定的 LCD 刷新总线带宽、BPP、帧频、存储器总线宽度、存储器类型等。具体公式如下：

LCD 数据率（字节/秒）=BPP×（水平显示尺寸）×（垂直显示尺寸）×（帧频）/8

LCD DMA 突发计数=LCD 数据率；LCD DMA 使用 4 字（16 字节）突发

P_{dma} 意思为 LCD DMA 存取周期。换句话说，P_{dma} 的值表示视频数据获取的 4 拍突发（4 字突发）的周期。因此 P_{dma} 随存储器类型和存储器设置而定。最后，LCD 系统负载是由 LCD DMA 突发计数和 P_{dma} 决定。

LCD 系统负载=LCD DMA 突发计数×P_{dma}

在设置 TFT-LCD 控制器时，CLKVAL 寄存器的值决定了 VCLK 的频率和帧频。实际应用中，必须考虑系统时序，以避免由于存储器带宽竞争引起的 LCD 控制器的 FIFO 欠载状态。

9.5　LCD 实验

本实验目的是在目标开发板上完成图片在 LCD 屏幕上的显示，同时在实验中运用到了上一章所述的触摸屏接口的应用，读者可以通过简单实际开发理解触摸屏与 LCD 显示屏之间的协调工作关系。以下将通过对硬件原理图的分析，寄存器定义、配置，实验程序的设计来实现 LCD 实验。

9.5.1　实验原理

本实验主要通过编程实现 LCD 屏幕上图片的循环显示。上电启动后，根据串口打印的提示信息，将触摸笔笔尖单击在触摸屏上，会产生触摸屏中断，从而开始在 LCD 上显示图片。再次用笔尖单击屏幕，显示下一张图片，如此循环显示。首先了解 LCD 接口的电路原理图，如图 9.5.1 所示。由电路接口可知，LCD 接口包括电源端口，复位端口，数据端口 VD[0:23] 以及信号端口，例如 VFRAME、VLINE、VM、VCLK、LEND 等。这些端口的作用及功能在前面小节内容中已经有了详细的介绍，本实验将通过对这些端口的设置来控制 LCD 屏。LCD 接口电路如 9.5.1 所示。

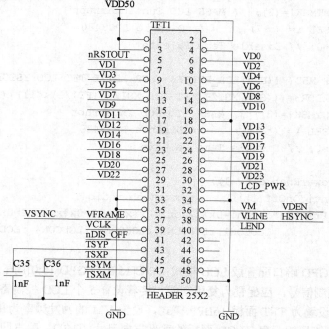

图 9.5.1　LCD 接口电路

　　此外 TSYP、TSXP、TSYM、TSXM 是用于本实验中涉及的四线电阻式触摸屏的接口，具体应用方法上一章内容已经介绍，本章中将不赘述。

9.5.2　寄存器配置

　　首先根据第 9.4 节内容介绍的 LCD 控制器的特殊寄存器，对 LCD 实验进行寄存器的配置。本书配套开发板使用的 LCD 是 3.5 寸的 TFT-LCD。TFT-LCD 的初始化程序如下：

```
static void _lcd_init(struct lcd_init_info_t *info)
{
    rGPCUP  = 0x00000000;
    rGPCCON = 0xaaaa02a9;
    rGPDUP  = 0x00000000;
    rGPDCON = 0xaaaaaaaa; //Initialize VD[15:8]
    rLCDCON1=(info->clk_tft<<8)|(info->Mval_Used<<7)|(3<<5)|(12<<1)|0;
    rLCDCON2=(info->vbpd<<24)|(info->Lineval_tft<<14)|(info->vfpd<<6)|(in
            fo->vspw);
    rLCDCON3=(info->hbpd<<19)|(info->hozval_tft<<8)|info->hfpd;
    rLCDCON4=(info->Mval<<8)|(info->hspw);
    rLCDCON5=(1<<11)|(0<<10)|(1<<9)|(1<<8)|(0<<7)|(0<<6)|(1<<3)|(info->Bs
            wp<<1)|(info->H

    Wswp);
    rLCDSADDR1=(((U32)LCD_BUFFER>>22)<<21)|M5D((U32)LCD_BUFFER>>1);
#if 1
    rLCDSADDR2=M5D(((U32)LCD_BUFFER+info->Scr_xsize*info->Phy_ysize*2)>>1);
    rLCDSADDR3=(((info->Scr_xsize-info->Phy_xsize)/1)<<11)|(info->Phy_xsize/1);
    rLCDINTMSK|=(3); // MASK LCD Sub Interrupt
    rTCONSEL &= (~7) ;      // Disable LPC3480
    rTPAL=0; // Disable Temp Palette
#else
    rLCDSADDR2=M5D(((U32)LCD_BUFFER+(SCR_XSIZE_TFT*LCD_YSIZE_TFT*2))>>1);
    rLCDSADDR3=(((SCR_XSIZE_TFT-LCD_XSIZE_TFT)/1)<<11)|(LCD_XSIZE_TFT/1);
    rLCDINTMSK|=(3); // MASK LCD Sub Interrupt
    rTCONSEL &= (~7) ;      // Disable LPC3480
    rTPAL=0; // Disable Temp Palette
#endif
    Lcd_PowerEnable(0, 1);
    Lcd_EnvidOnOff(1);          //turn on vedio
    Uart_Printf("\ncon1=0x%x,con2=0x%x,con3=0x%x,con4=0x%x,con5=0x%x\n",r
            LCDCON1,rLCDCON2,rLCDCON3,rLCDCON4,rLCDCON5);
}
```

　　首先要将 GPC、GPD 端口配置成 LCD 模式：GPC[15:8]与 GPD[15:0]用于 LCD 数据输出接口，GPC[4:1]用于输出控制信号，应配置为复用功能。接着设置 5 个 LCD 控制寄存器：LCDCON1 寄存器将 LCD 控制器设置为 TFT 面板 16BPP 模式，设置 VM 的触发频率为每帧触发；LCDCON2 寄存器设置垂直同步信号的后肩、LCD 面板的垂直方向尺寸（240）、垂直同步信号的前肩及垂直同步信号的脉宽；LCDCON3 寄存器设置水平同步信号的后肩、水平方向尺寸（320）以及水平同步信号的前肩；LCDCON4 寄存器通过设置 HSPW 段来控制水平同步信号的脉宽；LCDCON5 寄存器设置彩色模式为 5:6:5 格式，VCLK 下降沿取视频数据，VLINE/HSYNC 脉冲极性反转，VFRAME/VSYNC 脉冲极性反转，VD（视频数据）脉冲极性与 VDEN 信号极性正常，使能 LCD_PWREN 输出信号，并使能半字节交换。然后设置帧缓冲起始地址寄存器：帧缓冲区 LCD_BUFFER 通过 mollc 函数分配地址，并将其值的低 21 位赋值给 LCDBANK，表明 LCD 帧缓冲器的开始地址，高 9 位赋值给 LCDBASEU，以保证当移动视口时不会改变 LCDBANK 的值；LCDSADDR2 表明 LCD 帧缓冲器的结束地址；LCDSADDR3 中的 OFFSIZE 字段定义了虚拟屏的大小尺寸，PAGEWIDTH 字段定义了虚拟屏的半字数。

除此之外，LCD 中断寄存器设置与一般中断寄存器设置类似，需屏蔽 LCD 中断。在初始化程序的最后通过 LCDCON1 的 ENVID 位开启视频输出。

```
void Main(void)
{   Port_Init();            //IO 端口初始化
    sIsr_Init();            //中断初始化

    Uart_Init(0,115200);  //串口初始化
    MMU_Init();
    Uart_Select(0);
    Eint_Init();
    Uart_Printf("\n\n2440 Experiment System (ADS) Ver1.2\n") ;//打印系统信息
    cstmLcd_init();         //LCD 初始化
    Uart_Printf( "\nTouch the screen to show pictures!\n" );
    Lcd_Test();      }
}
```

主程序的结构与前几章的实验类似，从启动程序中跳转到 C 语言后，开始对 IO 端口、中断、串口、MMU 以及 LCD 的初始化。初始化完后开始执行 LCD 测试程序。测试程序内容如下。

```
void Lcd_Test(void)
{
//Uart_Printf("[Touch Screen Test.]\n");
//Uart_Printf("Separate X/Y position conversion mode test\n");
//ADCDLY  DELAY [15:0]  :  DC Start or Interval Delay
    rADCDLY = (50000);
//ADCCON ENABLE_START [0  ] = 0   : No operation
//ADCCON READ_START   [1  ] = 0   : Disable start by read operation
//ADCCON STDBM        [2  ] = 0   : Normal operation mode
//ADCCON SEL_MUX      [5 : 3] = 111 : AIN7/5 fix
//ADCCON PRSCVL       [13: 6] = 0x27 : A/D converter prescaler value.
//ADCCON PRSCEN       [14  ] = 1    : A/D converter prescaler Enable
    rADCCON = (1<<14)|(ADCPRS<<6)|(0<<3)|(0<<2)|(0<<1)|(0);
//ADCTSC XY_PST   [1:0] = 11 : Waiting for Interrupt Mode
//ADCTSC AUTO_PST [2 ] = 0 : Normal ADC conversion
//ADCTSC PULL_UP  [3 ] = 0 : XP pull-up enable
//ADCTSC XP_SEN   [4 ] = 1 : nXPON output is 1 (XP is connected with AIN[7]).
//ADCTSC XM_SEN   [5 ] = 0 : XMON output is 0 (XM = Hi-Z).
```

```
//ADCTSC YP_SEN     [6  ] = 1  : nYPON output is 1 (YP is connected with AIN[5]).
//ADCTSC YM_SEN     [7  ] = 1  : YMON output is 1 (YM = GND).
    rADCTSC = (0<<8)|(1<<7)|(1<<6)|(0<<5)|(1<<4)|(0<<3)|(0<<2)|(3);
    pISR_ADC  = (unsigned)Adc_or_TsSep; //定义中断响应函数
//INTMSK INT_ADC [31] = 0 : Service available,
    rINTMSK   =~ (BIT_ADC);
//INTSUBMSK INT_TC [9]  = 0 : Service available,
    rINTSUBMSK =~ (BIT_SUB_TC);
    Uart_Printf("\nPress any key to exit!!!\n");
//Uart_Printf("\nStylus Down, please...... \n");

    Uart_Getch();
//INTSUBMSK  INT_TC [9]  = 0 : Masked
    rINTSUBMSK |= BIT_SUB_TC;
//INTMSK     INT_ADC [31] = 0 : Masked
    rINTMSK |= BIT_ADC;
    Uart_Printf("[Test End!]\n");
}
```

测试程序主要设置了触摸屏中断，沿用了上一章中的初始化程序，此章不再赘述。通过键盘按键函数使程序进入循环，可以接受触摸屏中断。因此要完成本实验显示并切换图片的功能，需对触摸屏中断函数进行设计，程序代码如下：

```
void __irq Adc_or_TsSep(void)
{
    int i;
    U32 Pt[6];
//INTSUBMSK  INT_TC  [ 9] = 1 Mask sub interrupt
//INTSUBMSK  INT_ADC [10] = 1 Mask sub interrupt
    rINTSUBMSK |= (BIT_SUB_ADC|BIT_SUB_TC);
// TC(Touch screen Control) Interrupt
    if(rADCTSC & 0x100)
    {
        Uart_Printf("\nStylus Up!!\n");
//ADCTSC XY_PST    [1:0] = 11 : Waiting for Interrupt Mode
//ADCTSC AUTO_PST  [2  ] = 1  : Auto (Sequential) X/Y Position Conversion Mode
//ADCTSC PULL_UP   [3  ] = 1  : XP pull-up disable
//ADCTSC XP_SEN    [4  ] = 1  : nXPON output is 1 (XP is connected with AIN[7]).
//ADCTSC XM_SEN    [5  ] = 1  : XMON output is 1 (XM = GND).
//ADCTSC YP_SEN    [6  ] = 1  : nYPON output is 1 (YP is connected with AIN[5]).
//ADCTSC YM_SEN    [7  ] = 1  : YMON output is 1 (YM = GND).
        rADCTSC &= 0xff;    // Set stylus down interrupt
        if(index == 0)
          Paint_Bmp(0, 0, 320, 240, tu1_320240);
        if(index == 1)
          Paint_Bmp(0, 0, 320, 240, tu2_320240);
```

```
        if(index == 2)
          Paint_Bmp(0,0, 320, 240, tu3_320240);
        if(index == 3)
          Paint_Bmp(0, 0, 320, 240, tu4_320240);
        if(index == 4)
          Paint_Bmp(0, 0, 320, 240, tu5_320240);
        if(index == 5)
          Paint_Bmp(0, 0, 320, 240, tu6_320240);

        index ++;
        if(index > 6)
          index = 0;
    }
    else
        rADCTSC=(1<<8)|(1<<7)|(1<<6)|(0<<5)|(1<<4)|(0<<3)|(0<<2)|(3);
//SUBSRCPND INT_TC [9] = 1 : Requested
    rSUBSRCPND |= BIT_SUB_TC;
//INTSUBMSK  INT_TC [9] = 0 : Service available,
    rINTSUBMSK =~ (BIT_SUB_TC);            // Unmask sub interrupt (TC)
    ClearPending(BIT_ADC);
}
```

在触摸屏中断程序中，加入了循环显示图片的语句。当按键按下时，全局变量 index 初始值为 0，显示第一张图片并且 index 自增 1，第二次产生中断时，显示第二张图片，依次循环。

9.5.3　图片存储与显示

在 S3C2440A 中，图片以二进制形式存储，因此在程序中需加入图片的二进制文件。通过图片转换软件可将 320×240 的 BMP 图片转换成二进制形式，再编译进镜像文件中，如本实验提供的工程中的 pic.c 文件内容。从数组结构可以看出，每个像素用两个 8 位数据组成 16 位数据表示，每行有 320 个像素点，共 240 行。在显示图片时，只需要将这些数组放入缓冲区即可，代码如下：

```
volatile unsigned short *LCD_BUFFER;
extern volatile unsigned short LCD_BUFFER[SCR_YSIZE_TFT][SCR_XSIZE_TFT];
#define BUF(x,y)  *(LCD_BUFFER+gp_lcd->Scr_xsize*(x)+(y))
void Paint_Bmp(int x0,int y0,int h,int l,unsigned char bmp[])
{
    int x,y;
    U32 c;
    int p = 0;
    for( y = 0 ; y < l ; y++ )
    {
     for( x = 0 ; x < h ; x++ )
     {
        c = bmp[p+1] | (bmp[p]<<8) ;
        if ( ( (x0+x) < gp_lcd->Scr_xsize) && ( (y0+y) < gp_lcd->Scr_ysize) )
```

```
                    BUF(y+y0,x+x0)=c;
            p = p + 2 ;
        }
    }
}
```

从代码中可知，显示图片的函数其实就是将图片的二进制数据搬运到 LCD_BUFFER 指针对应的地址区域中。图片显示的位置由函数前面两个形参确定，通过计算确定图片数据从 LCD_BUFFER 指向的哪个位置开始转移。而视频缓存区是一片连续的内存空间，通过对 BUF(x,y) 的宏定义，使其看起来更像二维数组。这片缓存区域的开辟通过 malloc 函数实现，在使用 malloc 函数时需注意缓存区的大小。在这里定义 LCD_BUFFER 这个指向缓冲区的指针时，使用了 volatile 关键字，是为了保证缓冲区中数据是实时有效的数据，系统可以对该地址的数据进行稳定的访问，具体 volatile 的使用还需读者自己查找有关资料。

按照上述图片显示的函数，可以类似的写出清屏函数，只需向 LCD_BUFFER 中转移单一的白色即可。函数代码如下：

```
void Lcd_ClearScr(U32 c)
{
    unsigned int x,y ;
    for( y = 0 ; y < gp_lcd->Scr_ysize; y++ )
    {
        for( x = 0 ; x < gp_lcd->Scr_xsize; x++ )
        {
            BUF(y,x)=c;
        }
    }
}
```

9.5.4 实验测试及结果

将 2440_ShowPic 工程编译，并将生成的 2440_ShowPic.axf 下载进目标开发板中，上电后在计算机串口终端上显示提示信息如下：

```
2440 Experiment System (ADS) Ver1.2

con1=0x679,con2=0xc3bc105,con3=0xb13f21,con4=0xd2c,con5=0xb09

Touch the screen to show pictures!

Press any key to exit!!!
```

笔尖单击在触摸屏上，系统进入触摸屏中断并显示图片，在工程中已存储 7 张图片，每次单击 index 的值自增 1，通过 if 语句判断显示哪张图片。

9.6 WinCE 下的 LCD 接口实验

S3C2440A 中的 LCD 控制器由数据转移逻辑组成。它将位于视频缓冲区的图像数据转移到外部 LCD 驱动器，使外部 LCD 模块能使用图像数据。系统结构如图 9.6.1 所示。

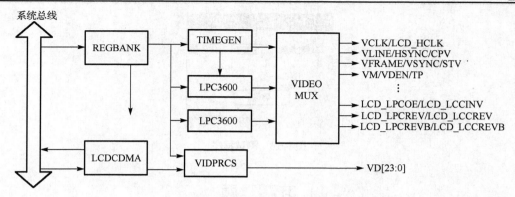

图 9.6.1　LCD 控制器框图

S3C2440A 实验开发板上提供了 LCD 驱动。在本实验中，Visual Studio 2005 提供专门用于 LCD 屏幕的接口函数，只需应用这些函数即可完成对 LCD 的操作。

本实验通过 Visual Studio 2005 编写一个基于对话框的程序，实现通过 WinCE 5.0 系统上的应用程序，控制 LCD 屏幕的旋转。

LCD 屏幕旋转实验步骤如下：

（1）新建一个项目，在对话框主界面上加入按钮控件，列表框控件，并设置各个控件属性，图 9.6.2 所示 LCD 旋转实验对话框主界面。列表框中添加 Data "90°；180°；270°；360°"。

图 9.6.2　测试程序主界面

（2）双击"确定"按钮控件，编辑其功能函数。在该函数中，通过 ChangeDisplaySettingsEx 函数，操作显示屏按照一定的角度旋转，代码如下：

```
const DWORD angle[4] = {DMDO_90, DMDO_180, DMDO_270, DMDO_0};
void CLCD_TestDlg::OnBnClickedButton1()
{
    DEVMODE devmode = {0};
    devmode.dmSize = sizeof(DEVMODE);
    devmode.dmDisplayOrientation = angle[m_ComboBox.GetCurSel()];
    devmode.dmFields = DM_DISPLAYORIENTATION;
    ChangeDisplaySettingsEx(NULL, &devmode, NULL, 0, NULL);
}
```

（3）单击菜单栏中"Debug→Start Debugging"选项，开始编译并调试，弹出如图 9.6.3 所示对话框。在 Wicne5.0 操作系统中弹出的"LCD_Test"对话框中选择"180°"，单击"确定"，屏幕显示反转。同样可测旋转 90°、270°、360°（360°即 0°）。

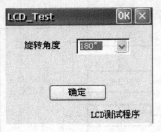

图 9.6.3　测试程序

习　题

1. 简述 LCD 的工作原理。
2. 影响 LCD 性能的参数有哪些？
3. S3C2440A 的 LCD 控制器可以支持哪几种模式的 LCD 屏？
4. 简述 S3C2440A 的 LCD 各个控制寄存器的功能。
5. 4.3 英寸 TFT-LCD 显示屏需如何配置寄存器？
6. 3.5 英寸屏图片的存储格式是怎样的？
7. 参考本书提供例程，编写程序实现图片预览功能，当单击某张预览图片后全屏显示该图片，在任意单击屏幕可推出全屏模式，返回预览界面，如此循环。
8. 自主完成 WinCE 下的 LCD 接口实验。

第 10 章　DMA 控制器介绍与应用

　　DMA（Direct Memory Access，直接内存存取）主要作用是使访问存储器可脱离 CPU 的干预，直接在存储器和存储器之间，或存储器和外部设备之间传输数据。这种模式下，数据的运输只需要 CPU 给 DMA 控制器下达一个命令，而传输过程则全权由 DMA 控制器负责，数据可直接从内存存取。在很大程度上减轻了 CPU 的资源占有率，并实现大量数据的快速传送。S3C2440A 拥有 4 个 DMA 通道，本章通过介绍 S3C2440A 的 DMA 控制器和 DMA 实验引导读者理解和运用 DMA。

10.1　DMA 控制器介绍

10.1.1　DMA 控制器概述

　　S3C2440A 的 DMA 控制器支持 4 通道 DMA 实现系统总线和外设总线之间的数据传输。DMA 控制器的每个通道都可以无限制的执行系统总线与外设总线任意两者之间的数据移动。即每个通道都可以处理以下 4 种情况。

　　② 源和目标都在系统总线上。
　　② 当目标在外设总线上源在系统总线上时。
　　③ 当目标在系统总线上源在外设总线上时。
　　④ 源和目标都在外设总线上。

　　DMA 的主要优点是在无 CPU 干预的情况下能进行数据的快速传输。DMA 的运行可以由软件启动，也可以来自内部设备或外部设备通过 I/O 口请求。

　　DMA 控制器采用双地址传输方式，即每次数据传输包括 2 两个步骤：先从源地址读取数据，再向目标地址写数据。传输方式如图 10.1.1 所示。

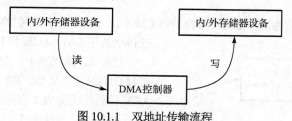

图 10.1.1　双地址传输流程

　　如果通过设置 DCON 寄存器选择硬件 DMA 请求模式，则 DMA 控制器的每个通道都可以选择 4 个 DMA 请求源的其中之一，如表 10.1.1 显示了每个通道的 4 个 DMA 请求源。如果选择软件请求模式，此 DMA 请求源没有一点意义。

表 10.1.1　DMA 请求源

	源 0	源 1	源 2	源 3	源 4	源 5	源 6
通道 0	nXDREQ0	UART0	SDI	定时器	USB 设备 EP1	I2SSDO	PCMIN
通道 1	nXDREQ1	UART1	I2SSDI	SPI0	USB 设备 EP2	PCMOUT	SDI
通道 2	I2SSDO	I2SSDI	SDI	定时器	USB 设备 EP3	PCMIN	MICIN
通道 3	UART2	SDI	SPI1	定时器	USB 设备 EP4	MICIN	PCMOUT

此处的 nXDREQ0 和 nXDREQ1 代表两个外部设备源，I²SSDO 和 I²SSDI 分别代表 IIS 的传送和接收。

10.1.2　DMA 控制器原理

在实现 DMA 传输时，是由 DMA 控制器直接掌管总线，因此，存在着一个总线控制权转移的问题。即在 DMA 传输前，CPU 要把总线控制权交给 DMA 控制器，而在结束 DMA 传输后，DMA 控制器应立即把总线控制权交回给 CPU。一个完整的 DMA 传输过程必须经过以下 4 个步骤。

（1）DMA 请求

CPU 对 DMA 控制器初始化，并向内/外部设备发出操作命令，再由内/外部设备提出 DMA 请求。

（2）DMA 响应

DMA 控制器对 DMA 请求判别优先级及屏蔽，向总线裁决逻辑提出总线请求。当 CPU 执行完当前总线周期即可释放总线控制权。并且总线裁决逻辑输出总线应答，表示 DMA 已经响应，通过 DMA 控制器通知内/外部设备开始 DMA 传输。

（3）DMA 传输

DMA 控制器获得总线控制权后，CPU 即刻挂起或只执行内部操作，由 DMA 控制器输出读写命令，直接控制 RAM 与内/外部设备进行 DMA 传输。在 DMA 控制器的控制下，存储器和外部设备之间直接进行数据传送，在传送过程中不需要中央处理器的参与。开始时需提供要传送的数据的起始位置和数据长度。

（4）DMA 结束

当完成规定的成批数据传送后，DMA 控制器即释放总线控制权，并向内/外部设备发出结束信号。当内/外部设备收到结束信号后，一方面停止内/外部设备的工作，另一方面向 CPU 提出中断请求，使 CPU 释放当前状态，并检查本次 DMA 传输操作正确性。最后，带着本次操作结果及状态继续执行原来的程序。

从上述步骤可看出，DMA 传输方式无需 CPU 直接控制传输，也没有中断处理方式那样保留现场和恢复现场的过程，通过硬件为 RAM 与内/外部设备开辟一条直接传送数据的通路，使 CPU 的效率大为提高。

DMA 运行过程中使用三态 FSM（有限状态机），FSM 状态切换如图 10.1.2 所示，三种状态具体描述如下。

状态 1：作为一个初始状态，DMA 等待 DMA 请求。一旦请求接受到 DMA 请求，则跳到状态 2。在该状态下 DMA ACK 和 INT REQ 的值为 0。

状态 2：该状态下，DMA ACK 的值变为 1，计数器 CURR_TC 从 DCON[19:0] 寄存器中加载。DMA ACK 的值将保持为 1 直到之后将其清除。

状态 3：该状态下，处理 DMA 的子操作的 sub-FSM 初始化。sub-FSM 从源地址读取数据，接着写入目标地址。在此操作中考虑数据大小和传输大小（单次或并发）。此操作在全服务模式中一直重复直到计数器 CURR_TC 变为 0，而在单服务模式中只执行一次。当 sub-FSM 完成了每个子操作时，主 FSM 倒计数 CURR_TC。状态切换如图 10.1.2 所示。

当 CURR_TC 变为 0 并且 DCON[29] 寄存器的中断设置置位为 1 时主 FSM 发出 INT REQ 信号。如果遇到以下状况之一则清除了 DMA ACK。

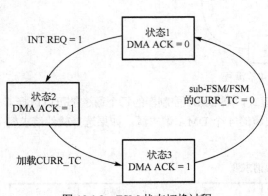

图 10.1.2　FSM 状态切换过程

①　在全服务模式中 CURR_TC 变为 0。

② 在单服务模式中完成子操作。

由上图可知,在单服务模式中有三个主 FSM 的状态要执行。当完成当前子操作,则等待 DMA REQ 的出现,并重复以上三个状态。该过程中 DMA ACK 在每次状态循环中都将被置位和清零。而在全服务模式中,主 FSM 在状态 3 中等待直到 CURR_TC 变为 0。所以在所有传输期间 DMA ACK 的值只有 1 次置位和清零。而 INT REQ 信号当且仅当在 CURR_TC 变为 0 时才发出,与服务模式无关。

10.2　DMA 控制器操作

10.2.1　DMA 基本时序

外部 DMA 请求/应答（DREQ/DACK）协议有三种,分别是单服务查询,单服务握手和全服务握手协议。每种类型的协议都定义了信号如何进行 DMA 请求和应答。

DMA 服务意味着在 DMA 运行期间执行成对的读取和写入周期,形成一次 DMA 操作。图 10.2.1 显示了 S3C2440A 的 DMA 操作的基本时序。

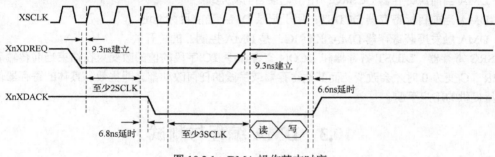

图 10.2.1　DMA 操作基本时序

由时序图可知,三种协议下,XnXDREQ 的建立时间和 XnXDACK 的延时时间都是相同的,如果 XnXDREQ 被建立,则至少在两个 XSCLK 周期后,XnXDACK 可被触发,当 XnXDACK 被触发后,DMA 请求总线,如果获得总线控制权,则执行 DMA 操作,直至操作完成后,再清零 XnXDACK 信号。

10.2.2　查询/握手模式对比

查询和握手模式与 XnXDREQ 和 XnXDACK 之间的协议有关。图 10.2.2 的时序图显示了两个模式间的差异。

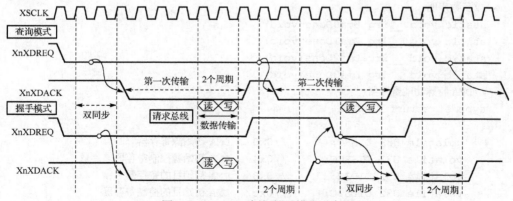

图 10.2.2　DMA 查询/握手模式时序图

由上图可看出，一次传输的末尾，DMA 将检查双同步 XnXDREQ 的状态。在查询模式中，如果保持 XnXDREQ 有效，则立即开始下次的传输，否则等待 XnXDREQ 的触发。握手模式中，如果触发 XnXDREQ 信号，DMA 将在两个周期内取消 XnXDACK 信号，否则一直等待。

10.2.3　DMA 特殊寄存器

DMA 的每一路通道都包含有 9 个特殊寄存器。其中有 6 个特殊寄存器用于控制 DMA 传输，其余 3 个特殊寄存器用于监视 DMA 状态。

① DMA 初始源寄存器 DISRC：用于存放要传输的源数据开始地址。

② DMA 初始源控制寄存器 DISRCC：用于设置源的位置和地址是否增加。

③ DMA 初始目标寄存器 DIDST：用于存放数据传输的目标基本地址。

④ DMA 初始目标控制寄存器 DIDSTC：用于设置目标地址的位置和地址是否增加。

⑤ DMA 控制寄存器 DCON：用于控制 DMA 服务模式等。

⑥ DMA 状态寄存器 DSTAT：用于监视 DMA 控制器的当前状态。

⑦ DMA 当前源寄存器 DCSRC：用于记录当前源地址。

⑧ DMA 当前目标寄存器 DCDST：用于记录 DMA 当前目标地址。

⑨ DMA 触发屏蔽寄存器 DMASKTRIG：是 DMA 控制器的总开关。

DISRC 寄存器、DIDST 寄存器和 DCON 寄存器中 TC 字段的值的改变只在结束当前传输后，即当 CURR_TC 变为 0 时才会改变。而其他寄存器或字段的任何改动都立即生效。具体的寄存器信息可查询三星提供的用户手册。

10.3　DMA 编程与测试

本实验目的是在目标开发板上通过任意一个 DMA 通道，完成数据传输，并通过串口打印 DMA 传输是否成功。通过该实验，读者可熟悉 DMA 控制器的基本应用，以及直接内存存取的数据传输方式的实现过程。

10.3.1　DMA 数据传输

本实验通过 DMA 通道实现内存间的数据传输。在实现数据传输函数之前，首先要申明中断函数并对 DMA 寄存器进行定义，代码如下：

```
//函数声明
static void __irq Dma0Done(void);
static void __irq Dma1Done(void);
static void __irq Dma2Done(void);
static void __irq Dma3Done(void);
//DMA 特殊功能寄存器
typedef struct tagDMA
{
    volatile U32 DISRC;        //0x0    DMA 初始源寄存器
    volatile U32 DISRCC;       //0x4    DMA 初始源控制寄存器
    volatile U32 DIDST;        //0x8    DMA 初始目的寄存器
    volatile U32 DIDSTC;       //0xc    DMA 初始目的控制寄存器
    volatile U32 DCON;         //0x10   DMA 控制寄存器
```

```
    volatile U32 DSTAT;          //0x14    DMA 状态寄存器
    volatile U32 DCSRC;          //0x18    当前源寄存器
    volatile U32 DCDST;          //0x1c    当前目的寄存器
    volatile U32 DMASKTRIG;      //0x20    DMA 掩码触发寄存器
}DMA;
```

接着是数据传输函数和中断函数的实现，代码如下：

```
/***********************************
函数名称：DMA_M2M(
函数功能：存储器之间的通信
返回值：void
参数：ch, srcAddr, dstAddr, tc, dsz, burst 分别表示
通道 源地址 目标地址 传输格式 数据格式 数据传输方式
***********************************/
void DMA_M2M(int ch,int srcAddr, int dstAddr, int tc,    int dsz,    int burst)
{
    int i,time;
    volatile U32 memSum0=0,memSum1=0;
    DMA *pDMA;
    int length;
    length = tc*(burst ? 4:1)*((dsz==0)+(dsz==1)*2+(dsz==2)*4);
    Uart_Printf("[DMA%d MEM2MEM Test]\n",ch);
    switch(ch)
    {
    case 0:
        pISR_DMA0 = (int)Dma0Done;
        //INTMSK  INT_DMA0 [17] = 0 : Service available
        rINTMSK &= ~(BIT_DMA0);
        pDMA = (void *)0x4b000000;   //通道 0 地址
    break;
    case 1:
    pISR_DMA1 = (int)Dma1Done;
    //INTMSK  INT_DMA1 [18] = 0 : Service available
    rINTMSK &= ~(BIT_DMA1);
    pDMA = (void *)0x4b000040;   //通道 1 地址
    break;
    case 2:
        pISR_DMA2 = (int)Dma2Done;
        //INTMSK  INT_DMA2 [19] = 0 : Service available
        rINTMSK &= ~(BIT_DMA2);
        pDMA = (void *)0x4b000080;   //通道 2 地址
        break;
    case 3:
        pISR_DMA3 = (int)Dma3Done;
        //INTMSK  INT_DMA3 [20] = 0 : Service available
        rINTMSK &= ~(BIT_DMA3);
        pDMA = (void *)0x4b0000c0;   //通道 3 地址
```

```
                break;
    }

    Uart_Printf("DMA%d %8xh->%8xh,size=%xh(tc=%xh),dsz=%d,burst=%d\n",ch,
            srcAddr,dstAddr,length,tc,dsz,burst);
    Uart_Printf("Initialize the src.\n");

    for(i=srcAddr; i<(srcAddr+length); i+=4)
    {
     *((U32 *)i) = i^0x55aa5aa5;
     memSum0 += i^0x55aa5aa5;
    }

    Uart_Printf("DMA%d start\n",ch);
    pDMA->DISRC = srcAddr;
    pDMA->DISRCC = (0<<1)|(0<<0); // inc,AHB
    pDMA->DIDST = dstAddr;
    pDMA->DIDSTC = (0<<1)|(0<<0); // inc,AHB
    pDMA->DCON = tc|(1<<31)|(1<<30)|(burst<<28)|(1<<27)|\
            (0<<23)|(1<<22)|(dsz<<20)|(tc);
    //HS,AHB,TC interrupt,whole, SW request mode,relaod off
    pDMA->DMASKTRIG = (1<<1)|1; //DMA on, SW_TRIG
    Timer_Start(3);//128us resolution

    while(dmaDone==0)
    {
     if(!(pDMA->DSTAT&(0x3<<20)))
         break;
    };
    time = Timer_Stop();

    Uart_Printf("DMA transfer done. time=%f, %fMB/S\n",(float)time/ONESEC3,
        length/((float)time/ONESEC3)/1000000.);

    rINTMSK = BIT_ALLMSK;
    for(i=dstAddr; i<dstAddr+length; i+=4)
    {
     memSum1 += *((U32 *)i)=i^0x55aa5aa5;
    }
    Uart_Printf("memSum0=%x,memSum1=%x\n",memSum0,memSum1);

    if(memSum0==memSum1)
     Uart_Printf("DMA test result---------------------------O.K.\n");
    else
     Uart_Printf("DMA test result---------------------------ERROR!!!\n");
}
```

```
static void __irq Dma0Done(void)
{
    ClearPending(BIT_DMA0);
    dmaDone=1;
}
static void __irq Dma1Done(void)
{
    ClearPending(BIT_DMA1);
    dmaDone=1;
}
static void __irq Dma2Done(void)
{
    ClearPending(BIT_DMA2);
    dmaDone=1;
}
static void __irq Dma3Done(void)
{
    ClearPending(BIT_DMA3);
    dmaDone=1;
}
```

　　细心的读者可能注意到，本实验中没有像之前的实验那样，通过宏定义事先定义 DMA 模块的特殊寄存器。由于此处 4 个 DMA 通道拥有同样的寄存器，因此该函数中使用了一个结构体定义所有寄存器，然后当用到某个 DMA 通道时，只需要把该 DMA 通道的寄存器首地址赋值给申明的 pDMA 结构体就可以了。

10.3.2　DMA 测试程序

　　测试函数完成 4 个通道的 DMA 数据传输，并在 PC 的串口终端上打印 DMA 传输是否成功，测试函数代码如下：

```
/*******************************************
函数名称：Test_DMA
函数功能：实验 DMA 通信
返回值：void
*******************************************/
void Test_DMA(void)
{
    DMA_M2M(0, 0x31000000, 0x31000000+0x800000, 0x80000,0,0);
    DMA_M2M(1, 0x31000000, 0x31000000+0x800000, 0x80000,0,0);
    DMA_M2M(2,0x31000000, 0x31000000+0x800000, 0x80000, 0, 0); //byte,single
        DMA_M2M(3, 0x31000000, 0x31000000, 0x80000, 0, 0); //byte,single
    Uart_Printf("TEST FINISHED!!!!!");
}
```

在主函数中调用上述测试函数即可，代码如下：

```
void Main(void)
{
```

```
        Port_Init();              //IO 端口初始化
        Isr_Init();               //中断初始化
        Uart_Init(0,115200);      //串口初始化
        Uart_Select(0);
        Eint_Init();
        Uart_Printf("\n\n2440 Experiment System (ADS) Ver1.2\n") ;//打印系统信息
        Uart_Printf("\n\nPress Enter to DMA the datas\n");
        if((Uart_GetIntNum())==-1)
        {
            Test_DMA();
        }
}
```

10.3.3　DMA 测试实验结果

编译该工程，通过 JTAG 进行将.axf 文件下载到目标开发板后运行，或者直接烧写进 Nand Flash 中再重启电源运行程序。根据 DNW 串口终端上提示的信息，按回车后，串口在此打印之前输入的数字，实验结果如下：

```
2440 Experiment System (ADS) Ver1.2

Press Enter to DMA the datas
[DMA0 MEM2MEM Test]
DMA0 31000000h->31800000h,size=80000h(tc=80000h),dsz=0,burst=0
Initialize the src.
DMA0 start
DMA transfer done. time=0memSum0=fffe0000,memSum1=fffe0000
DMA test result------------------------------------O.K.
[DMA1 MEM2MEM Test]
DMA1 31000000h->31800000h,size=80000h(tc=80000h),dsz=0,burst=0
Initialize the src.
DMA1 start
DMA transfer done. time=0memSum0=fffe0000,memSum1=fffe0000
DMA test result------------------------------------O.K.
[DMA2 MEM2MEM Test]
DMA2 31000000h->31800000h,size=80000h(tc=80000h),dsz=0,burst=0
Initialize the src.
DMA2 start
DMA transfer done. time=0memSum0=fffe0000,memSum1=fffe0000
DMA test result------------------------------------O.K.
[DMA3 MEM2MEM Test]
DMA3 31000000h->31800000h,size=80000h(tc=80000h),dsz=0,burst=0

Initialize the src.
DMA3 start
DMA transfer done. time=0memSum0=fffe0000,memSum1=fffe0000
DMA test result------------------------------------O.K.
TEST FINISHED!!!!!
```

通过该试验，读者可以感受到运用 DMA 传输方式实现数据传输并不困难。该测试实验中只是测试了 4 个 DMA 通道的单数据的字节传输模式，感兴趣的读者可以通过编程测试其他类型的数据传输方式。

习　题

1. DMA 的定义与优点？
2. DMA 功能可用于哪几种数据传输过程中？并举例说明。
3. 一个完整的 DMA 功能，必须包括哪几个步骤？
4. 简述单服务模式中状态切换过程。

第 11 章　SD 存储卡

SD 存储卡（Secure Digital Memory Card）是一种基于 Flash 存储器的新型存储设备，被广泛地应用于便携式装置上，例如数码相机、个人数码助理（PDA）和多媒体播放器等。本章讲述 S3C2440A 芯片的 SD/MMC 控制器的工作原理及应用。主要内容有：SD 卡的基本概念，包括发展历史、物理特性等；SD 协议的总线拓扑和 SD 协议的基本内容；S3C2440A 的 SD/MMC 控制器的结构和基本特性；SD 模块的基本编程和测试实例。

11.1　SD 存储卡的基本概念

11.1.1　SD 存储卡概述

SD 存储卡是一种基于半导体闪存工艺的存储设备，由日本松下主导概念，日本东芝和美国 SanDisk 公司进行实质研发完成。2000 年这几家公司发起成立了 SD 协会（Secure Digital Association，SDA），阵容强大，吸引了大量厂商参加。其中包括 IBM、Microsoft、Motorola、NEC、Samsung 等。在这些厂商的引导推动下，SD 卡已成为目前消费数码设备中应用最广泛的一种存储卡。

SD 卡是东芝在 MMC 卡技术中加入硬件加密技术形成的，由于 MMC 卡可能会让使用者轻易复制数码音乐，东芝便加入加密技术希望令音乐业界安心。类似的技术包括索尼的 Magic Gate，理论上加密技术可引入一些数码版权管理措施，但这功能甚少被应用。

用户可以使用一个 USB 的读卡器，在个人计算机上使用 SD 卡。某些新型电脑上已经内置了读卡装置。"SD"商标实际上是用于另一个完全不同的用途：它最早是用在"超级密度光盘"上（Super-Density Optical Disk），这个由东芝开发的产品在 DVD 格式之争中败北。这就是为什么那个"D"字看起来像一张光盘。

SD 卡是一种具有大容量、高性能、安全等特点的多功能存储卡。SD 卡在 32mm×24mm×2.1mm 的体积内集成了 Flash 卡控制（SanDisk）与 MLC 技术（Multilevel Cell）和东芝公司的 0.16μm / 0.13μm 的 NAND 技术，通过 9 针的接口与专门的驱动器相连接，不需要额外的电源来保持其上的存储信息。它比 MMC 卡多了一个进行数据著作权保护的暗号认证功能（SDMI 规格），读写速度比 MMC 卡要快 4 倍，可达 2M/s。而 SD 卡的外观、引脚分配和数据传输协议都向前兼容多媒体 MMC 卡。

11.1.2　SD 存储卡发展

1999 年由日本松下公司、东芝公司和美国 SanDisk 公司在 MMC 卡基础上共同研发的 SD 卡成功取代了 MMC 卡，成为了几乎所有便携式数码产品的存储卡格式，从此 SD 卡登上历史舞台。2001 年 SM 卡的市场占有率超过 50%，而到了 2005 年中旬，市场占有率下降到了 40% 左右，并持续快速滑落，SM 卡逐步被 SD 卡所取代。此时，绝大多数的数码相机生产商都支持 SD 卡功能，包括佳能、尼康、柯达及松下等。近些年专业相机市场也被 SD 卡侵蚀，高速高价的 CF 卡命中注定会在几年后被高速廉价的 SD 卡彻底代替。

2006 年，SD 联合协会正式对外公布了新一代存储卡格式 SD2.0，即高容量 SD 存储卡 SDHC（High Capacity SD Memory Card）标准。由于以前在 SD 卡中使用的 FAT16/12 文件系统所支持的最大容量为

2GB，随着数码产品的普及和品质的提高，生活中这个容量的 SD 卡已经不能满足用户的需求。因此 SD 协会发布了 SD2.0 系统规范规定 SDHC 必须使用 FAT32 文件系统，而 SDHC 最大容量也相应可以做到 32GB，此外规范中还提出 SDHC 至少需符合 Class2 的速度等级，并且卡片上必须有 SDHC 标志和速度等级标志。SDHC 的出现使得 SD 卡的容量有了巨大的突破，也因此使得 SD 卡有了新的活力。

SD 系列记忆卡都是 SanDisk 完成测试后送交 SD 卡协会认证规格，因此几乎所有专利权都掌控在 SanDisk 手上。但在 2007 年，因为 NAND 市场的动荡 SanDisk 变卖了家当，失去了很多自己的核心技术和专利，更重要的 NAND 工厂都卖给了美光，给外界一种即将消失的错觉。然而不久后，SanDisk 重新吸引了外资，并注资东芝与东芝合作，使用东芝的制造工艺和技术生产芯片，SD 卡也不例外。因此两个品牌的产品拥有着很多相似之处，也是 SD 卡市场的两个主要供货来源。

2009 年，更新版本的 SDXC 存储卡标准推出，与提供 4～32GB 容量的 SDHC 卡标准相比，SDXC 存储卡最大容量可达 2TB，即 2048GB。并且读写速度也将实现 104Mbps，最高能够实现 300Mbps 的极限速度。同时 SD 协会称现有的 SDHC、Embedded SD、SDIO 等高速化技术也将导入到 SDXC 规范中。SDXC 文件格式采用 Microsoft 的 exFAT 格式。产品外观和体积与现在的 SDHC 相比没有改变。未来的数码相机、手机和个人计算机等数码产品都将支持 SDXC 存储卡格式。

目前市场上 SD 卡的品牌很多，诸如：TOSHIBA、SanDisk、索尼、Lexar、Maxell、松下、Transcend、PNY、Team、三星和 Kingston 等。其中有自己工厂的只有 TOSHIBA、SanDisk、Lexar、松下和近两年才学会造卡的三星这几家。

此外，SD 存储卡有两种衍生产品：Mini SD 和 Micro SD。Mini SD 由松下和 SanDisk 共同开发。首次露面是在 2003 年的 CeBIT 展览中出现在 SanDisk 展台。Mini SD 卡初始是为逐渐普及的拍照手机而设计。通过 SD 转接卡可将其当做一般 SD 卡使用。Mini SD 卡的容量由 16MB 至 8GB，而 Mini SDHC 卡的容量由 4GB 至 16GB。

在超小型存储卡产品上，SD 协会率先将 T-flash 纳入其家族，并命名为 Micro SD，用来替代 Mini SD 的地位。只有指甲般大小的 Micro SD 在 2005 年推出后就受到了广大消费者的青睐。在 2008 年手机就已经普及这种极小的存储卡。M2、Micro SD 和 MMC micro 并列为全球最小的迷你存储卡，超小体积却拥有着更大容量的优势，可以运用于各类的数码产品，不浪费产品内部设计的空间，也令产品设计者所喜爱。

11.1.3　SD 存储卡特性

1. SD 卡的速度特性

SD 卡根据不同的工艺，可分为不同读/写的速度，起初其速度是按 CD-ROM 的 150KB/s 为 1 倍速（记作"1x"）的速率来计算。基本上，普通的 SD 存储卡能够比标准 CD-ROM 的传输速度快 6 倍（900KB/s），而高速的 SD 卡更能传输 66x（9900KB/s=9.66MB/s，标记为 10MB/s）以及 133x 或更高的速度。一些数码相机需要高速 SD 卡来更流畅地拍摄视频，以及使得相片连拍更为迅速。直至 2005 年 12 月，大部分设备跟从 SD 卡的 1.01 规格，而更高速至 133x 的设备跟从 1.1 规格。

2006 年发布的 SDHC 标准（SD 2.0），重新定义了 SD 卡的速度规格，分为 3 档：Class2、Class4、Class6，代表写入速度分别为 2MB/s、4MB/s、6MB/s。随着科技的进步，有厂商生产了更高速的 SDHC 卡。厂商一般会直接在这些 SD 卡上标注速度，例如 R90/W60 代表读写速度达到每秒 90MB 和每秒 60MB。2010 年发布了新的 SD3.0，定义了 SDXC 和 UHS，并新增了 Class10。表 11.1.1 提供了 SD 存储卡速度等级的具体信息。

表 11.1.1　SD 卡速度等级表

SD2.0 规格的速度等级	读取速度（MB/s）	SD1.0 规格的速度等级 1x=150MB/s
Class2	2	13x
Class4	4	26x
Class6	6	40x
Class10	10	66x

不同速度等级的 SD 卡应用范围也不同，对于 Class10 的 SD 卡可支持全高清电视的录制和播放；Class6 的 SD 卡主要应用于单反相机的连拍以及其他高速专业设备的应用中；Class4 的 SD 卡可支持数码相机的连拍功能或高清电视 HDTV 的播放；Class2 的 SD 卡一般只能支持普通清晰电视的播放或数码相机普通的拍摄。

SD3.01 规范被称为超高速卡，速率定义为 UHS-I 和 UHS-II。到 2013 年第二季度为止，已上市的只有 UHS-I 卡。UHS-II 在 2013 年第 4 季度发布，但就目前的技术发展速度来看，UHS-I 完全足够使用。UHS-I 卡的速度等级分为 UHS-Class0 和 UHS-Class1。UHS-I 的 Class 和 SD2.0 的 Class 不同。目前对于 UHS-Class0 没有具体标准，如 SD2.0 规范的 Class 等未达到 UHS-Class1 速度等级的标准都会被归纳为 UHS-Class0。而 UHS-Class1 代表的是最大读取速度为 104MB/s。

2．SD 卡的保护开关

在 SD 卡的右面通常有一个开关，即是改写保护开关，而 MMC 卡则没有。当改写保护开关拨下时，SD 卡将受到改写保护，数据只能阅读。当改写保护开关在上面位置，便可以改写数据。由于这保护开关是选择性的，因此有些品牌的 SD 卡没有此保护设置。

改写保护开关的原理与卡式录音带，VHS 录像带，电脑磁片上的改写保护类似。关闭状态表示可改写，而打开状态表示被保护。如果开关破损，这张卡便只能变成写保护的只读存储卡。

3．三种 SD 卡的引脚定义

SD、Mini SD 及 Micro SD 三种类型的存储卡在引脚定义上有一定的区别，但通过特定的辅助转接卡，Mini SD 和 Micro SD 都能作为 SD 卡使用。表 11.1.2 提供了三种存储卡的引脚定义。

表 11.1.2　SD 存储卡引脚定义

SD 卡	引脚定义	输入输出	功　能
1	CD/DAT3	I/O	卡检测/数据 3
2	CMD	I/O	指令
3	V_{ss1}	—	GND
4	VDD	—	电源
5	CLK	I	时钟
6	V_{ss2}	—	GND
7	DAT0	I/O	数据 0
8	DAT1	I/O	数据 1
9	DAT2	I/O	数据 2
—	NC	—	—
—	NC	—	—

11.2　SD 总线基本概念

SD 存储卡定义了两种通信协议：SD 协议与 SPI 协议。S3C2440A 有专门的 SD 控制器。因此本书将主要介绍 SD 总线协议。

11.2.1　SD 总线结构

　　SD 总线包括以下信号：来源于主机的 APH 总线时钟的 CLK 时钟信号，用于向 SD 卡模块提供时钟；CMD 命令信号，是可双向传输的命令/响应信号，用于主机与 SD 卡双向通信时，表征一个操作的开始；4 个双向的数据信号 DAT0-DAT3，SD 模块的数据传输都是通过该数据信号传输；电源地信号 Vdd、Vss1、Vss2，用于给从机供电。通过星型拓扑结构，SD 总线可以实现与一个主 SD/MMC 卡，或者多个从 SD/MMC 卡的连接。所有的从机卡共用时钟信号、电源及地信号。而命令 CMD 和数据信号是从机的专用信号，必须进行点对点的连接。总线拓扑结构如图 11.2.1 所示。

　　在系统初始化时，命令被分别发送到各张从机卡上，允许应用程序检测到卡并向每个从 SD 卡分配逻辑地址。此后，各张卡的数据通常通过该逻辑地址独立地发送/接收。但是为了简化 SD 卡的成批处理，在初始化之后，所有命令可能同时发送到所有卡上，且命令包中提供地址信息。

　　SD 支持两种数据传输方式：1-bit 的标准总线传输方式和 4-bits 的宽总线传输方式。在标准总线传输方式下，数据仅仅在数据线 DAT0 上传输；在宽总线传输方式下，数据在数据线 DAT[3:0] 上同时传输，该模式下最高传输速度可达到 100Mb/s。SD 总线允许动态配置数据线数量。在上电后，SD 存储卡默认只使用 DAT0 进行数据传输，初始化后，主机可以修改总线宽度。

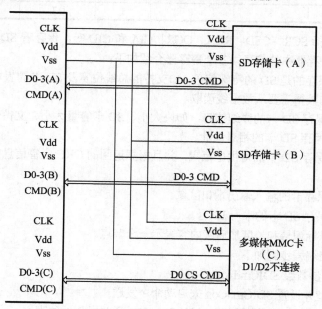

图 11.2.1　SD 总线拓扑

11.2.2　SD 总线协议

　　SD 总线通信协议由起始位、数据位和停止位组成，主要包括以下三类通信方式。

1. 发送命令

　　命令是启动一项操作的令牌。命令以寻址的形式从主机发送到某个 SD 卡或以广播形式发送给连接的所有 SD 卡，SD 卡接收到命令信号后，会通过 CMD 线向主机发送一个应答信号。命令在 CMD 线上一位一位地传输。SD 命令包格式如表 11.2.1 所示。

表 11.2.1　SD 命令包格式

定　义	起　始　位	传　输　位	命　令　索　引	命　令　参　数	CRC7	结　束　位
位	CMD[47]	CMD[46]	CMD[45:40]	CMD[39:8]	CMD[7:1]	CMD[0]
位宽	1	1	6	32	7	1
值	0	1	X	X	X	1

在 S3C2440A 中要发送 SD 命令需设置 SDICARG, SDICCON 两个寄存器。其中 SDICARG 是命令参数寄存器，用于 CMD[45:40]的命令参数传输；SDICCON 是命令控制寄存器，SDICCON[7:0]字段用于传输起始位，传输位和命令索引。此外还有一种特殊命令 ACMD，其发送方式与 CMD 命令发送方式一样，通过设置 SDICARG, SDICCON 两个寄存器即可完成发送。但在发送特殊命令前，需先发送一条普通的不带参数的 CMD55 命令，表示下一条所发送的命令是特殊命令。在发送 CMD52 命令时 SDICARG 寄存器的格式如表 11.2.2 所示。

表 11.2.2　SDICARG 寄存器格式

定　义	R/W	功　能　号	RAW 标志位	Stuff	寄存器地址	Stuff	写　数　据
位	ARG[31]	ARG[30:28]	ARG27	ARG26	ARG[25:9]	ARG8	ARG[7:0]
位宽	1	3	1	1	17	1	8

SD 卡内寄存器包括 SCR、CSD、RCA、OCR、CIA 和 CID 等，保存着 SD 卡的特殊信息，通过命令方式，可以读取寄存器中的信息。各个寄存器介绍如下：

（1）SCR 寄存器保存的是 SD 的特殊信息，如支持的总线位宽及 SD 卡的版本，MMC 卡没有此寄存器，获取该寄存器的数据需要从数据线读取。

（2）CSD 寄存器保存 SD 卡的详细信息，如块大小、SD 卡容量大小、文件系统等信息。

（3）RCA 寄存器保存 SD 卡的相对地址。

（4）OCR 寄存器保存 SD 卡的可供电范围，并且根据返回的 ORC 应答信息的第 30 位是否置 1 可区别是否为 HC 卡。

（5）CIA 寄存器保存卡的输入输出端口区域。

（6）CID 寄存器保存 SD 卡的唯一 ID 号。

（7）CIS 寄存器以标识号和长度加后续内容表示一个节点。

命令 CMD 的通路编程步骤如下：

（1）写 32 位命令参数给 SDICmdArg。

（2）决定命令类型并设置 SDICmdCon 来启动命令发送。

（3）当 SDICmdSta 的特定标志置位时确认 SDICMD 通路操作的结束。

（4）如果命令类型为无响应时标志为 CmdSent。

（5）如果命令类型带响应时标志为 RspFin。

（6）通过写'1'到相应位来清除 SDICmdSta 的标志。

2. 接收响应

响应是通过从被寻址的 SD 卡或者同时从所有连接的 SD 卡发送到主机，以作为对接收到的命令的回答的令牌。响应数据同样在 CMD 线上一位一位地传输。SD 回应状态寄存器有 SDIRSP0、SDIRSP1、SDIRSP2、SDIRSP3。例如，在读取 SD 卡 CSD 寄存器的值时，响应信息分在这 4 个寄存器中。读取这 4 个寄存器即可获得响应信息。

3. 数据传输

数据可以在 SD 卡与主机之间通过 DAT[3:0] 线双向传输。其中，读操作通过命令 CMD17/CMD18，并将读取数据的首地址通过 rSDICARG 寄存器发送给 SD 存储卡。

数据 DAT 的通路编程步骤如下：

① 写数据超时时间到 SDIDTimer。

② 写块大小（块长度）到 SDIBSize（通常为 0x80 个字）

③ 确定块方式，宽总线或 DMA 等并通过设置 SDIDatCon 启动数据传输。

④ Tx 数据：写数据到数据寄存器（SDIDAT），其中 Tx FIFO 为可用（TFDET 为置位），或一半（TFHalf 为置位），或空（TFEmpty 为置位）。

⑤ Rx 数据：从数据寄存器（SDIDAT）读数据，其中 Rx FIFO 为可用（RFDET 为置位），或满（RFFull 为置位），或一半（RFHalf 为置位），再或最后数据就绪（RFLast 为置位）。

⑥ 当 SDIDatSta 的 DatFin 标志置位时确认 SDI DAT 通路操作的结束。

⑦ 通过写"1"到相应位来清除 SDIDatSta 的标志。

读取数据快操作可以单块读取，也可多块读取。图 11.2.2 是向 SD 卡写多块数据操作的示意图。

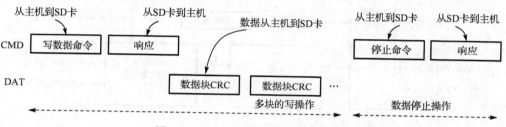

图 11.2.2　向 SD 卡写多块数据的操作

同样，写操作的格式与读操作类似，只是发送的命令不一样。对于单块写操作，需发送 CMD24 命令，而多块写操作，需发送 CMD25 命令。通过 CMD12 命令，可以停止数据传输。图 11.2.3 所示的是多块读操作的示意图。

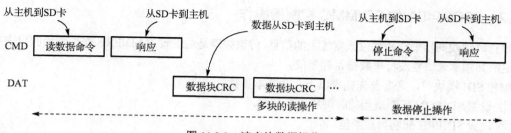

图 11.2.3　读多块数据操作

SD 存储卡主要通过以上总线通信方式实现数据的读/写。SD 卡寻址由会话地址实现，并在初始化阶段分配给各卡。SD 卡的数据传输主要以块为单位进行，初始化时可配置，一般为 512 字节，一个扇区有 4096 个块。数据块后面通常有 CRC 位，它决定了数据传输属于单块或多块操作。而标准卡与 HC 卡在读写操作时，命令的起始地址参数对齐有所区别，标准卡是以字节计算为起始地址的，而 HC 卡则按块地址作为起始地址。例如，一般情况下从 CSD 获取的卡信息中，块长度都为 512 字节大小，那么要访问第一个 512 字节时，对于标准卡，命令的参数直接写 512，而 HC 卡则写 1。

11.3　S3C2440A 的 SD/MMC 控制器

11.3.1　S3C2440A 的 SD/MMC 控制器简介

S3C2440A 的 SD/MMC 控制器模块支持 SD 存储器卡规格（1.0 版本）、MMC 规格（2.11）SDIO 卡规格（1.0 版本），支持 16 字的数据发送/传输 FIFO，拥有 40 位命令寄存器、136 位响应寄存器、8 位预分频逻辑（频率=系统时钟/（P+1）），支持 DMA 数据传输模式（字节、半字或字传输），支持 DMA burst4 存取（只支持字传输）以及支持 1 位/4 位宽总线模式和块/流模式的切换。SD/MMC 控制器接口方框图如图 11.3.1 所示。

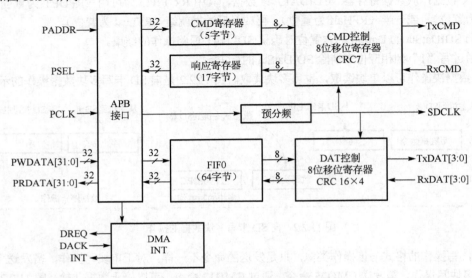

图 11.3.1　SD/MMC 控制器接口方框图

11.3.2　S3C2440A 的 SD/MMC 控制器操作

串行时钟线同步采样和移位数据线上的信息，传输频率是通过设置 SDIPRE 寄存器相应位来控制。可以更改其频率来调整波特率数据寄存器值。

编程 SDI 模块时，需要首先完成以下几个基本步骤：

① 设置 SDICON 配制适当的时钟和中断使能。

② 设置 SDIPRE 配制为适当值。

③ 等待为初始化卡的 74 个 SDCLK 时钟周期。

SD/MMC 初始化流程步骤如下：

（1）配置时钟，慢速一般为 400K，设置工作模式。

（2）发送 CMD0，进入空闲态，该指令没有反馈。

（3）发送 CMD8，如果有反应，CRC 值与发送的值相同，则说明该卡兼容 SD2.0 协议。

（4）发送 CMD55+ACMD41，判断 SD 卡的上电是否正确，短反馈成功说明该卡为 SD 卡（短反馈第 31 位置 1 为 HC 卡），否则发送 CMD0，有反应说明是 MMC 卡。

（5）发送 CMD2，验证 SD 卡是否接入，长反馈（CID）。

（6）发送 CMD3，读取 SD 卡的 RCA（地址），短反馈。

（7）配置高速时钟，准备数据传输，一般 20～25MHz。

（8）发送 CMD9，读取 CSD 寄存器获取卡的相关信息。

（9）发送 CMD7，使能 SD 卡。

（10）发送 CMD55+ACMD51 读取 SCR 寄存器，SD 卡可以通过该值获得位宽，如果是 MMC 卡则需要使用主线测试来确定卡的位宽。

（11）SD 卡发送 CMD55+ACMD6 配置为 4bit 数据传输模式（根据 SCR 读出来的值确定），MMC 卡发送 CMD6 来设置位宽。

11.3.3　S3C2440A 的 SD/MMC 控制器特殊寄存器

S3C2440A 的 SD/MMC 控制器特殊寄存器包括 SDI 控制寄存器 SDICON、SDI 波特率预分频寄存器 SDIPRE、SDI 命令参数寄存器 SDICmdArg、SDI 命令控制寄存器 SDICmdCon、SDI 命令状态寄存器 SDICmdSta、SDI 响应寄存器 SDIRSP0\SDIRSP1\SDIRSP2\SDIRSP3、SDI 数据/忙定时器寄存器 SDIDTimer、SDI 块大小寄存器 SDIBSize、SDI 数据控制寄存器 SDIDatCon、SDI 数据持续计数器寄存器 ADIDatCnt、SDI 数据状态寄存器 ADIDatSta、SDIFIFO 状态寄存器 SDIFSTA、SDI 中断屏蔽寄存器 SDIIntMsk 以及 SDI 数据寄存器 SDIDAT。通过设置这些寄存器中相应控制位或字段，即可初始化 S3C2440A 的 SD/MMC 控制器。

SDI 控制寄存器用于控制 SD/MMC 控制器的时钟、中断、读写数据类型以及控制器的复位等。寄存器具体信息如表 11.3.1 所示。

表 11.3.1　SDI 控制寄存器 SDICON

SDICON	位	描　　述	初始状态
保留	[31:9]	-	-
SDreset	[8]	复位整个 SD/MMC 模块。此位自动清零： 0 = 正常模式　　　　　1 = SDMMC 复位	0
保留	[7:6]	-	-
CTYP	[5]	决定使用哪种时钟类型作为 SDCLK.： 0 = SD 类型　　　　　1 = MMC 类型	0
ByteOrder	[4]	决定当读（写）按字对齐数据来自（到）SD 主机 FIFO 字节顺序类型： 0 = 类型 A　　　　　1 = 类型 B	0
RcvIOInt	[3]	决定主机是否接收来自卡的 SDIO 中断（SDIO）： 0 = 忽略　　　　　1 = 接收 SDIO 中断	0
RWaitEn	[2]	决定当主机在多块读取模式中，等待下个块时读等待信号产生。此位需要延迟来自卡的块传输（SDIO）： 0 = 禁止（未产生）　　　　　1 = 读等待使能（使用 SDIO）	0
保留	[1]	-	0
ENCLK	[0]	决定是否使能 SDCLK 输出： 0 = 禁止（预分频关）　　　　　1 = 时钟使能	0

SDI 波特率预分频寄存器用于控制 SD/MMC 控制器的时钟波特率。通过设置该寄存器的预分频值，根据下述等式计算得到波特率。

$$波特率 = PCLK / (预分频值 + 1)$$

SDI 命令参数寄存器、SDI 命令控制寄存器、SDI 命令状态寄存器和 SDI 响应寄存器是用于主机与 SD 卡之间传输命令。SDI 命令参数寄存器的格式见 11.2 节的表 11.2.2。主要用于传输功能号等命令信息。SDI 命令控制寄存器主要控制命令的开始与中止以及命令是否等待响应等。SDI 命令状态寄存器是一个 R/（C）寄存器，通过读取该寄存器，可实时跟踪当前命令的状态，并根据命令状态采取相应的措施；而通过写数据可清零该寄存器。SDI 响应寄存器主要用于需要有响应的命令中，接收 SD 卡传输的响应命令，4 个响应寄存器可接受短响应或者 128 位长响应。

用于数据传输的寄存器包括 SDI 数据/忙定时器寄存器、SDI 块大小寄存器、SDI 数据控制寄存器、SDI 数据持续计数器寄存器、SDI 数据状态寄存器、SDIFIFO 状态寄存器、SDI 中断屏蔽寄存器以及 SDI 数据寄存器。其中 SDI 数据/忙定时器寄存器用于设置超时时间，块大小寄存器可设置 0～4096Byte 的块大小。SDI 数据控制寄存器主要用于控制数据传输的块数，数据传输的开始、使能 DMA、修改总线宽度、何时开始传输数据、中断类型、数据大小等信息。具体功能如表 11.3.2 所示。

表 11.3.2　SDI 数据控制寄存器

SDIDatCon	位	描　述	初始状态
保留	[31:25]	—	—
Burst4	[24]	使能 DMA 模式中 Burst4 模式，只有当数据大小为字时置位此位： 0 = 禁止　　　　　1 = Burst4 使能	0
DataSize	[23:22]	设置带 FIFO 传输的数据大小，其类型为字、半字或字节： 00 = 字传输　01 = 半字传输　10 = 字节传输　11 = 保留	0
PrdType	[21]	决定当数据传输完成时 SDIO 中断时间是否为 2 个周期或扩展更多周期（SDIO）： 0 = 正好 2 个周期　　　1 = 更多周期（如单块）	0
TARSP	[20]	决定当数据传输是否在收到响应后开始： 0 = DatMode 设置后立刻开始 1 = 收到响应后（假定 DatMode 设置为 11）	0
RACMD	[19]	决定当数据接收是否在命令发送后开始： 0 = DatMode 设置后立刻开始 1 = 命令发送后（假定 DatMode 设置为 10）	0
BACMD	[18]	决定当数据接收忙状态是否在命令发送后开始： 0 = DatMode 设置后直接开始 1 = 命令发送后（假定 DatMode 设置为 01）	0
BlkMode	[17]	数据传输模式为流数据传输还是块数据传输： 0 = 流数据传输　　　1 = 块数据传输	0
WideBus	[16]	决定使能宽总线模式： 0 = 标准总线模式（只使用 SDIDAT[0]） 1 = 宽总线模式（使用 SDIDAT[3:0]）	0
EnDMA	[15]	使能 DMA： 0 = 禁止（查询）　　　1 = DMA 使能 当 DMA 完成操作，则应该禁止此位	0
DTST	[14]	决定是否启动数据传输。此位自动清零： 0 = 数据就绪　　　　1 = 数据启动传输	0
DatMode	[13:12]	决定数据传输的操控： 00 = 无操作　　　　01 = 只检查忙模式 10 = 数据接收模式　11 = 数据发送模式	00
BlkNum	[11:0]	块数（0 至 4095），流模式中无须关心	0x000

在设置该寄存器时需注意，当置位 TARSP、RACMD 或 BACMD 中的任意 1 位时，需提前设置 SDI 命令控制寄存器。

SDI 数据持续计数器寄存器用于设置 1 块数据的持续字节数和持续总块数。SDI 数据状态寄存器与 SDI 命令状态寄存器类似，反应的是数据传输的当前状态，包括数据传输中，数据传输结束，数据传输失败等状态。通过写数据可清零该寄存器。SDI 数据寄存器用于主机与 SD 卡进行数据交换的缓冲寄存器。为区分端模式和存储方式的不同，该寄存器所使用的地址空间有所不同，具体信息如表 11.3.3 所示。

表 11.3.3　SDI 数据寄存器

寄 存 器	地　址	R/W	描　述	复 位 值
SDIDAT	0x5A000040, 44, 48, 4C) (Li/W, Li/HW, Li/B, Bi/W) 0x5A000041(Bi/HW), 0x5A000043(Bi/B)	R/W	SDI 数据寄存器	0x0

其中 Li/W、Li/HW、Li/B 分别表示当端模式为小端时以字、半字、字节为单位存取；Bi/W、Bi/HW、Bi/B 分别表示当端模式为大端时以字、半字、字节为单位存取。

SDI FIFO 状态寄存器与 SDI 命令状态寄存器类似，通过读取该寄存器值，可了解当前 FIFO 数据的状态。通过实时的监视这三个状态寄存器（命令、数据、FIFO），即可对 SD 卡进行数据的发送和接收。例如以下代码是对 SD 卡的读操作。

```
while(i<BlockSize)
{                                    //开始接收数据到缓冲区
    if(rSDIDSTA&0x60)
    {                                //检查是否超时和 CRC 校验是否出错
        rSDIDSTA=(0x3<<0x5);         //清除超时标志和 CRC 错误标志
        return 0;
    }
    status=rSDIFSTA;
    if((status&0x1000)==0x1000)
    {                                //如果接收 FIFO 中有数据
        *RxBuffer=rSDIDAT;
        RxBuffer++;
        i++;
    }
}
```

在接收数据到缓冲区时，需通过读取 SDI 数据状态寄存器的值检查是否超时和 CRC 校验是否出错。若无错误，在检测 FIFO 状态寄存器的第 12 位 RFDET 的值为 "1"，即当 DatMode 为数据接收模式时 FIFO 数据可以用于接收，即可读取 SDI 数据寄存器中的数据。

当写数据时，需检测 FIFO 状态寄存器第 13 位 TFDET 的值，若此位置位，则说明 FIFO 数据可以用于发送，即可将写入数据赋值给 SDI 数据寄存器。并通过检测数据状态寄存器，等待数据发送完毕。写数据代码如下：

```
status=rSDIFSTA;
if((status&0x2000)==0x2000)
{                       //如果发送 FIFO 可用，即 FIFO 未满
    rSDIDAT=*TxBuffer;
    TxBuffer++;
    i++;
}
```

在通过 while 语句等待数据发送结束，代码如下：

```
rSDIDCON = rSDIDCON&~(7<<12);
do
{                       //等待数据发送结束
    status=rSDIDSTA;
}while((status&0x2)==0x2);
}
```

该小节只列出了部分重要寄存器的具体信息，其他未列出的寄存器信息可查询三星公司提供的 S3C2440A 用户手册。

11.4 SD 模块的编程与测试

本实验目的是在目标开发板上完成 SD 卡的初始化、数据的读/写操作，并通过串口打印 SD 卡信息。通过该实验，读者可熟悉 SD 卡的基本信息、SD/MMC 模块特殊寄存器的运用，SD/MMC 模块的初始化、数据读/写流程以及 SD 总线协议的实现。

11.4.1 SD 实验电路及原理

对 SD 卡的编程主要分为命令封装、SD 卡初始化、读取数据块和写入数据块等操作。本实验主要通过编程实现 SD/MMC 模块的初始化，并通过 SD 命令读 SD 卡的寄存器，获取 SD 卡信息和读/写 SD 卡内某个块的数据。实验前首先了解电路原理。

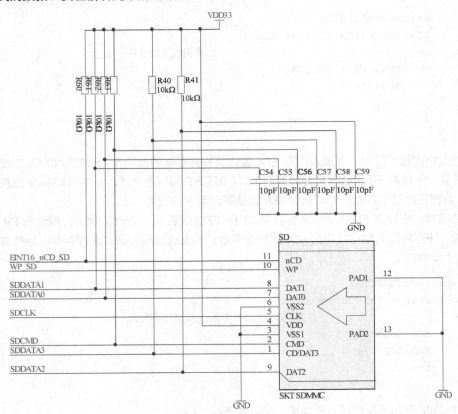

图 11.4.1 SD 卡电路图

图 11.4.1 所示的电路图中，卡槽的引脚与 SD 卡引脚相对应。由图可知，SD 模块接口包括 4 个数据端口、时钟端口、命令端口、中断端口以及电源地接口。SD 卡通过外部 3.3V 电压供电，各个引脚通过 10pF 电容接上拉电阻。

11.4.2 SD 模块初始化编程

SD 初始化程序步骤与 11.3.2 节中介绍的流程步骤相同。在编写初始化程序前，先了解 SD/MMC 模块寄存器定义，代码如下：

```
//SD Interface
#define rSDICON   (*(volatile unsigned *)0x5a000000)   //SDI control
#define rSDIPRE   (*(volatile unsigned *)0x5a000004)   //SDI baud rate prescaler
#define rSDICARG  (*(volatile unsigned *)0x5a000008)   //SDI command argument
#define rSDICCON  (*(volatile unsigned *)0x5a00000c)   //SDI command control
#define rSDICSTA  (*(volatile unsigned *)0x5a000010)   //SDI command status
#define rSDIRSP0  (*(volatile unsigned *)0x5a000014)   //SDI response 0
#define rSDIRSP1  (*(volatile unsigned *)0x5a000018)   //SDI response 1
#define rSDIRSP2  (*(volatile unsigned *)0x5a00001c)   //SDI response 2
#define rSDIRSP3  (*(volatile unsigned *)0x5a000020)   //SDI response 3
#define rSDIDTIMER (*(volatile unsigned *)0x5a000024)  //SDI data/busy timer
#define rSDIBSIZE (*(volatile unsigned *)0x5a000028)   //SDI block size
#define rSDIDCON  (*(volatile unsigned *)0x5a00002c)   //SDI data control
#define rSDIDCNT  (*(volatile unsigned *)0x5a000030)   //SDI data remain counter
#define rSDIDSTA  (*(volatile unsigned *)0x5a000034)   //SDI data status
#define rSDIFSTA  (*(volatile unsigned *)0x5a000038)   //SDI FIFO status
#define rSDIIMSK  (*(volatile unsigned *)0x5a00003c)   //SDI interrupt mask.
                                                       edited for 2440A


#ifdef __BIG_ENDIAN  /* edited for 2440A */
#define rSDIDAT    (*(volatile unsigned *)0x5a00004c) //SDI data
#define SDIDAT     0x5a00004c
#else  //Little Endian
#define rSDIDAT    (*(volatile unsigned *)0x5a000040) //SDI data
#define SDIDAT     0x5a000040
#endif   //SD Interface
```

寄存器地址与前面介绍到寄存器信息一致，具体可参考 S3C2440A 的用户手册。在此需注意的是 SDI 数据寄存器的地址。熟悉了寄存器定义，就可以编写如下初始化程序代码：

```
/**********************************************
功能：SD 卡初始化
入口：无
出口：=0 失败 =1 成功
说明：无
**********************************************/

int SD_Card_Init(card_desc *CardInfo)
{
    //-- SD controller & card initialize
    int i;
    card_desc *pCardInfo = CardInfo;
    pCardInfo->RCA = 0;
    /* Important notice for MMC test condition */
    /* Cmd & Data lines must be enabled by pull up resister */
    SD_Set_IOPort();
    rSDIPRE = PCLK/(INICLK) - 1;     //400KHz
    Uart_Printf("Initial Frequency is %dKHz\n",(PCLK/(rSDIPRE+1))/1000 );
```

```
        rSDICON = (1<<4)|1;                  //Type B, clk enable
        rSDIFSTA = rSDIFSTA|(1<<16);         //FIFO reset
        rSDIBSIZE = 0x200;                   //512byte(128word)
        rSDIDTIMER = MAX_DATABUSY_TIMEOUT;   //Set timeout count
        for(i = 0; i < 0x1000; i++);         //Wait 74 SDCLK for MMC card
        CMD0();
        //-- Check MMC card OCR
        if (Chk_MMC_OCR() == ENUM_CARD_TYPE_MMC)    //ACMD1
        {
            Uart_Printf("MMC check end!!\nIn MMC ready\n");
            pCardInfo->Card_Type = ENUM_CARD_TYPE_MMC;
            goto RECMD2;
        }
        else
        {
            pCardInfo->Card_Type = ENUM_CARD_TYPE_SD;
        }
        //-- Check SD card OCR
        if (!CMD8())
        {
            return 0;
        }
        i = Chk_SD_OCR();    //ACMD41
        if (i == 1)
        {
            //Uart_Printf("----SD Card is Ready----\n");
            pCardInfo->Card_Capacity_Stat = ENUM_High_Capacity;
        }
        else if (i == 2)
        {
            pCardInfo->Card_Capacity_Stat = ENUM_Standard_Capacity;
        }

        else
        {
            return 0;
        }
RECMD2:
        //-- Check attached cards, it makes card identification state
        if(CMD2())          //Get_CID
        {
            pCardInfo->Maker_ID = ((rSDIRSP0 & 0xff000000) >> 24);
            pCardInfo->Product_Name[0] = (rSDIRSP0&0xff0000)>>16;
            pCardInfo->Product_Name[1] = (rSDIRSP0&0xff00)>>8;
            pCardInfo->Product_Name[2] = rSDIRSP0&0xff;
            pCardInfo->Product_Name[3] = (rSDIRSP1 & 0xff000000) >> 24;
            pCardInfo->Product_Name[4] = (rSDIRSP1&0xff0000)>>16;
```

```
        pCardInfo->Product_Name[5] = (rSDIRSP1&0xff00)>>8;
        pCardInfo->Product_Name[6] = rSDIRSP1&0xff;
        pCardInfo->Product_Name[7] = 0;
        pCardInfo->Serial_Num = ((rSDIRSP2 & 0xffffff) << 8) | ((rSDIRSP3 &
                        0xff000000) >> 24);
        pCardInfo->Manufacturing_Date[0] = 2000+((rSDIRSP3&0xff000)>>12);
        pCardInfo->Manufacturing_Date[1] = (rSDIRSP3&0xf00)>>8;
    }
    else
    {
        return 0;
    }
    if(CMD3() != 0)      //Get_RCA
    {
        if(pCardInfo->Card_Type == ENUM_CARD_TYPE_MMC)
        {
            pCardInfo->RCA = 1;

            rSDIPRE=(PCLK/MMCCLK)-1;   //YH 0812, Normal clock=20MHz
            Uart_Printf("MMC Frequency is %dHz\n",(PCLK/(rSDIPRE+1)));
        }
        else
        {
            pCardInfo->RCA = ( rSDIRSP0 & 0xffff0000 )>>16;
            Uart_Printf("RCA = 0x%x\n",pCardInfo->RCA);

            rSDIPRE = (PCLK/SDCLK) - 1;    //Normal clock=25MHz
            Uart_Printf("Now SD Frequency is %dMHz\n",(PCLK/(rSDIPRE+1))/1000000);
        }

    }
    else
    {
        return 0;
    }
    //CMD13();         //Get card status
    Card_Select(pCardInfo->RCA); //选中当前卡
    //--设置总线位数
    if(pCardInfo->Card_Type == ENUM_CARD_TYPE_SD)
    {
        SetBus(pCardInfo->RCA, Wide);
    }
    else
    {
        Set_1bit_bus(pCardInfo->RCA);
    }
    return 1;
}
```

其中函数 Chk_MMC_OCR() 是检测插入的卡是否为多媒体 MMC 卡，具体代码如下：

```
static int Chk_MMC_OCR(void)
{
    int i;
    //-- Negotiate operating condition for MMC, it makes card ready state
    for(i = 0; i < 50; i++)  //Negotiation time is dependent on CARD Vendors.
    {
        //rSDICARG=0xffc000;                //CMD1(MMC OCR:2.6V~3.6V)
        rSDICARG = 0xff8000;                //CMD1(SD OCR:2.7V~3.6V)
        rSDICCON = (0x1<<9)|(0x1<<8)|0x41;//sht_resp, wait_resp, start, CMD1
        //-- Check end of CMD1
        if(Chk_CMDend(1, 1) && (rSDIRSP0>>16)==0x80ff) //[Power up status bit (busy)
        {
            rSDICSTA = 0xa00;        //Clear cmd_end(with rsp)
            return 0;                //Success,MMC
        }
    }
    rSDICSTA = 0xf00;                //Clear cmd_end(with rsp)
    return 1;                        //Fail,SD
}
```

如果插入的卡不是 MMC 卡，该函数返回 1，表示插入的是 SD 卡。再通过 Chk_SD_OCR() 函数检测是普通 SD 卡还是高速 SDHC 卡。SD 卡与 SDHC 卡所用协议分别是 SD1.0 和 SD2.0 协议，具体代码如下：

```
static int Chk_SD_OCR(void)  //ACMD41
{
    int i;

    //-- Negotiate operating condition for SD, it makes card ready state
    for(i=0;i<50;i++)              //If this time is short, init. can be fail.
    {
        //-- 检测是否为 SDHC
        CMD55(0);                  //Make ACMD
        rSDICARG = 0xc0ff8000;     //ACMD41(SD OCR:2.7V~3.6V,HCS=1)
        //rSDICARG=0xffc000;       //ACMD41(MMC OCR:2.6V~3.6V)
        rSDICCON = (0x1<<9)|(0x1<<8)|0x69;//sht_resp, wait_resp, start, ACMD41

        //-- Check end of ACMD41
        if( Chk_CMDend(41, 1) && (rSDIRSP0==0xc0ff8000) )
        {
            Uart_Printf("SDHC Card...\n");
            rSDICSTA = 0xa00;      //Clear cmd_end(with rsp)
            return 1;              //Success
        }

        //-- 检测是否为 SD1.0
```

```
    CMD55(0);                    //Make ACMD
    rSDICARG = 0x80ff8000;       //ACMD41(SD OCR:2.7V~3.6V,HCS=0)
    rSDICCON = (0x1<<9) | (0x1<<8) | 0x69;//sht_resp, wait_resp, start, ACMD41

    //-- Check end of ACMD41
    if( Chk_CMDend(41, 1) && (rSDIRSP0==0x80ff8000) )
    {
        Uart_Printf("SD1.0 Card...\n",rSDIRSP0);
        rSDICSTA = 0xa00;        //Clear cmd_end(with rsp)
        return 2;                //Success
    }

    Delay(200);                  //Wait Card power up status

    }
    Uart_Printf("Error: ACMD41 SDIRSP0=0x%x\n",rSDIRSP0);
    rSDICSTA = 0xa00;            //Clear cmd_end(with rsp)
    return 0;                    //Fail
}
```

11.4.3　SD 命令传输编程

在 SD 卡初始化和读写操作过程中,都会使用到命令的发送和接收。SD 卡的命令发送格式在 11.2.2 节中已有介绍,通过设置 SDICARG、SDICCON 两个寄存器即可完成发送,而在发送特殊命令前,需先发送一条普通的不带参数的 CMD55 命令,表示下一条所发送的命令是特殊命令。例如,读取如下一个数据块的命令代码。

```
/**********************************************
功能:读取一个数据块
入口:起始地址
出口:=1:成功 =0:失败
说明:无
**********************************************/
U8 CMD17(U32 Addr)
{
    //STEP1:发送指令
    rSDICARG = Addr;                    //设定指令参数
    rSDICCON = (1<<9)|(1<<8)|0X51;      //发送 CMD17 指令
    if(Chk_CMD_End(17,1))
        return 1;
    else
        return 0;
}
```

从以上代码可以看出,在发送 CMD17 命令后,还有一条 Chk_CMD_End(17,1)的语句,用来判断命令发送成功与否。该函数具体实现如下:

```
/**********************************************
功能:检查 SDIO 命令发送,接收是否结束
```

入口：cmd:命令 be_resp：=1 有应答 =0 无应答
出口：=0 应答超时 =1 执行成功
说明：无
***/

```c
int Chk_CMD_End(int cmd, int be_resp)
{
    int finish0;
    if(!be_resp)                          //No response
    {
        finish0 = rSDICSTA;               //SDI 指令状态寄存器, 只读
        while((finish0&0x800)!=0x800)     //Check cmd end
        finish0=rSDICSTA;
        rSDICSTA=finish0;                 //Clear cmd end state
        return 1;


    }
    else                                  //With response
    {
        finish0 = rSDICSTA;
        while( !( ((finish0&0x200)==0x200) | ((finish0&0x400)==0x400) ))
                                          //Check cmd/rsp end
            finish0=rSDICSTA;
        if(cmd==1 | cmd==41) //CRC no check, CMD9 is a long Resp. command.
        {
            if( (finish0&0xf00) != 0xa00 )  //Check error
            {
                rSDICSTA=finish0;         //Clear error state
                if(((finish0&0x400)==0x400))
                return 0;                 //Timeout error
            }
            rSDICSTA=finish0;             //Clear cmd & rsp end state
        }
        else                              //CRC check
        {
            if( (finish0&0x1f00) != 0xa00 )  //Check error
            {
                #ifdef __SD_MMC_DEBUG__
                Uart_Printf("CMD%d:rSDICSTA=0x%x,rSDIRSP0=0x%x\n",cmd,
                            SDICSTA, rSDIRSP0);
                #endif
                rSDICSTA = finish0;       //Clear error state
                if(((finish0&0x400)==0x400))
                    return 0;             //Timeout error
            }
            rSDICSTA=finish0;
        }
        return 1;
    }
}
```

其余命令（如写单个数据块命令、读取多个数据块命令等）与上述命令格式一致。感兴趣的读者可在本实验提供的 sdi.c 文件中查询命令具体实现。

11.4.4　SD 数据读/写编程

SD 读数据是将数据从 SD 卡通过数据通道传送到主机 S3C2440A 的操作，SD 写数据是将数据从主机 S3C2440A 通过数据通道传送到 SD 卡并保存的操作。SD 卡的读/写操作以扇区为单位，每次读/写至少操作一个扇区的数据。

读数据操作前，需定义一个数组作为数据接收缓冲区，如 cRxBuffer[BlockSize]，读数据操作可分为以下几个步骤。

① 发送对指定起始地址读扇区的命令 CMD17/CMD18。

② 开始接受数据到缓冲区 Rx_buffer [BlockSize]。

在测试程序中可直接调用 SD_Rd_Block(&CardInf, POL, blocknum, blocksize)函数完成对初始地址为 addr 的单个数据块的读操作，该函数具体实现如下：

```
int SD_Rd_Block(card_desc *CardInfo, U32 mode, U32 addr, U32 blocknum)
{
    int status;
    int i = 0;
    int rd_cnt = 0;
const U32   cc = 1;


    //----- Reset the FIFO -----
    rSDIFSTA = rSDIFSTA|(1<<16);      //FIFO reset
    if(mode!=2)
        rSDIDCON=(2<<22)|(1<<19)|(1<<17)|(Wide<<16)|(1<<14)|(2<<12)|(blocknum<<0);
    rSDICARG = addr;                  //CMD17/18(addr)读地址
    switch(mode)
    {
    case POL:
        if(blocknum<2)                //SINGLE_READ
        {
            do
            {
                rSDICCON=(0x1<<9)|(0x1<<8)|0x51; //sht_resp, wait_resp, dat,
                    start, CMD17
                i++;
            }
            while(!Chk_CMDend(17, 1) && (i<50)); //-- Check end of CMD17
            if(i == 50)
            {
                Uart_Printf("CMD18 Failed\n");
                return 0;
            }
        }
        else        //MULTI_READ
        {
```

```
        do
        {
            rSDICCON=(0x1<<9)|(0x1<<8)|0x52;  //sht_resp, wait_resp, dat,
                    start, CMD18
            i++;
        }
        while(!Chk_CMDend(18, 1) && (i<50)); //-- Check end of CMD18
        if(i == 50)

        {
            Uart_Printf("CMD18 Failed\n");
            return 0;
        }
    }
    rSDICSTA = 0xa00;   //Clear cmd_end(with rsp)
    while(rd_cnt < (128*blocknum))          //512*block bytes
    {
        //Uart_Printf("***rd_cnt:%d dat:%d\n",rd_cnt,rSDIDAT);
        if ((rSDIDSTA & 0x20) == 0x20)      //Check timeout
        {
            //rSDIDSTA=(0x1<<0x5);            //Clear timeout flag
            rSDIDSTA = (0x1<<5);             //Clear timeout flag,wangq
            Uart_Printf("Read Error,timeout!!!\n");
            break;
        }
        status = rSDIFSTA;
        if((status&0x1000) == 0x1000)           //Is Rx data?
        {
            //for(i=0; i < (status&0x7f); i++)
            {
                *(Rx_buffer+rd_cnt) = rSDIDAT;
                //Uart_Printf("rd_cnt:%ddat:%d\n",rd_cnt,*(Rx_buffer+rd_cnt));
                rd_cnt++;
            }
        }
    }
    break;
case INT:
    return 0;
case DMA:
    pISR_DMA0 = (unsigned)DMA_end;
    rINTMSK = ~(BIT_DMA0);                //开 DMA0 中断
    rSDIDCON = rSDIDCON | (1<<24);        //YH 040227, Burst4 Enable
    //----- Initialize the DMA channel for input mode -----
    rDISRC0 = (int)(SDIDAT);             //source=SDIDAT
    rDISRCC0 = (1<<1) | (1<<0);          //APB, fix
    rDIDST0 = (U32)(Rx_buffer);             //Destination=Rx_buffer
```

```
rDIDSTC0 = (0<<1) | (0<<0);              //TC reaches 0 Interrupt,AHB, inc
rDCON0= (cc<<31)+(0<<30)+(1<<29)+(0<<28)+(0<<27)+(2<<24)+(1<<23)+(1<<22)
        +(2<<20)+(128*blocknum);
//handshake, sync PCLK, TC int, A unit tx, single service, SDI, H/W request,
//auto-reload off, word, 128blk*num

rSDIDCON = (2<<22)|(1<<19)|(1<<17)|(Wide<<16)|(1<<15)|(1<<14)
           | (2<<12)|(blocknum<<0);
i = 0;
if(blocknum<2)                           //SINGLE_READ
{
    do
    {
        rSDICCON=(0x1<<9)|(0x1<<8)|0x51; //sht_resp, wait_resp, dat,
                 start, CMD17
        i++;
    }
    while(!Chk_CMDend(17, 1) && (i<50));  //-- Check end of CMD17
    if(i == 50)
    {
        Uart_Printf("CMD18 Failed\n");
        return 0;
    }
}
else        //MULTI_READ
{
    do
    {
        rSDICCON=(0x1<<9)|(0x1<<8)|0x52; //sht_resp, wait_resp, dat,
                 start, CMD18
        i++;
    }
    while(!Chk_CMDend(18, 1) && (i<50)); //-- Check end of CMD18
    if(i == 50)
    {
        Uart_Printf("CMD18 Failed\n");
        return 0;
    }
}
rSDICSTA = 0xa00;                    //Clear cmd_end(with rsp)
Delay(50);
rDMASKTRIG0 = (0<<2)+(1<<1)+0; //no-stop, DMA0 channel on, no-sw trigger
while(!TR_end);
Uart_Printf("rSDIFSTA=0x%x\n",rSDIFSTA);
rINTMSK |= (BIT_DMA0);
TR_end = 0;
rDMASKTRIG0 = (1<<2);                //DMA0 stop
```

```
            break;
        default:
            break;
    }


    //-- Check end of DATA
    for (i = 0; i < 50; i++)
    {
        if(Chk_DATend())
        {
            break;
        }
        else
        {
            Uart_Printf("Read Dat Error!!\n");
            return 0;
        }
    }
    rSDIDCON = rSDIDCON&~(7<<12);
    rSDIFSTA = rSDIFSTA&0x200;      //Clear Rx FIFO Last data Ready, YH 040221
    rSDIDSTA = 0x10;               //Clear data Tx/Rx end detect
    if(blocknum > 1)
    {
        i = 0;
        do
        {
            //--Stop cmd(CMD12)
            rSDICARG = 0x0;              //CMD12(stuff bit)
            rSDICCON = (0x1<<9)|(0x1<<8)|0x4c;//sht_resp, wait_resp, start, CMD12
            i++;
        }
        //-- Check end of CMD12
        while(!Chk_CMDend(12, 1) && (i < 100));
        rSDICSTA = 0xa00;   //Clear cmd_end(with rsp)
    }
    //CMD13();
    return 1;
}
```

写数据操作前,需定义一个数组作为数据发送缓冲区,如 cTxBuffer[BlockSize],读数据操作可分为以下几个步骤。

① 发送对指定起始地址写扇区的命令 CMD24/CMD25。

② 开始传送数据到缓冲区 cTxBuffer[BlockSize]。

③ 等待数据传送完成。

④ 判断是否成功向 SD 卡写入数据。

在测试程序中,可直接调用 SD_Wt_Block(&CardInf, POL, blocknum, blocksize)函数实现对初始地址为 addr 的单个数据块的写操作,该函数具体实现如下:

```c
int SD_Wt_Block(card_desc *CardInfo, U32 mode, U32 addr, U32 blocknum)
{
    int status;
    int i = 0;
    int wt_cnt = 0;
    const U32 cc = 1;
    rSDIFSTA = rSDIFSTA | (1<<16);      //FIFO reset
    if (mode != 2)
    {
        rSDIDCON=(2<<22)|(1<<20)|(1<<17)|(Wide<<16)|(1<<14)|(3<<12)|(blocknum<<0);
    }
    rSDICARG = addr;                    //CMD24/25(addr)写入地址
    switch(mode)
    {
    case POL:
        if(blocknum < 2)                    //SINGLE_WRITE
        {
            do
            {
                rSDICCON = (0x1<<9)|(0x1<<8)|0x58;  //sht_resp,wait_resp,dat,
                        start, CMD24
                i++;
            }
            while(!Chk_CMDend(24, 1) && (i < 50));    //-- Check end of CMD24
        }
        else                                //MULTI_WRITE
        {
            do
            {
                rSDICCON=(0x1<<9)|(0x1<<8)|0x59;   //sht_resp,wait_resp,dat,
                        start, CMD25
                i++;
            }
            while(!Chk_CMDend(25, 1) && (i < 50));    //-- Check end of CMD25
        }
        rSDICSTA = 0xa00;                   //Clear cmd_end(with rsp)
        i = 0;
        while(wt_cnt < 128*blocknum)
        {
            status = rSDIFSTA;
            if((status&0x2000) == 0x2000)
            {
                rSDIDAT = *(Tx_buffer + i);
                i++;

                wt_cnt++;
                //Uart_Printf("Dat=%d, wt_cnt=%d\n",*(Tx_buffer+i),wt_cnt);
```

```
            }
        }
        break;
    case INT:
        return 0;
    case DMA:
        pISR_DMA0 = (unsigned)DMA_end;
        rINTMSK = ~(BIT_DMA0);
        rSDIDCON = rSDIDCON|(1<<24);        //Burst4 Enable
        rDISRC0 = (int)(Tx_buffer);         //source=Tx_buffer
        rDISRCC0 = (0<<1) + (0<<0);         //AHB, inc
        rDIDST0 = (U32)(SDIDAT);            //Destination=SDIDAT
        rDIDSTC0 = (1<<1) + (1<<0);         //APB, fix
        rDCON0 = (cc<<31)+(0<<30)+(1<<29)+(0<<28)+(0<<27)+(2<<24)+(1<<23)+(1<<22)
                +(2<<20)+128*blocknum;
        rSDIDCON = (2<<22)|(1<<20)|(1<<17)|(Wide<<16)|(1<<15)|(1<<14)
                |(3<<12)|(blocknum<<0);
        i = 0;
        if(blocknum < 2)                    //SINGLE_WRITE
        {
            do
            {
                rSDICCON = (0x1<<9)|(0x1<<8)|0x58;  //sht_resp, wait_resp, dat,
                        start, CMD24
                i++;
            }
            while(!Chk_CMDend(24, 1) && (i < 50));   //-- Check end of CMD24
        }
        else                                //MULTI_WRITE
        {
            do
            {
                rSDICCON=(0x1<<9)|(0x1<<8)|0x59;  //sht_resp, wait_resp, dat,
                        start, CMD25
                i++;
            }
            while(!Chk_CMDend(25, 1) && (i < 50));   //-- Check end of CMD25
        }
        rSDICSTA = 0xa00;                   //Clear cmd_end(with rsp)
        Delay(50);
        rDMASKTRIG0 = (0<<2) + (1<<1)+0; //no-stop, DMA0 channel on, no-sw trigger
        while(!TR_end);
        rINTMSK |= (BIT_DMA0);

        TR_end = 0;
        rDMASKTRIG0 = (1<<2) + (0<<1);      //DMA0 stop,DMA0 channel off
        break;
```

```
            default:
                break;
    }
    //-- Check end of DATA
    for (i = 0; i < 50; i++)
        {
            if(Chk_DATend())
                break;
        }
    if (i == 50)
        {
            Uart_Printf("Write Dat Error!!\n");
            return 0;
        }
    rSDIDCON = rSDIDCON & ~(7<<12);
    rSDIDSTA = 0x10;  //Clear data Tx/Rx end
    if((blocknum > 1) )
        {
            i = 0;
            do
            {
                rSDIDCON=(1<<18)|(1<<17)|(Wide<<16)|(1<<14)|(1<<12)|(blocknum<<0);
                rSDICARG = 0x0;                       //CMD12(stuff bit)
                rSDICCON=(0x1<<9)|(0x1<<8)|0x4c; //sht_resp, wait_resp, start, CMD12
            }
            while(!Chk_CMDend(12, 1) && (i < 50));    //-- Check end of CMD12
            rSDICSTA = 0xa00;                         //Clear cmd_end(with rsp)
            //-- Check end of DATA(with busy state)
            if(!Chk_BUSYend())
            {
                Uart_Printf("Chk_BUSYend Error!!\n");
                return 0;
            }
            rSDIDSTA = 0x08;                          //! Should be cleared by writing '1'.
        }
    return 1;
}
```

此外，也可以通过命令 CMD18 和 CMD25 实现多块的读/写操作，具体函数可参考本实验提供的 sdi.c 文件。

11.4.5　SD 测试程序

SD 测试程序主要完成 SD/MMC 模块的初始化，以及读取 SD 卡第 blocknum 块的 blocksize 个数据，并通过串口打印这些信息。测试程序代码如下：

```
void SD_Test(void)
{
```

```c
        U32 save_rGPEUP, save_rGPECON;
        card_desc CardInf;
        U32 blocknum = 1,blocksize = 1;
        save_rGPEUP = rGPEUP;
        save_rGPECON = rGPECON;
        Uart_Printf("SDI Card Read and Write Test\n");
        if( !SD_Card_Init(&CardInf) )        //初始化
        {
            Uart_Printf("Initialize SD Card fail,No Card assertion!!\n");
            return;
        }
        if(!CMD9(CardInf.RCA))               //Get CSD
        {
            Uart_Printf("Get CSD Failed!!!\n");
        }
        TR_Buf_new();                        //初始化缓冲区
        Uart_Printf("---- Block Write Test ----\n");
        if( !SD_Wt_Block(&CardInf, POL, blocknum, blocksize) )
        {
            Uart_Printf("Write Test Failed!\n");
        }
        Uart_Printf("---- Block Read Test ----\n");
        if( !SD_Rd_Block(&CardInf, POL, blocknum, blocksize) )
        {
            Uart_Printf("Read Test Failed!\n");
        }
        Check_RxTx_buf(blocksize);
        if(CardInf.Card_Type == ENUM_CARD_TYPE_MMC)
        {
            rSDICON |= (1<<5);
        }
        Card_Deselect();
        rSDIDCON = 0;
        rSDICSTA = 0xffff;
        rGPEUP = save_rGPEUP;
        rGPECON = save_rGPECON;
    }
```

　　测试程序中，初始化读/写数据缓冲区的函数 TR_Buf_new()和检查读写是否成功的函数可由读者自己查找 sdi.c 文件。封装好上述测试程序，即可在 main 函数中调用该测试程序，代码如下：

```c
    void Main(void)
    {
        Port_Init();                //IO 端口初始化
        Isr_Init();                 //中断初始化
        MMU_Init();
        Uart_Init(0,115200);        //串口初始化
        Uart_Select(0);
```

```
    Eint_Init();
    Uart_Printf("\n\n2440 Experiment System (ADS) Ver1.2\n") ;//打印系统信息
    SD_Test ();                    //调用测试函数
}
```

11.4.6　SD 测试实验结果

编译好程序，通过 ADS 仿真工具 AXD 加载镜像，运行程序后，串口直接打印信息如下：

```
2440 Experiment System (ADS) Ver1.2
SDI Card Read and Write Test
Initial Frequency is 300KHz
SDHC Card...
Card Id = 0x405b71bb
The manufacturing date is 2012.10
RCA = 0xe624
Now SD Frequency is 33MHz
**** 4bit bus ****
Memory Capacity= 15193MB
---- Block Write Test ----
---- Block Read Test ----
----Check Rx/Tx data----
The Tx_buffer is the same to Rx_buffer!
SD CARD Write and Read test is Successful!
```

测试该程序所用的 SD 卡为 SanDisk16GB 的 SDHC 卡，由以上 DEBUG 信息可以看出 SD 卡读写测试成功。

习　题

1. SD 卡的封装有哪些？简述 SD 卡引脚功能。
2. 简述 SD 命令包格式以及 SDICARG 寄存器格式。
3. SD/MMC 初始化程序分哪些步骤，读写数据的命令主要有哪些？
4. 简述 SD 卡命令通信过程。
5. 简述 SD 卡数据通信过程。
6. 若实验中使用 DMA 写数据，需设置哪些寄存器，如何设置？
7. 参考开发板提供程序，编写一个程序实现通过串口读取 SD 卡指定扇区的数据，同时通过串口把数据写入 SD 卡。

第 12 章　WinCE 5.0 驱动编写

安装 PC 端的 Windows 操作系统时，通常需要安装计算机的外部设备驱动程序，如显卡驱动、网卡驱动等。驱动程序其实就是设备与操作系统之间通信的接口程序。而在开发基于 WinCE 5.0 的嵌入式系统时，开发者通常需要根据需求编写自己的设备驱动程序，实现对特定设备的控制。本章将通过驱动开发实例，简要介绍 WinCE 5.0 的设备驱动程序开发方法。

12.1　WinCE 5.0 驱动分类

驱动程序是介于操作系统和设备之间的一个代码层，主要作用是为操作系统提供一个接口，以操作不同的硬件，包括物理、虚拟的设备。WinCE 驱动有很多种，根据驱动模型、体系结构以及加载方式，可分为不同种类。

12.1.1　驱动模型分类

目前，WinCE 5.0 提供了 4 种设备驱动程序模型，其中两种专用于 WinCE 操作系统，分别是本机驱动程序和流接口驱动程序。而另外两种驱动模型是通用串行总线（USB）驱动程序和网络驱动接口规范（NDIS-Network Driver Interface Specification），这两种驱动模型来自其他操作系统。本章只介绍基于 WinCE 的两种驱动模型，即本机设备驱动程序和流接口驱动程序。两种驱动模型如图 12.1.1 所示。

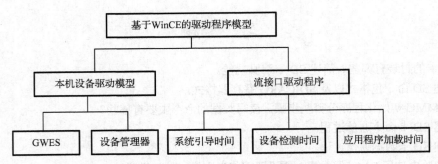

图 12.1.1　基于 WinCE 的两种驱动模型

（1）本机设备驱动程序概念

WinCE 系统可以在各类平台上运行，不同的平台涉及不同的外围设备以及这些设备的驱动程序。在可以连接到 WinCE 系统的各种设备当中，有一些设备是固定的，无论在哪种平台都会出现；有一些设备是极其重要的，如 USB 和显示设备。WinCE 为了驱动这些设备，定制了各种各样的接口，为每种设备都提供了量身定做的驱动模型。这类驱动程序成为本机设备驱动程序。

（2）流接口驱动程序概念

流接口驱动是一般类型的设备驱动程序，其驱动程序文件一般表现为 DLL 文件。这种驱动程序通过一组固定的函数接口实现，这些函数被称为流接口函数。应用程序可以通过这些流接口函数访问驱动程序。

12.1.2　驱动程序的体系结构

为了方便研发人员开发出适合自己平台的设备驱动程序，微软提供了一些驱动程序样本。开发人员可以通过修改这些样本，快速实现自己的驱动程序。设备驱动程序无论是本机驱动还是流接口驱动，按照结构一般可分为两种类型：整体式驱动程序和分层驱动程序。

（1）整体驱动程序没有层次之分，基于单个码片，最终会连接生成一个动态连接库，向上与操作系统之间存在一套接口函数（DDI），向下直接控制硬件。因此也称为单片驱动程序，其结构如图 12.1.2 所示。

（2）分层驱动程序一般分为上下两层，上层为模型设备驱动程序（MDD），下层为依赖平台的设备驱动程序（PDD）。MDD 与操作系统之间存在一套接口函数（DDI），MDD 与 PDD 之间也存在一套接口函数（DDSI），而 PDD 层可直接控制硬件。对于分层的驱动程序，一般只需要编写适合于平台的 PDD 部分，链接后生成动态连接库，与系统默认的 MDD 接口即可。分层驱动结构如图 12.1.3 所示。

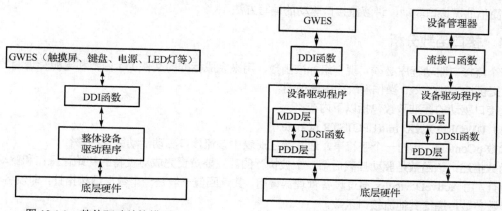

图 12.1.2　整体驱动结构模型　　　　　　图 12.1.3　分层驱动结构模型

图中，MDD 层函数包含给定类型的所有驱动程序所共有的代码：包括用于链接到 PDD 层的程序接口 DDSI 函数，通过 DDSI 函数可调用 PDD 函数以访问硬件，相关的设备可以链接到多个 PDD 层；包含用于链接到操作系统的设备驱动程序接口 DDI 函数，并且操作系统的其他部分可以调用这些函数，使相关设备共享相同的 DDI 接口；包含任何中断服务线程 IST，处理中断事件。MDD 层函数通常不需要开发者修改。

PDD 层函数由硬件平台特有的代码组成，专门为特定的 MDD 实现。PDD 层函数主要负责与设备硬件的通信，用于初始化硬件和去除硬件的初始化，并公开 DDSI 函数接口，供 MDD 层链接使用。微软为各种各样的内部设备提供了几个样本的 PDD 层，开发者只需在已有的样本基础上进行适当修改就能实现驱动。

无论是整体驱动还是分层驱动，在功能上并没有太大的不同。对于一些功能相对简单的驱动程序，整体式的结构更加小巧和快速；对于一些功能复杂，重用性要求比较高的驱动程序，分层驱动会提供更清晰的结构，代码移植也更加方便，但是会增加一部分系统开销。

12.1.3　驱动加载方式

驱动的加载方式可分为两类：系统启动时加载和需要时加载。一般来说，本地驱动都是在启动时加载的，例如[HKEY_LOCAL_MACHINE\Drivers\BuiltIn\Battery]，系统启动时，GWES 或者设备管理器会自动加载它。因此，如果开发人员想要驱动在系统启动时加载，只需将它的注册表配置信息放到 [HKEY_LOCAL_MACHINE\Drivers\BuiltIn\] 下。

而需要时加载的驱动，即动态加载驱动，其允许设备挂载上系统时将驱动调入内核。例如，外接板卡驱动、USB 摄像头设备的驱动等属于需要时加载的驱动。从驱动的接口来看，属于流驱动，但相对普通的流驱动，它增加了几个函数：USBDeviceAttach()、USBInstallDriver()、USBUnInstallDriver()等。USB 摄像头驱动的加载在 USBDeviceAttach() 中完成。因此它不能用驱动调试助手加载。需要时加载的驱动还有一个作用，在无法修改系统的情况下，可通过应用程序动态加载该驱动，以完成对硬件的操作。

12.2　流接口驱动开发

流接口驱动是一种最基础的驱动结构，它的接口是一组固定的流接口函数，WinCE 的所有驱动程序都可以通过这种方式来实现。本节将通过讲解 WinCE 5.0 下的流接口驱动标准接口函数，并通过开发一个简单的流接口驱动，讲解流接口驱动的编写方法。

12.2.1　接口函数分析

每个流接口驱动程序必须实现一组标准函数，用来完成标准的文件 I/O 函数和电源管理函数，这些函数提供给 WinCE 5.0 操作系统的内核使用。

流接口驱动的标准函数包括以下内容：

（1）DWORD XXX_Init(LPCTSTR pContext)

参数 pContext：指向一个字符串，通常是注册表中该流接口驱动活动键的路径。

函数描述：该函数是驱动挂载后第一个被执行的。主要负责完成对设备的初始化操作和驱动的安全性检查。由 ActiveDeviceEx 通过设备管理器调用。其返回值一般是一个数据结构指针，即设备句柄，作为函数参数传递给其他流接口函数。

（2）BOOL XXX_Deinit(DWORD hDeviceContext)

参数 hDeviceContext：XXX_Init 初始化设备后，返回的设备句柄。

函数描述：整个驱动中最后执行。用来停止和卸载设备。由 DeactivateDevice 触发设备管理器调用。函数执行成功则返回 TRUE。

（3）DWORD XXX_Open(DWORD hDeviceContext,
　　　　　　　　　DWORD AccessCode,
　　　　　　　　　DWORD ShareMode)

参数 hDeviceContext：XXX_Init 初始化设备后，返回的设备句柄。

参数 AccessCode：访问模式标志，读、写或其他。

参数 ShareMode：驱动的共享方式标志，例如串口通信中将设备设置为可读可写模式。

函数描述：打开设备，为后面的读、写操作准备相应的资源。应用程序通过 CreateFile 函数间接调用该函数，而后操作系统才能对该设备进行读写操作。该函数执行成功后返回一个结构指针，即驱动程序引用实例句柄，用于区分哪个应用程序调用了驱动。返回的句柄还作为参数传递给其他接口函数。

（4）BOOL XXX_Close(DWORD hOpenContext)

参数 hOpenContext：XXX_Open 打开设备成功返回的驱动程序应用实例句柄。

函数描述：关闭设备，释放资源。由 CloseHandle 函数间接调用。函数执行成功则返回 TRUE。

（5）DWORD XXX_Read(DWORD hOpenContext,
　　　　　　　　　LPVOID pBuffer,

DWORD Count)

参数 hOpenContext：XXX_Open 打开设备成功返回的驱动程序应用实例句柄。

参数 pBuffer：缓冲区指针，用于从驱动读数据。

参数 Count：缓冲区长度。

函数描述：由 ReadFile 函数间接调用，用来读取设备上的数据。该函数执行成功则返回读取的实际数据字节数。

（6）DWORD XXX_Write(DWORD hOpenContext,

　　　　　　　　　　　LPCVOID pBuffer,

　　　　　　　　　　　DWORD Count)

参数 hOpenContext：XXX_Open 打开设备成功返回的驱动程序应用实例句柄。

参数 pBuffer：缓冲区指针，用于向驱动写数据。

参数 Count：缓冲区长度。

函数描述：由 WriteFile 函数间接调用，把数据写到设备上。该函数执行成功则返回实际写入的数据数。

（7）BOOL XXX_IOControl(DWORD hOpenContext,

　　　　　　　　　　　DWORD dwCode,

　　　　　　　　　　　PBYTE pBufIn,

　　　　　　　　　　　DWORD dwLenIn,

　　　　　　　　　　　PBYTE pBufOut,

　　　　　　　　　　　DWORD dwLenOut,

　　　　　　　　　　　PDWORD pdwActualOut)

参数 hOpenContext：XXX_Open 打开设备成功返回的驱动程序应用实例句柄。

参数 dwCode：控制命令字，设备指定的标识，用于描述这次 IOControl 操作的语义，该值一般由程序员自行定义。

参数 pBufIn：缓冲区指针，指向需要传送给驱动程序使用的数据。

参数 dwLenIn：要传送给驱动程序使用的数据长度。

参数 pBufOut：缓冲区指针，指向驱动程序传送给应用程序使用的数据。

参数 dwLenOut：要传送给应用程序使用的数据长度。

参数 pdwActualOut：用于返回实际输出数据的长度。

函数描述：向设备发送命令，应用程序通过 DeviceIoControl 调用来实现该功能。要调用这个接口还需要在应用层和驱动之间建立一套相同的命令，通过宏定义 CTL_CODE 来实现。例如 CTL_CODE(DeviceType, Function, Method, Access)。该函数执行成功，则返回 TURE。

（8）void XXX_PowerDown(DWORD hDeviceContext)

参数 hDeviceContext：XXX_Init 初始化设备后，返回的设备句柄。

函数描述：负责设备的断电控制。

（9）void XXX_PowerUp(DWORD hDeviceContext)

参数 hDeviceContext：XXX_Init 初始化设备后，返回的设备句柄。

函数描述：负责设备的上电控制。这两个函数通常都必须要硬件的支持才能够有效，也就是说，相关的硬件必须支持 PowerDown 和 PowerUp 这两个模式。

（10）DWORD IOC_Seek(DWORD hOpenContext,

　　　　　　　　　　long Amount,

　　　　　　　　　　WORD Type)

参数 hOpenContext：XXX_Open 打开设备成功返回的驱动程序应用实例句柄。

参数 Amount：指针的偏移量。

参数 Type：指针的偏移方式。

函数描述：将设备的数据指针指向特定的位置，应用程序通过 SetFilePointer 函数间接调用。不是所有设备的属性上都支持这项功能。

12.2.2　驱动编译设置

实现以上标准流接口函数后，还需修改 WinCE 5.0 的相关配置文件。例如注册表、bib 文件等。

（1）注册表设置

系统启动时设备管理程序读取注册表中[HKEY_LOCAL_MACHINE/Drivers/BuiltIn]键的内容，并加载已列出的流接口驱动程序。注册表中修改内容如下面是一个例子：

[HKEY_LOCAL_MACHINE/Drivers/BuiltIn/IOControler]

"Prefix"="XXX"

"Dll"="drivername.dll"

其中，"Prefix"="XXX"中的 XXX 是设备名称，用 3 个大写字母表示，如 "GPI"，并与 XXX_Init 等函数中的一样。CreateFile 创建的驱动名前缀也必须和它们一致。

（2）配置文件的格式和修改

首先必须在 PB 相应平台的的 driver 目录下建立要创建的驱动所在的目录。如在%_WINCEROOT%\PLATFORM\SMDK2440A\Src\Drivers 目录下建立一个 IOCtrol 目录，并修改该目录下的 dirs 文件，加入 "IOCtrol"；在 IOCtrol 目录下创建驱动源文件 XXX.c，在该文件中实现上述流接口函数，并且加入 DLL 入口函数：BOOL DllEntry(HINSTANCE hinstDll, DWORD dwReason, LPVOID lpReserved)；同样在 IOCtrol 目录下创建 Makefile、Sources 和 def 文件，将驱动加入编译；使用 CEC Editor 修改 cec 文件，编译添加的新特性；最后修改 Flie 文件夹下的注册表文件 platform.reg 和 platform.bib 文件。

此外，在编译驱动时，可通过 "Build OS->Build and Sysgen Current BSP" 实现快速编译之前已通过编译的工程。如果在修改驱动文件时，同时修改了 File 目录下的配置文件，则需先执行 "Build OS→Copy Files to Release Directory"，在执行 "Build OS→Build and Sysgen Current BSP"，实现快速编译。

12.2.3　流接口驱动开发实例

编写 WinCE 5.0 的流接口驱动程序即完成 12.2.1 节中描述的接口函数，并设置 WinCE 5.0 下相应的配置文件即可。一个流接口驱动的源码编写完成后，通过 Platform Builder5.0 编译，可生成一个 WinCE 5.0 设备管理器能识别的.dll 动态库文件。编写流接口驱动方法有两种：通过 Platform Builder5.0 的动态库向导生成一个动态库工程；另一种是手动编写流接口驱动程序所需要的文件。一般流接口驱动源文件包括驱动源码.cpp 文件、驱动程序.h 头文件、动态库导出.def 文件、makefile 文件及用于链接和编译的 source 文件。

下面通过一个简单的 GPIO 流接口驱动实例来介绍如何编写一个流接口驱动程序。实验步骤如下：

① 在%_WINCEROOT%\PLATFORM\SMDK2440A\Src\Drivers 目录下创建一个 GPIO 的文件夹。在该目录下的 dir 文件中添加 GPIO，这样 PB 才会编译该 GPIO 驱动。

② 在 GPIO 文件夹下，加入 GPIO.cpp、GPIO.h、GPIO.def、Makefile、Sources 等文件。在 Sources 文件中，写入代码如下：

```
RELEASETYPE=PLATFORM
TARGETNAME=GPIO                          //指定目标名
TARGETTYPE=DYNLINK                       //指定编译成 dll 即动态链接库
DLLENTRY=DllEntry                        //指定 GPI_DllEntry 为驱动入口函数
TARGETLIBS= \                            //指定要用到的库
  $(_COMMONSDKROOT)\lib\$(_CPUINDPATH)\coredll.lib \
MSC_WARNING_LEVEL=$(MSC_WARNING_LEVEL) /W3 /WX
INCLUDES= \
  $(INCLUDES);../../inc \

SOURCES= \
  GPIO.cpp \                             //指定要编译的源文件
!IF "$(BSP_NOGPIO)" == "1"
SKIPBUILD=1
!ENDIF
```

在 Makefile 文件中，写入代码如下：

```
!INCLUDE $(_MAKEENVROOT)\makefile.def
```

GPIO.def 文件提供驱动接口，该文件中内容如下：

```
LIBRARY GIO
EXPORTS
    GIO_Close
    GIO_Deinit
    GIO_Init
    GIO_IOControl
    GIO_Open
    GIO_PowerDown
    GIO_PowerUp
    GIO_Read
    GIO_Seek
    GIO_Write
```

GPIO.cpp、GPIO.h 是 GPIO 驱动的源文件与头文件。流接口驱动函数主要在 GPIO.cpp 中实现，GPIO.h 文件主要用于定义控制命令字，如设备指定的标识 dwCode，用于描述这次 IOControl 操作的语义。本实验中定义的 GPIO.h 与 GPIO.cpp 代码如下：

```
#define IO_CTL_GPIO_1_ON 0x01
#define IO_CTL_GPIO_2_ON 0x02
#define IO_CTL_GPIO_3_ON 0x03
#define IO_CTL_GPIO_4_ON 0x04
#define IO_CTL_GPIO_ALL_ON 0x05
#define IO_CTL_GPIO_1_OFF 0x06
#define IO_CTL_GPIO_2_OFF 0x07
#define IO_CTL_GPIO_3_OFF 0x08
#define IO_CTL_GPIO_4_OFF 0x09
#define IO_CTL_GPIO_ALL_OFF 0x0a
```

GPIO.cpp 内容如下：

```cpp
#include <windows.h>
#include <nkintr.h>
#include <pm.h>
#include "pmplatform.h"
#include "Pkfuncs.h"
#include "BSP.h"

#include "GPIO.h"

volatile S3C2440A_IOPORT_REG *v_pIOPregs ;

BOOL mInitialized;
bool InitializeAddresses(VOID);                          //Virtual allocation

//开辟空间给 GPIO
bool InitializeAddresses(VOID)
{
    boolRetValue = TRUE;

    /* IO Register Allocation */
    v_pIOPregs = (volatile S3C2440A_IOPORT_REG *)VirtualAlloc(0, sizeof
        (S3C2440A_ IOPORT_ REG) , MEM_RESERVE, PAGE_NOACCESS);//首先要获取地址空间
    if (v_pIOPregs == NULL)
    {
        ERRORMSG(1,(TEXT("For IOPregs : VirtualAlloc faiGPIO!\r\n")));
        RetValue = FALSE;
    }
    else
    {
        if (!VirtualCopy((PVOID)v_pIOPregs, PVOID)(S3C2440A_BASE_REG_PA_
            IOPORT >> 8), sizeof(S3C2440A_IOPORT_REG), PAGE_PHYSICAL |
            PAGE_READWRITE
        | PAGE_NOCACHE))
        {

            ERRORMSG(1,(TEXT("For IOPregs: VirtualCopy faiGPIO!\r\n")));
            RetValue = FALSE;
        }
    }

    if (!RetValue)
    {
        if (v_pIOPregs)
        {
            VirtualFree((PVOID) v_pIOPregs, 0, MEM_RELEASE);
```

```
        }

            v_pIOPregs = NULL;
    }

    return(RetValue);

}

BOOL WINAPI
DllEntry(HANDLE hinstDLL,
            DWORD dwReason,
            LPVOID /* lpvReserved */)
{
    switch(dwReason)
    {
    case DLL_PROCESS_ATTACH:
        DEBUGREGISTER((HINSTANCE)hinstDLL);
        return TRUE;
    case DLL_THREAD_ATTACH:
        break;
    case DLL_THREAD_DETACH:
        break;
    case DLL_PROCESS_DETACH:
        break;
#ifdef UNDER_CE
    case DLL_PROCESS_EXITING:
        break;
    case DLL_SYSTEM_STARTED:
        break;
#endif
    }
    return TRUE;
}

BOOL GIO_Deinit(DWORD hDeviceContext)
{
    BOOL bRet = TRUE;

    RETAILMSG(1,(TEXT("GPIO_Control: GIO_Deinit\r\n")));

    return TRUE;
}


DWORD GIO_Init(DWORD dwContext)
{
```

```
            RETAILMSG(1,(TEXT("GPIO Initialize ...")));

            if (!InitializeAddresses())
                return (FALSE);
//    /***调试代码
      //GPG5 == OUTPUT.
      v_pIOPregs->GPGCON = (v_pIOPregs->GPGCON  &~(3 << 10)) | (1<< 10);
      //GPG6 == OUTPUT.
      v_pIOPregs->GPGCON = (v_pIOPregs->GPGCON  &~(3 << 12)) | (1<< 12);
      //GPG7 == OUTPUT.
      v_pIOPregs->GPGCON = (v_pIOPregs->GPGCON  &~(3 << 14)) | (1<< 14);
      //GPG10 == OUTPUT.
      v_pIOPregs->GPGCON = (v_pIOPregs->GPGCON  &~(3 << 20)) | (1<< 20);
//    */

      mInitialized = TRUE;
      RETAILMSG(1,(TEXT("OK !!!\n")));
      return TRUE;
}

BOOL GIO_IOControl(DWORD hOpenContext,
                   DWORD dwCode,
                   PBYTE pBufIn,
                   DWORD dwLenIn,
                   PBYTE pBufOut,
                   DWORD dwLenOut,
                   PDWORD pdwActualOut)
{
      RETAILMSG(1,(TEXT("LED control...\r\n")));
      switch(dwCode)
      {

      case IO_CTL_GPIO_1_ON:
          v_pIOPregs->GPGDAT=v_pIOPregs->GPGDAT&~(0x1<<5);
          RETAILMSG(1,(TEXT("LED1_Opened\r\n")));
          break;
      case IO_CTL_GPIO_1_OFF:
          v_pIOPregs->GPGDAT=v_pIOPregs->GPGDAT|(0x1<<5);
          RETAILMSG(1,(TEXT("LED1_Closed\r\n")));
          break;
      case IO_CTL_GPIO_2_ON:
          v_pIOPregs->GPGDAT=v_pIOPregs->GPGDAT&~(0x1<<6);
          RETAILMSG(1,(TEXT("LED2_Opened\r\n")));
          break;
      case IO_CTL_GPIO_2_OFF:
          v_pIOPregs->GPGDAT=v_pIOPregs->GPGDAT|(0x1<<6);
```

```
        RETAILMSG(1,(TEXT("LED2_Closed\r\n")));
        break;
    case IO_CTL_GPIO_3_ON:
        v_pIOPregs->GPGDAT=v_pIOPregs->GPGDAT&~(0x1<<7);
        RETAILMSG(1,(TEXT("LED3_Opened\r\n")));
        break;
    case IO_CTL_GPIO_3_OFF:
        v_pIOPregs->GPGDAT=v_pIOPregs->GPGDAT|(0x1<<7);
        RETAILMSG(1,(TEXT("LED3_Closed\r\n")));
        break;
    case IO_CTL_GPIO_4_ON:
        v_pIOPregs->GPGDAT=v_pIOPregs->GPGDAT&~(0x1<<10);
        RETAILMSG(1,(TEXT("LED4_Opened\r\n")));
        break;
    case IO_CTL_GPIO_4_OFF:
        v_pIOPregs->GPGDAT=v_pIOPregs->GPGDAT|(0x1<<10);
        RETAILMSG(1,(TEXT("LED4_Closed\r\n")));
        break;
    default:
        break;
    }

    RETAILMSG(1,(TEXT("GPIO_Control:Ioctl code = 0x%x\r\n"), dwCode));
    return TRUE;
}


DWORD GIO_Open(DWORD hDeviceContext, DWORD AccessCode, DWORD ShareMode)
{
    v_pIOPregs->GPGCON = (v_pIOPregs->GPGCON &~(3 << 10)) | (1<< 10);
    v_pIOPregs->GPGCON = (v_pIOPregs->GPGCON &~(3 << 12)) | (1<< 12);

    v_pIOPregs->GPGCON = (v_pIOPregs->GPGCON &~(3 << 14)) | (1<< 14);
    v_pIOPregs->GPGCON = (v_pIOPregs->GPGCON &~(3 << 20)) | (1<< 20);
    v_pIOPregs->GPGDAT=v_pIOPregs->GPGDAT|(0x27<<5);

    RETAILMSG(1,(TEXT("GPIO_Control: GPIO_Open\r\n")));
    return TRUE;
}



BOOL GIO_Close(DWORD hOpenContext)
{
    v_pIOPregs->GPGDAT=v_pIOPregs->GPGDAT|(0x27<<5);

    RETAILMSG(1,(TEXT("GPIO_Control: GPIO_Close\r\n")));
    return TRUE;
}
```

```
void GIO_PowerDown(DWORD hDeviceContext)
{
    RETAILMSG(1,(TEXT("GPIO_Control: GPIO_PowerDown\r\n")));
}

void GIO_PowerUp(DWORD hDeviceContext)
{
    RETAILMSG(1,(TEXT("GPIO_Control: GPIO_PowerUp\r\n")));
}

DWORD GIO_Read(DWORD hOpenContext, LPVOID pBuffer, DWORD Count)
{
    RETAILMSG(1,(TEXT("GPIO_Control: GPIO_Read\r\n")));
    return TRUE;
}

DWORD GIO_Seek(DWORD hOpenContext, long Amount, DWORD Type)
{
    RETAILMSG(1,(TEXT("GPIO_Control: GPIO_Seek\r\n")));
    return 0;
}

DWORD GIO_Write(DWORD hOpenContext, LPCVOID pSourceBytes, DWORD NumberOfBytes)
{
    RETAILMSG(1,(TEXT("GPIO_Control: GPIO_Write\r\n")));
    return 0;
}
```

③ 修改 FILE 目录下 platform.bib 文件，将驱动编译进内核。添加如下内容：

```
GPIO.dll            $(_FLATRELEASEDIR)\GPIO.dll            NK SH
```

④ 修改 FILE 目录下注册表信息，在 platform.reg 文件中添加如下内容：

```
[HKEY_LOCAL_MACHINE\Drivers\BuiltIn\GPIO]
    "Dll"="GPIO.dll"
    "Prefix"="GIO"
    "Index"=dword:1
    "Order"=dword:0
    "FriendlyName"="GPIO Controller Driver"
```

⑤ 完成以上 4 步，就能完成一个流接口驱动的开发。打开 PB 在菜单上选择"Build OS→Build and Sysgen"（注意把 Clear Before Building、Copy files to Release Directory After Build 和 Make Run-time Image After Build 选上）重新编译内核。将生成的映像烧进开发板，在系统启动的时候即可看到驱动中的打印信息。日后如需修改驱动或者添加驱动，只需通过"Build OS→Copy Files to Release Directory"以及"Build OS→Build and Sysgen Current BSP"两个按键实现快速编译。

12.3　动态加/卸载驱动

12.3.1　动态加/卸载驱动函数

在 12.1.3 节中已介绍流接口驱动的两种加载方式，本节主要介绍动态加载设备驱动及卸载设备驱动的方法。WinCE 5.0 通过调用 ActivateDeviceEx()函数来动态加载驱动，该函数原型如下：

HANDLE ActivateDeviceEx(LPCWSTR lpszDevKey,

LPCVOID lpRegEnts,

DWORD cRegEnts,

LPVOID lpvParam)

参数 lpszDevKey：字符串指针，指向注册表中包含驱动信息的键。

参数 lpRegEnts：指向 REGINI 结构体的数组，这个数组中定义了一些需要被添加到激活设备列表中的信息（ActivateDevice），这些信息填写后，驱动程序才被加载。如果是总线驱动的话，这里应该设置成 NULL。

参数 cRegEnts:lpRegEnts：指向 REGINI 结构体的数组中元素的个数。

参数 lpvParam：通过这个指针向已经加载的驱动程序传递参数，而不必将参数保留在注册表中，这个参数将以第二参数的角色被传递到 XXX_Init（Device Manager）函数入口中。

在使用 ActivateDeviceEx()函数加载驱动之前，必须确保在注册表中，已有相关驱动的注册表信息。这些注册表信息可以通过应用程序调用注册表相关 API 函数写入或者在编译系统前手动加入 BSP 中。

通过 ActivateDeviceEx()函数加载驱动成功之后，将返回驱动句柄；如果想要卸载驱动，则需调用 DeactivateDevice(HANDLE hDevice)函数，入口参数为需被卸载的驱动句柄。

12.3.2　动态加/卸载驱动实验

本实验通过上一章中的 PWM_Test 实验进行测试：通过 Visual Studio 2005 编写一个基于对话框的程序，实现通过 WinCE 5.0 系统上的应用程序，控制 PWM 驱动的动态加载及卸载；并通过按钮创建进程打开 PWM_Test 测试程序测试 PWM 驱动是否加载成功。

本实验目的在于熟悉编写驱动的注册表信息并学会通过 Visual Studio 2005 编写应用程序，实现驱动的动态加载与卸载。该实验中 PWM 流接口驱动已加入内核中。驱动源文件可在%_WINCEROOT%\PLATFORM\SMDK2440A\Src\Drivers 目录下找到。

动态加/卸载驱动实验步骤如下：

① 新建一个项目，在对话框主界面上加入 3 个按钮控件，分别控制 PWM 驱动的加载、PWM 驱动的卸载、PWM 测试程序调用。图 12.3.1 所示为动态加/卸载驱动实验对话框主界面。

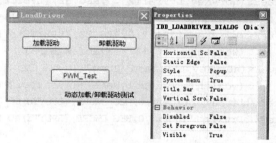

图 12.3.1　对话框主界面

② 在工程中添加 **PWMDriver.h** 文件，在该文件中定义 PWM 设备驱动句柄、PWM 驱动注册表键及注册表键值等信息，头文件代码如下：

```
HANDLE HandleDriver = INVALID_HANDLE_VALUE;
HKEY hDrvKey = NULL;
WCHAR* s_RegKey = L"Drivers\\BuiltIn\\PWMdriver";
WCHAR* s_Prefix = L"PWM";
WCHAR* s_Dll = L"\PWMdriver.dll";
WCHAR* s_FriendlyName = L"PWMdriver";
DWORD D_Index = 0x1;
DWORD D_Order = 0x0;
```

③ 打开资源视图下对话框界面，双击 "加载驱动" 按钮，并编辑功能函数。在该函数中，通过注册表访问函数 **RegCreateKeyEx** 的函数创建注册表 **HKEY_LOCAL_MACHINE\Drivers\BuiltIn\PWMdriver** 键；然后通过 **RegSetValueEx** 函数写入注册表子健及其相应键值。也可以通过 **CReg** 类访问注册表，在此不再赘述。驱动的注册表信息中，"**Prefix**" 表明该流接口驱动的前缀，必须用 3 个大写字母表示，否则系统将无法识别；"**Dll**" 表明驱动的动态库文件路径；"**Index**" 表明设备驱动编号；"**Order**" 表示该驱动被加载的顺序。

将驱动写入注册表后，再调用动态加载驱动函数 **ActivateDeviceEx** 即可调用驱动。函数程序代码如下：

```
void CLoadDriverDlg::OnBnClickedButton1()
{
    //TODO: Add your control notification handler code here
    LONG nErr;
    DWORD dwDisp;
    //创建注册表 HKEY_LOCAL_MACHINE\Drivers\BuiltIn\PWMdriver
    nErr = RegCreateKeyEx(HKEY_LOCAL_MACHINE,s_RegKey,0,L"",0,0,NULL,
            &hDrvKey,&dwDisp);
    if(nErr != ERROR_SUCCESS)
    {
        MessageBox(_T("写注册表失败!"));
        return;
    }
    else
    {
        //写如 PWM 驱动的注册表信息，详细信息在 PWMDriver.h 中
    RegSetValueEx(hDrvKey,L"Prefix",0,REG_SZ,(LPBYTE)s_Prefix,
                (wcslen(s_Prefix)+1)*sizeof(WCHAR));
    RegSetValueEx(hDrvKey,L"Dll",0,REG_SZ,(LPBYTE)s_Dll,
                (wcslen(s_Dll)+1)*sizeof(WCHAR));
    RegSetValueEx(hDrvKey,L"FriendlyName",0,REG_SZ,(LPBYTE)s_FriendlyName,
                (wcslen(s_FriendlyName)+1)*sizeof(WCHAR));
    RegSetValueEx(hDrvKey,L"Order",0,REG_DWORD,(LPBYTE)&D_Order,sizeof(D_Order));
    RegSetValueEx(hDrvKey,L"Index",0,REG_DWORD,(LPBYTE)&D_Index,sizeof(D_Index));
    }
    //加载 PWM 驱动
```

```
HandleDriver = ActivateDeviceEx(s_RegKey,NULL,0,NULL);
if(HandleDriver == INVALID_HANDLE_VALUE)
{
    MessageBox(_T("加载驱动失败!"));
}
else
{
    MessageBox(_T("加载驱动成功!"));
}
}
```

④ 打开资源视图下对话框界面，双击"卸载驱动"按钮，并编辑功能函数。在该函数中，通过 DeactivateDevice 函数卸载已被加载的驱动，该函数入口参数即加载驱动函数 ActivateDeviceEx 返回的驱动句柄。卸载完成后，同样需要关闭注册表中驱动的键，并删除键值。程序代码如下：

```
void CLoadDriverDlg::OnBnClickedButton2()
{
    //TODO: Add your control notification handler code here
    if(HandleDriver != INVALID_HANDLE_VALUE)
    {
        BOOL ret = DeactivateDevice(HandleDriver);
        if(ret == TRUE)
        {
            RegCloseKey(hDrvKey);
            RegDeleteKey(HKEY_LOCAL_MACHINE,s_RegKey);
            HandleDriver = INVALID_HANDLE_VALUE;
            MessageBox(_T("卸载驱动成功!"));
        }
        else
        {
            MessageBox(_T("卸载驱动失败!"));
        }
    }
}
```

⑤ 打开资源视图下对话框界面，双击"PWM_Test"按钮，并编辑功能函数。在该函数中，通过创建进程函数 CreateProcess 调用 PWM 测试程序。通过该程序可测试驱动加载是否成功。程序代码如下：

```
void CLoadDriverDlg::OnBnClickedButton3()
{
    STARTUPINFO sui;
    PROCESS_INFORMATION processinfo;
    ZeroMemory(&sui,sizeof(STARTUPINFO));
    if(!CreateProcess(_T("\\ResidentFlash\\PWM_Test.exe"),NULL,NULL,NULL,NULL,
        0,NULL,NULL,&sui,&processinfo)) {
    MessageBox(_T("创建进程失败!"));
    return;
    }
    else
```

```
        {
            CloseHandle(processinfo.hProcess);
            CloseHandle(processinfo.hThread);
        }
    }
```

⑥ 在类视图界面下选择 CLoadDriverDlg 类，右边属性栏中选择 "Overrides" 查看成员函数，选择添加 PostNcDestroy 函数。编辑该函数，实现退出对话框时关闭执行卸载驱动程序，确保驱动被及时卸载。程序代码如下：

```
void CLoadDriverDlg::PostNcDestroy()
{
    //TODO: Add your specialized code here and/or call the base class
    CDialog::PostNcDestroy();
    OnBnClickedButton2();
}
```

⑦ 单击菜单栏中 "Debug→Start Debugging" 选项，开始编译并调试。在 Wicne5.0 操作系统中弹出的 "LoadDriver" 对话框中，单击对话框中的加载驱动，当弹出 "驱动加载成功！" 的信息后，单击 "PWM_Test"，开始测试 PWM 驱动；PWM 测试程序运行正常，则说明驱动加载成功。关闭测试程序后，单击 "卸载驱动"，再运行 PWM 测试程序，测试程序显示 "打开 PWM 驱动失败！"

12.4 中断流驱动

12.4.1　S3C2440A 中断控制系统

S3C2440A 有一套完整的中断处理系统，接收来自片内设备和外部设备共 60 个中断源的中断请求，基本上满足了开发板内/外设备等对中断的需求。当从片内设备和外部中断请求引脚收到多个中断请求时，中断控制器在仲裁步骤后请求 ARM920T 内核的 FIQ 或 IRQ。仲裁步骤由硬件优先级逻辑决定，并且将结果写入到各中断源中优先级比较高的中断挂起寄存器中。图 12.4.1 是 S3C2440A 的中断控制逻辑图。

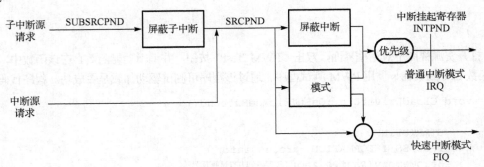

图 12.4.1　中断控制系统处理框图

中断源申请中断服务的同时，中断源挂起，并屏蔽该中断，系统进入相应的中断模式（FIQ 或 IRQ），如果进入的是普通中断模式，则会通过优先级判断执行哪个中断，如果进入到快速中断模式，则直接执行相应的中断服务程序。当中断源带有子中断寄存器的时候，同时要挂起子中断源和屏蔽相应子中断（LCD 的中断特性与此不同）。S3C2440A 的中断源与子中断源描述如表 12.4.1 和表 12.4.2 所示。

表 12.4.1　S3C2440A 中断源

中断源	描述	仲裁组
INT_ADC	ADC EOC 和触屏中断（INT_ADC_S/INT_TC）	ARB5
INT_RTC	RTC 闹钟中断	ARB5
INT_SPI1	SPI1 中断	ARB5
INT_UART0	UART0 中断（ERR、RXD 和 TXD）	ARB5
INT_IIC	IIC 中断	ARB4
INT_USBH	USB 主机中断	ARB4
INT_USBD	USB 设备中断	ARB4
INT_NFCON	Nand Flash 控制中断	ARB4
INT_UART1	UART1 中断（ERR、RXD 和 TXD）	ARB4
INT_SPI0	SPI0 中断	ARB4
INT_SDI	SDI 中断	ARB3
INT_DMA3	DMA 通道 3 中断	ARB3
INT_DMA2	DMA 通道 2 中断	ARB3
INT_DMA1	DMA 通道 1 中断	ARB3
INT_DMA0	DMA 通道 0 中断	ARB3
INT_LCD	LCD 中断（INT_FrSyn 和 INT_FiCnt）	ARB3
INT_UART2	UART2 中断（ERR、RXD 和 TXD）	ARB2
INT_TIMER4	定时器 4 中断	ARB2
INT_TIMER3	定时器 3 中断	ARB2
INT_TIMER2	定时器 2 中断	ARB2
INT_TIMER1	定时器 1 中断	ARB2
INT_TIMER0	定时器 0 中断	ARB2
INT_WDT_AC97	看门狗定时器中断（INT_WDT、INT_AC97）	ARB1
INT_TICK	RTC 时钟滴答中断	ARB1
nBATT_FLT	电池故障中断	ARB1
INT_CAM	摄像头接口（INT_CAM_C、INT_CAM_P）	ARB1
EINT8_23	外部中断 8～23	ARB1
EINT4_7	外部中断 4～7	ARB1
EINT3	外部中断 3	ARB0
EINT2	外部中断 2	ARB0
EINT1	外部中断 1	ARB0
EINT0	外部中断 0	ARB0

表 12.4.2　S3C2440A 子中断源

子中断源	描述	源
INT_AC97	AC'97 中断	INT_WDT_AC97
INT_WDT	看门狗中断	INT_WDT_AC97
INT_CAM_P	摄像头接口中 P 端口捕获中断	INT_CAM
INT_CAM_C	摄像头接口中 C 端口捕获中断	INT_CAM
INT_ADC_S	ADC 中断	INT_ADC
INT_TC	触摸屏中断（笔起/笔落）	INT_ADC
INT_ERR2	UART2 错误中断	INT_UART2
INT_TXD2	UART2 发送中断	INT_UART2
INT_RXD2	UART2 接收中断	INT_UART2
INT_ERR1	UART1 错误中断	INT_UART1
INT_TXD1	UART1 发送中断	INT_UART1
INT_RXD1	UART1 接收中断	INT_UART1
INT_ERR0	UART0 错误中断	INT_UART0
INT_TXD0	UART0 发送中断	INT_UART0
INT_RXD0	UART0 接收中断	INT_UART0

12.4.2　WinCE 5.0 中断流驱动

　　WinCE 5.0 把中断处理分为两个部分：中断服务例程（ISR）和中断服务线程（IST）。ISR 一般通常在 BSP 中已经完成，驱动开发人员不需要再开发编写。开发人员只需通过内核函数 InterruptInitialize() 向内核申请一个事件。该函数原型如下：

　　　　BOOL InterruptInitialize(DWORD idInt,
　　　　　　　　　　　　　　　HANDLE hEvent,
　　　　　　　　　　　　　　　LPVOID pvData,
　　　　　　　　　　　　　　　DWORD cbData)

　　参数 idInt：中断的逻辑中断号。

　　参数 hEvent：中断发生时，ISR 将触发的事件，通过该事件去通知中断服务线程处理中断服务。

　　参数 pvData：传递给 OEMInterruptEnable() 函数的数据块指针。

　　参数 cbData：pvData 的大小。

　　而在中断服务线程 IST 中，只需通过 WaitForSingleObject() 函数等待 hEvent 发生；当 hEvent 发生时，则继续处理中断服务内容；处理完所有服务内容后，再调用 InterruptDone() 函数通知内核中断已完成。

　　为取得硬件中断源的某一个中断对应的逻辑中断号，WinCE 5.0 提供了 I/O 请求命令 IOCTL_HAL_REQUEST_SYSINTR，通过内核函数 KernelIoControl() 可申请逻辑中断号。KernelIoControl() 的函数原型如下：

　　　　BOOL KernelIoControl(DWORD dwIoControlCode,
　　　　　　　　　　　　　　LPVOID lpInBuf,
　　　　　　　　　　　　　　DWORD nInBufSize,
　　　　　　　　　　　　　　LPVOID lpOutBuf,
　　　　　　　　　　　　　　DWORD nOutBufSize,
　　　　　　　　　　　　　　LPDWORD lpBytesReturned)

　　参数 dwIoControlCode：IO 控制代码，支持 OAL 级的 IO 控制。

　　参数 lpInBuf：指向一个缓冲区，其包含执行操作所必须的数据。

　　参数 nInBufSize：lpInBuf 参数指定的缓冲区的大小，以字节为单位。

　　参数 lpOutBuf：指向输出缓冲区，用来接收操作数据。

　　参数 nOutBufSize：lpOutBuf 参数指定输出缓冲区的大小，以字节为单位。

　　参数 lpBytesReturned：指向一个变量，该变量用于存储由 lpOutBuf 指向的缓冲区存储数据的大小，以字节为单位。

　　在本实验中，通过连接 Key4 的 EINT3 实现外部中断。EINT3 的逻辑中断号宏定义在%_WINCEROOT%\PLATFORM\SMDK2440A\Src\inc 目录下的 S3C2440a_intr.h 文件中。通过 Platform Builder5.0 编写一个中断流驱动，接受 Key4 按键产生的外部中断事件。当按键按下时，执行中断服务线程，在线程程序中，点亮 4 个 LED 灯 1000 毫秒，然后熄灭，并在 INT_Read() 函数中，标记中断产生。

　　中断流驱动实验步骤如下：

　　① 在%_WINCEROOT%\PLATFORM\SMDK2440A\Src\DRIVER 目录（WinCE 5.0 的 BSP）下新建一个 INTDriver 文件夹。在文件夹中加入流接口驱动所需要文件：source、makefile 、Interrupt.def 和 Interrupt.cpp。

　　② 编辑 source 文件，加入如下内容：

```
RELEASETYPE=PLATFORM
TARGETNAME=Interrupt
TARGETTYPE=DYNLINK
DLLENTRY=DllEntry
TARGETLIBS= \
    $(_COMMONSDKROOT)\lib\$(_CPUINDPATH)\coredll.lib \
MSC_WARNING_LEVEL = $(MSC_WARNING_LEVEL) /W3 /WX
INCLUDES= \
    $(_TARGETPLATROOT)\inc; \
    $(_COMMONOAKROOT)\inc; \
    $(_PUBLICROOT)\common\oak\inc;$(_PUBLICROOT)\common\sdk\inc;$(_PUBLICROOT)
      \common\ddk\inc; \
    ..\..\inc
SOURCES= \
    Interrupt.cpp \
```

③ 编辑 makefile 文件，加入如下内容：

```
!INCLUDE $(_MAKEENVROOT)\makefile.def
```

④ 编辑 Interrupt.def 文件，加入如下内容：

```
LIBRARY Interrupt
EXPORTS
    INT_Close
    INT_Deinit
    INT_Init
    INT_IOControl
    INT_Open
    INT_PowerDown
    INT_PowerUp
    INT_Read
    INT_Seek
    INT_Write
```

⑤ 编辑%_WINCEROOT%\PLATFORM\SMDK2440A\Src\DRIVER 目录下的 dir 文件，在其中加入 INTDriver，在编译系统时，将中断流驱动加入操作系统。

```
DIRS = INTDriver\
       ...\
```

⑥ 在内核中加入中断流驱动。编辑%_WINCEROOT%\PLATFORM\SMDK2440A\FILE 目录下的 platform.bib 文件，在该文件的 FILES 之后加入如下内容：

```
FILES
;Name                 Path                          Memory Type
;-----                --------------------          -----
Interrupt.dll         $(_FLATRELEASEDIR)\Interrupt.dll    NK  SH
```

⑦ 在注册表中加入中断流驱动的注册表信息，编辑%_WINCEROOT%\ PLATFORM\ SMDK2440A\FILE 目录下的 platform.reg 文件，在该文件的最后加入如下内容：

```
[HKEY_LOCAL_MACHINE\Drivers\BuiltIn\Interrupt]
   "Dll"="Interrupt.dll"
   "Prefix"="INT"
   "Index"=dword:1
   "Order"=dword:0
```

⑧ 编写驱动源文件 Interrupt.cpp。在源文件中，包含相关头文件并定义本中断流驱动需要用到的宏定义、全局变量等。内容如下：

```
#include <windows.h>
#include <types.h>
#include <excpt.h>
#include <tchar.h>
#include <cardserv.h>
#include <cardapi.h>
#include <tuple.h>
#include <devload.h>
#include <diskio.h>
#include <nkintr.h>
#include <windev.h>
static volatile S3C2440A_IOPORT_REG * v_pIOPregs;
volatile S3C2440A_INTR_REG * v_pINTRregs;
UINT32 g_KeySysIntr = SYSINTR_UNDEFINED;
UINT32 IRQ = IRQ_EINT3;


//中断计数
UINT32 g_IntCount = 0;
//中断服务线程
HANDLE IntThread;
//按键中断事件
HANDLE IntEvent;
//读取中断事件
HANDLE ReadEvent[2];
```

编写本驱动动态库入口函数 DllEntry()，程序代码如下：

```
BOOL WINAPI
DllEntry(HANDLE hinstDLL, DWORD dwReason, LPVOID  Reserved/* lpvReserved */)
{
    switch(dwReason)
    {
    case DLL_PROCESS_ATTACH:
        DEBUGREGISTER((HINSTANCE)hinstDLL);
        return TRUE;
    case DLL_THREAD_ATTACH:
        break;
    case DLL_THREAD_DETACH:
        break;
    case DLL_PROCESS_DETACH:
```

```
            break;
    #ifdef UNDER_CE
        case DLL_PROCESS_EXITING:
            break;
        case DLL_SYSTEM_STARTED:
            break;
    #endif
        }
        return TRUE;
    }
```

由于在 WinCE 5.0 操作系统中，访问的地址都是虚拟地址，因此当驱动需要访问指定物理地址时，需将物理地址映射到虚拟地址空间。同样，驱动需要操作中断寄存器时，需要将中断寄存器的物理地址映射到虚拟地址空间。初始化地址的代码如下：

```
    void InitializeAddresses()
    {
        /* IO Register Allocation */
        v_pIOPregs = (volatile S3C2440A_IOPORT_REG *) VirtualAlloc(0,
                    sizeof(S3C2440A_IOPORT_REG),MEM_RESERVE, PAGE_NOACCESS);
        if(v_pIOPregs == NULL)
        {
            RETAILMSG(1,(TEXT("For IOPregs: VirtualAlloc failed!\r\n")));
        }
        else
        {
        if(!VirtualCopy((PVOID)v_pIOPregs,(PVOID)(S3C2440A_BASE_REG_PA_IOPORT
            >> 8),sizeof(S3C2440A_IOPORT_REG), PAGE_PHYSICAL | PAGE_READWRITE |
            PAGE_NOCACHE))
            {

            }
        }
        /* INTR Register Allocation */
        v_pINTRregs = (volatile S3C2440A_INTR_REG *)VirtualAlloc(0,
                    sizeof(S3C2440A_INTR_REG), MEM_RESERVE, PAGE_NOACCESS);
        if (v_pINTRregs == NULL)
        {
            ERRORMSG(1,(TEXT("For INTRregs : VirtualAlloc failed!\r\n")));
        }
        else
        {
        if (!VirtualCopy((PVOID)v_pINTRregs, (PVOID)(S3C2440A_BASE_REG_PA_INTR
            >> 8), sizeof(S3C2440A_INTR_REG), PAGE_PHYSICAL | PAGE_READWRITE |
            PAGE_NOCACHE))
            {
                ERRORMSG(1,(TEXT("For INTRregs: VirtualCopy failed!\r\n")));
            }
        }
    }
```

　　虚拟地址空间的申请通过 VirtualAlloc()函数实现，为 GPIO 寄存器与中断寄存器申请的虚拟空间大小为 sizeof(S3C2440A_IOPORT_REG)和 sizeof(S3C2440A_INTR_REG)。再通过 VirtualCopy()函数将申请到的虚拟地址空间映射到相应的物理地址空间。经过映射后，通过全局结构体变量指针 v_pIOPregs 和 v_pINTRregs 访问 GPIO 寄存器与中断寄存器。

　　配置 EINT3 对应的引脚为外部中断引脚，并配置中断触发方式为下降沿触发。将配置代码封装成一个引脚初始化函数，方便驱动初始化函数调用。同样编写函数，实现中断结束后，复位引脚功能。函数代码如下：

```
BOOL Eint_GPIO_Init()
{
    RETAILMSG(1,(TEXT("INT_GPIO_Setting...\r\n")));
    v_pIOPregs->GPFCON &= ~(0x3 << 6);//Set EINT3(GPF3) as EINT19
    v_pIOPregs->GPFCON |= (0x2 << 6);
    v_pIOPregs->EXTINT0 &= ~(0x7 << 6);//Configure EINT3 as Falling Edge Mode
    v_pIOPregs->EXTINT0 |= (0x2 << 6);
    return TRUE;
}


void ConfigPinDefault()
{
    RETAILMSG(1,(TEXT("Default_GPIO...OK!\r\n")));
    v_pIOPregs->GPFCON &= ~(0x3 << 6); //Set EINT3(GPF3) as INPUT
}
```

　　编写中断流驱动的初始化函数。该函数主要工作是进行外部中断 EINT3 引脚的初始化，申请 EINT3 的逻辑中断号，创建中断服务线程 IST、创建读中断事件。初始化程序代码如下：

```
DWORD INT_Init(DWORD dwContext)
{
    DWORD threadID;
    //InitializeAddresses，给 IO 和 INT 分配虚拟空间
    InitializeAddresses();
    //使能 EINT3 引脚为中断引脚，并设置为下降沿触发
    Eint_GPIO_Init();
    //申请 EINT3 的逻辑中断号
    if (!KernelIoControl(IOCTL_HAL_REQUEST_SYSINTR, &IRQ, sizeof(UINT32),
        &g_KeySysIntr, sizeof(UINT32), NULL))
    {
        RETAILMSG(1, (TEXT("ERROR: Failed to request sysintr value for EINT.\r\n")));
        return FALSE;
    }
    //中断服务线程开始运行
    IntThread = CreateThread(NULL, 0, (LPTHREAD_START_ROUTINE)IntProcessThread,
                        0, 0, &threadID);
    if (IntThread == NULL)
    {
        RETAILMSG(1,(TEXT("ERROR: CreateThread Failed!\r\n")));
```

```
        KernelIoControl(IOCTL_HAL_RELEASE_SYSINTR, &g_KeySysIntr, sizeof(UINT32),
                  NULL, 0, NULL);
        return FALSE;
    }
    //创建读中断事件
    ReadEvent[0] = CreateEvent(NULL,FALSE,FALSE,NULL);
    ReadEvent[1] = CreateEvent(NULL,FALSE,FALSE,NULL);
    RETAILMSG(1,(TEXT("INT_init...OK!\r\n")));
    return TRUE;
}
```

创建 EINT3 外部中断服务线程。在线程中，创建一个事件 IntEvent，通过 InterruptInitialize 函数将 EINT3 与该事件联系起来，当有 EINT3 产生时，触发 IntEvent 事件。在线程中挂起当前线程，除非产生 IntEvent 中断事件，线程才继续执行服务程序。

```
DWORD IntProcessThread(void)
{
    //创建外部中断事件
    IntEvent = CreateEvent(NULL, FALSE, FALSE, NULL);
    if (!IntEvent)
    {
        RETAILMSG(1, (TEXT("ERROR: Failed to create event.\r\n")));
        return FALSE;
    }

    if (!InterruptInitialize(g_KeySysIntr, IntEvent, NULL, 0))
    {
        RETAILMSG(1,(TEXT("ERROR:Fail to initialize interrupt event\r\n")));
        CloseHandle(IntEvent);
        return FALSE;
    }
    while(1)
    {
        //挂起当前线程，除非产生中断事件
        DWORD ret = WaitForSingleObject(IntEvent, INFINITE);

        //EINT4
        if(ret == WAIT_OBJECT_0)
        {
            //创建读按键事件
            if(!SetEvent(ReadEvent[0]))
                RETAILMSG(1,(TEXT("INFO::Event Create Failed!\r\n")));

            RETAILMSG(1,(TEXT("INFO::Key4 is interruptted!\r\n")));
            LED_CONTROL();
        }
        else
        {
            CloseHandle(IntEvent);
            RETAILMSG(1,(TEXT("INFO::Exit the thread!\r\n")));
            return 0;
```

```
        }
        //中断处理结束
        InterruptDone(g_KeySysIntr);
    }
    return 1;
}
```

在该线程中，服务线程主要完成点亮 LED 灯与触发读取中断事件的任务。在 EINT3 未产生之前，IntEvent 事件不会被触发，线程将一直处于挂起状态。其中 LED_CONTROL()函数是效仿 GPIO 驱动中的寄存器设置，控制 4 个 LED 灯点亮 1000ms，代码如下：

```
void LED_CONTROL()
{
    v_pIOPregs->GPGCON = (v_pIOPregs->GPGCON &~(3 << 10)) | (1<< 10)  &~(3 << 12))
                | (1<< 12) &~(3 << 14)) | (1<< 14) &~(3 << 20)) | (1<< 20);
    v_pIOPregs->GPGDAT=v_pIOPregs->GPGDAT&~(0x27<<5);
    Sleep(1000);
    v_pIOPregs->GPGDAT=v_pIOPregs->GPGDAT|(0x27<<5);
}
```

编写中断流驱动的读读中断函数 INT_Read()。在该函数中，只需调用等待多事件函数 WaitForMultipleObjects()等待事件 ReadEvent 的产生。而从中断服务线程函数中可以看到，当中断 EINT3 产生后，服务线程将 SetEvent(ReadEvent[0])，读中断线程也将继续执行读按键的程序，代码如下：

```
DWORD INT_Read(DWORD hOpenContext, LPVOID pBuffer, DWORD Count)
{
    DWORD ret;
    uchar *Readbuff;

    if((pBuffer == NULL) || (Count <= 0))
        return 0;
    Readbuff = MapPtrToProcess(pBuffer,GetCallerProcess());
    *Readbuff = 0;
    RETAILMSG(1,(TEXT("INFO:Read Key!\r\n")));
    ret = WaitForMultipleObjects(2,ReadEvent,FALSE,INFINITE);

    if(ret == WAIT_OBJECT_0)
    {
        ResetEvent(ReadEvent[0]);
        *Readbuff = 1;
        RETAILMSG(1,(TEXT("INFO:Read Readbuff!\r\n")));
        return 1;
    }
    else if(ret == (WAIT_OBJECT_0 + 1))
    {
        RETAILMSG(1,(TEXT("ReadKey is closed!\r\n")));
        ResetEvent(ReadEvent[1]);
        *Readbuff = 0;
        return 1;
    }
    return TRUE;
}
```

编写流驱动打开函数 INT_Open()与流驱动关闭函数 INT_Close()。在流驱动打开函数中，需要标记该驱动已打开使用，防止驱动被重复打开。而在驱动关闭函数中，需要通知读中断函数线程驱动已关闭，并清零中断打开标志位。

```
DWORD INT_Open(DWORD hDeviceContext, DWORD AccessCode, DWORD ShareMode)
{
    if(g_IntCount > 0)
    {
        RETAILMSG(1,(TEXT("ERROR:interrupt is running!\r\n")));
        return 0;
    }

    g_IntCount ++;
    return TRUE;
}


BOOL INT_Close(DWORD hOpenContext)
{
    if(g_IntCount > 0)
        SetEvent(ReadEvent[1]);
    g_IntCount = 0;
    return TRUE;
}
```

编写流驱动卸载函数 INT_Deinit()。在函数中，应包括释放申请的中断资源、恢复外部中断引脚、关闭打开的线程与事件句柄以及虚拟地址空间等操作，程序代码如下：

```
BOOL INT_Deinit(DWORD hDeviceContext)
{
    BOOL bRet = TRUE;

    RETAILMSG(1,(TEXT("USERKEY: INT_Deinit\r\n")));
    //释放中断资源
    InterruptDisable(g_KeySysIntr);
    KernelIoControl(IOCTL_HAL_RELEASE_SYSINTR, &g_KeySysIntr, sizeof(UINT32),
                    NULL, 0, NULL);
    //恢复外部中断引脚
    ConfigPinDefault();
    //关闭句柄
    CloseHandle(IntThread);
    CloseHandle(IntEvent);
    //释放申请的虚拟空间
    if(v_pIOPregs)
    {
        VirtualFree((void*)v_pIOPregs, sizeof(S3C2440A_IOPORT_REG),MEM_RELEASE);
        VirtualFree((void*)v_pINTRregs, sizeof(S3C2440A_INTR_REG),MEM_RELEASE);
    }
    //清零计数值
    g_IntCount = 0;
    return TRUE;
}
```

该中断流驱动源文件编写完成，通过 Platform Builder5.0 编译该驱动文件，编译通过后，选择 PB5.0 菜单中的"Build OS→Build and Sysgen Current BSP"选项，快速编译系统即可将中断流驱动编译进内核。

12.4.3　应用程序读中断

上小节已经介绍在系统中加入中断流驱动，并实现 INT_Read()函数。当 EINT3 中断产生时，将产生按键按下的信息。在应用程序中通过调用 ReadFile()函数读取按键 Key4 的状态。本实验中，通过 Visual Studio 2005 编写一个基于对话框的程序，实现通过 ReadFile()函数读取到按键按下状态时，调用 GPIO_Test 进程。

（1）新建一个项目，在对话框主界面上加入按钮控件，编辑框控件等并设置各个控件属性。图 12.4.2 所示是读中断的应用程序实验对话框主界面。

图 12.4.2　对话框主界面

（2）定义需要用到的全局变量，如驱动句柄、读中断线程句柄等代码如下：

```
HANDLE hFile = INVALID_HANDLE_VALUE;
HANDLE hReadThread;
CString recvBuf;
```

（3）打开资源视图下对话框界面，双击"打开驱动"按钮，并编辑功能函数。在该函数中，首先通过 CreateFile 函数打开设备句柄；再通过 CreateThread 函数创建读中断线程。"打开驱动"按钮功能代码如下：

```
void CIntDriverDlg::OnBnClickedButton1()
{
    //TODO: Add your control notification handler code here
    hFile = CreateFile(TEXT("INT1:"),GENERIC_READ|GENERIC_WRITE,0,NULL,
            OPEN_EXISTING, 0 ,0);
    DWORD IDThread;
    if(hFile == INVALID_HANDLE_VALUE)
    {
        MessageBox(_T("INT 驱动打开失败!"));
        return;
    }
    //创建读取按键线程
    hReadThread = CreateThread(0,0,ReadThread,this,0,&IDThread);
    if(hReadThread = NULL)
    {

        CloseHandle(hFile);
        hFile = INVALID_HANDLE_VALUE;
```

```
        return;
    }
    CloseHandle(hReadThread);

    CButton *pStartButton = (CButton*)GetDlgItem(IDC_BUTTON1);//取得按键控件指针
    CButton *pStopButton = (CButton*)GetDlgItem(IDC_BUTTON2);
    pStartButton->EnableWindow(FALSE);              //禁止开始按键
    pStopButton->EnableWindow(TRUE);                //使能停止按键
}
```

（4）打开资源视图下对话框界面，双击"关闭驱动"按钮，并编辑功能函数。在该函数主要完成关闭驱动句柄，"关闭驱动"按钮功能代码如下：

```
void CIntDriverDlg::OnBnClickedButton2()
{
    //TODO: Add your control notification handler code here
    if (hFile != INVALID_HANDLE_VALUE)
    {
        CloseHandle(hFile);
        hFile = INVALID_HANDLE_VALUE;
    }
    CButton *pStartButton = (CButton*)GetDlgItem(IDC_BUTTON1);//取得按键控件指针
    CButton *pStopButton = (CButton*)GetDlgItem(IDC_BUTTON2);
    pStartButton->EnableWindow(TRUE);               //使能开始按键
    pStopButton->EnableWindow(FALSE);               //禁止停止按键
}
```

（5）在 CIntDriverDlg 类中，添加成员函数 ReadThread (PVOID pArg)。该成员函数设置为私有类型，并声明为静态（static），函数返回值为 DWORD。该线程函数实现接受数据编辑框显示中断 EINT3 的状态，当中断产生时，调用 GPIO_Test 进程，代码如下：

```
DWORD CIntDriverDlg::ReadThread(LPVOID pArg)
{
    BYTE sta;
    DWORD len;
    CString tmp;
    CIntDriverDlg *pDlg = (CIntDriverDlg*)pArg;
    CEdit *pRecvStrEdit = (CEdit*)pDlg->GetDlgItem(IDC_EDIT1);
    recvBuf = L"关闭";
    tmp.Format(_T("%s"), recvBuf);
    pDlg->inttimes = tmp;
    pRecvStrEdit->SetWindowText(pDlg->inttimes);
    while(hFile != INVALID_HANDLE_VALUE)

    {
        BOOL fReadState = ReadFile(hFile,&sta,1,&len,NULL);
        if(fReadState & sta)
        {
            recvBuf = L"打开";
            tmp.Format(_T("%s"), recvBuf);
```

```
                    pDlg->inttimes = tmp;
                    pRecvStrEdit->SetWindowText(pDlg->inttimes);
                    //创建进程
                    STARTUPINFO sui;
                    PROCESS_INFORMATION  processinfo;
                    ZeroMemory(&sui,sizeof(STARTUPINFO));
                    if(!CreateProcess(_T("\\ResidentFlash\\GPIO_Test.exe"),
                        NULL,NULL,NULL,NULL,0,NULL,NULL,&sui,&processinfo))
                    {
                            AfxMessageBox(_T("创建进程失败！"));
                            return 0;
                    }
                    else
                    {
                            CloseHandle(processinfo.hProcess);
                            CloseHandle(processinfo.hThread);
                    }
                }
                else
                {
                    recvBuf = L"关闭";
                    tmp.Format(_T("%s"), recvBuf);
                    pDlg->inttimes = tmp;
                    pRecvStrEdit->SetWindowText(pDlg->inttimes);
                    break;
                }
            }
        return 1;
    }
```

(6) 单击菜单栏中"Debug→Start Debugging"选项，开始编译并调试。在 WinCE 5.0 操作系统中弹出的"IntDriver"对话框中单击"打开驱动"，此时 EINT3 状态显示关闭。按下按键 Key4，可看到 4 个 LED 灯被点亮 1000ms，GPIO_Test 进程被调用，并且 EINT3 状态显示打开。此外，从串口打印的信息同样可以判断中断流驱动是否运行正常。

习　题

1. 简述驱动的分类和体系结构。
2. 简述流接口驱动的开发过程，并完成相关实验。
3. 简述动态加/卸载驱动过程，并完成相关实验。
4. 完成中断流驱动实验。
5. 完成基本接口模块的驱动实验。

第13章　WinCE 聊天程序和文件收发程序设计

本章主要讲解如何在局域网中实现 WinCE 聊天程序和文件传输程序设计，该程序实现了两台装载了 WinCE 操作系统（带有网口）的嵌入式设备进行信息传输，双方之间文字的收发（采用 UDP），文件传输（采用 TCP），并可以实时显示消息记录。

13.1　WinCE 聊天程序设计

13.1.1　新建工程

（1）新建工程。在项目类型中选择智能设备，在模板中选择 MFC 设备智能设备应用程序如图 13.1.1 所示。

（2）选择安装好的 SDK。在本例程中，安装的 SDK 的名字为 2440for7，如图 13.1.2 所示，单击"下一步"按钮。

图 13.1.1　新建工程

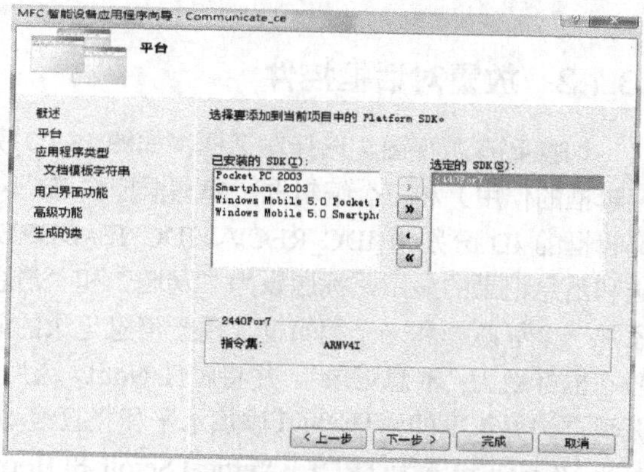

图 13.1.2　选择 SDK

（3）选择基于对话框和在静态库中使用 MFC，如图 13.1.3 所示，单击"下一步"。

（4）默认图 13.1.4 中所示的用户界面功能，单击"下一步"按钮。

图 13.1.3　选择程序类型

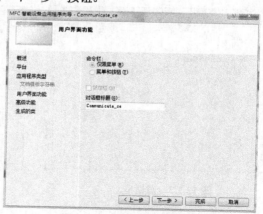

图 13.1.4　用户界面功能

（5）如图 13.1.5 所示，高级功能中勾选 Windows 套接字，单击"下一步"按钮。

（6）生成的类如图 13.1.6 所示。单击"完成"按钮。

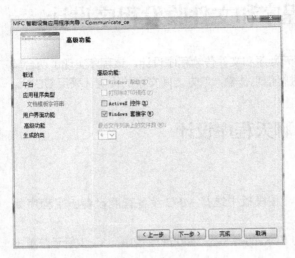 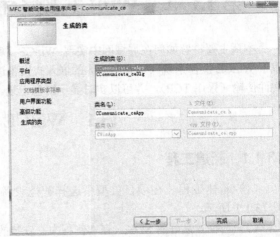

图 13.1.5　高级功能　　　　　　　　　　　图 13.1.6　生成的类

13.1.2　放置对话框控件

切换到资源视图，选择对话框，如图 13.1.7 所示。在对话框中添三个静态框控件（用于提示各个编辑框的作用）和三个编辑框。静态框控件 ID 不变，标题分别设为：接收数据、IP 地址和发送数据；编辑框的 ID 分别为 IDC_RECV、IDC_IPADDRESS1、IDC_SEND。再添加两个按钮，用于消息的发送和消息记录的显示，标题设为"发送"和"消息记录"，ID 分别改为 IDC_BTN1 和 IDC_BTN2。再添加一个静态框和一个编辑框（用于消息记录的显示），ID 分别设为 IDC_STATIC1 和 IDC_INFOM，静态框标题为"消息记录"，并将属性 Notify 选为 TRUE。为了使接收数据框和消息记录框能查看超过编辑框边界长度的消息，为其添加水平和竖直滚动条，在其属性中 Multiline 选为 TRUE, Auto HScroll 和 Auto VScroll 设置为 TRUE, Vertical Scroll 和 Horizontal Scroll 设置为 True。最后再添加一个图片控件，设置 ID 为 IDC_SPE，该控件用于获取显示消息记录和不显示消息记录矩形框的位置和大小关系。添加完后的对话框如图 13.1.8 所示。

 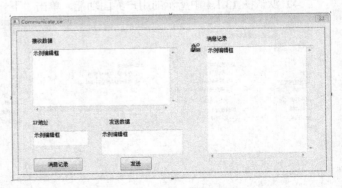

图 13.1.7　对话框　　　　　　　　　　　图 13.1.8　放置控件

13.1.3　初始化套接字

切换到解决方案资源管理器，打开对话框的头文件和源文件，在该类的头文件中定义一个结构体 RECVPARAM，用于作为线程的参数类型，结构体定义如下。

```
struct RECVPARAM
{
    SOCKET sock;
    HWND hwnd;
};
```

在对话框的 OnInitDialog() 初始化用于信息发送的 UDP 的套接字，并创建信息接收信息的线程。在类定义的代码中添加 SOCKET 变量 m_socket；添加套接字初始化函数的声明 bool InitSocket_UDP() (void)，类型为 Public；添加线程函数声明 static DWORD WINAPI recvprocess (LPVOID lpParameter)，类型为 private。OnInitDialog() 代码如下：

```
BOOL CCommunicate_ceDlg::OnInitDialog()
{
    CDialog::OnInitDialog();
    SetIcon(m_hIcon, TRUE);              //设置大图标
    SetIcon(m_hIcon, FALSE);             //设置小图标
    InitSocket_UDP();

    RECVPARAM *precv = new  RECVPARAM;
    precv->sock = m_socket;
    precv->hwnd = m_hWnd;
    HANDLE hThread = CreateThread(NULL,0,recvprocess,(LPVOID)precv,0,NULL);
                                         //创建线程
    CloseHandle(hThread);
    return TRUE;                         //除非将焦点设置到控件，否则返回 TRUE
}
```

套接字初始化函数主要实现创建用于 UDP 通信的套接字，并绑定端口，bool InitSocket_UDP() (void) 代码如下所示。

```
bool CCommunicate_ceDlg::InitSocket_UDP(void)
{
    m_socket = socket(AF_INET,SOCK_DGRAM,0); //创建套接字
    if(INVALID_SOCKET==m_socket)
    {
        AfxMessageBox(_T("创建套接字失败"));
        return false;
    }
    SOCKADDR_IN addrsock;
    addrsock.sin_family=AF_INET;

    addrsock.sin_port=htons(6000);              //端口号
    addrsock.sin_addr.S_un.S_addr=htonl(INADDR_ANY);//INADDR_ANY
```

```
        int revel;
revel=bind(m_socket,(SOCKADDR*)&addrsock,sizeof(SOCKADDR));//绑定端口
    if(revel==SOCKET_ERROR)
    {
        closesocket(m_socket);
        AfxMessageBox(_T("绑定套接字失败"));
        return false;
    }
    return 1;
}
```

13.1.4　消息处理

线程函数主要用于传来数据的接收，其中定义了一个接收数据的消息 WM_RECV_DATA，主要用来处理对接收的信息进行处理。recvprocess（LPVOID lpParameter）代码如下所示。

```
DWORD WINAPI CCommunicate_ceDlg::recvprocess (LPVOID lpParameter)
{

    SOCKET sock =((RECVPARAM*)lpParameter)->sock;
    HWND hwnd1 = ((RECVPARAM*)lpParameter)->hwnd;

    delete lpParameter;

    SOCKADDR_IN addrfrom;
    int len = sizeof (SOCKADDR);

    char recvbuf[200];
    char tempbuf[300];
    int retval;

    while(1)
    {
        retval = recvfrom(sock,recvbuf,200,0,(SOCKADDR*)&addrfrom,&len);
        if(SOCKET_ERROR==retval)
        break;
        sprintf(tempbuf,"%s 说：%s",inet_ntoa(addrfrom.sin_addr),recvbuf);
        //信息进行处理的消息排入消息队列中
        ::PostMessage(hwnd1,WM_RECV_DATA,0,(LPARAM)tempbuf);
    }
    return 0;
}
```

定义消息 WM_RECV_DATA。首先在头文件中添加消息响应的声明#define WM_RECV_DATA WM_USER+101，在对话框类中再添加对应的消息响应函数声明 afx_msg LRESULT OnRecvData(WPARAM wParam,LPARAM lParam)，在源文件中将消息响应和消息响应函数联系起来，在 BEGIN_MESSAGE_MAP()和 END_MESSAGE_MAP()之间添加 ON_MESSAGE(WM_RECV_DATA, OnRecvData), OnRecvData(WPARAM wParam,LPARAM lParam)消息响应函数定义如下所示。

```
LRESULT CCommunicate_ceDlg::OnRecvData(WPARAM wParam,LPARAM lParam)
{

    CString str((char *)lParam);
    CString strTemp;
    GetDlgItemText(IDC_RECV,strTemp);
    str+=_T("\r\n");
    //将收到的消息写入到消息记录文档中，jl.text 为消息记录的文档
    //char* pbuffer=W_To_M(str);//UNICODE 转成 ANSI 写入
    Write_to_JL(str);
    str+=strTemp;
    SetDlgItemText(IDC_RECV,str);
    //接收到的消息记录框实时更新
    CString str1;
    if(GetDlgItemText(IDC_BTN2,str1),str1 == "关闭消息记录<<")
    {
        CFile file_read(_T("jl.text"),CFile::modeRead|CFile::modeNoTruncate|
                    CFile::modeCreate);
        file_read.SeekToBegin ();
        char * pBuf=new char [file_read.GetLength ()+1];
        pBuf[file_read.GetLength ()]='\0';
        file_read.Read( pBuf,file_read.GetLength ());
        file_read.Close ();
        CString str1=M_To_W(pBuf);//ANSI 转成 UNICODE 显示
        delete [] pBuf;
        SetDlgItemText(IDC_INFOM,str1);
    }

    return 1;
}
```

13.1.5 字符转换

函数 M_To_W(char* pBuf)是将多字节（ANSI）转换成宽字符（UNICODE）的，用于将文件中的信息（ANSI 形式）读取出来转换成宽字符（UNICODE）并显示出来，W_To_M(CString str)函数将宽字符转换为多字节，用于将信息以 ANSI 的形式写入文件中。

在头文件中，该对话框类中添加 int 类型变量 m_len_w_to_m，用于存放宽字符转换为多字节的字节长度。同时在类中添加函数 CString M_To_W(char* pBuf)和 char* W_To_M(CString str)的声明。函数 CString M_To_W(char* pBuf)和函数 char* W_To_M(CString str)在源文件中的定义如下。

```
char* CCommunicate_ceDlg::W_To_M(CString str)
{

    //获取宽字节字符的大小，大小是按字节计算的
    int len = WideCharToMultiByte(CP_ACP,0,str,str.GetLength(),NULL,0,NULL,
            NULL);
```

```
    //为多字节字符数组申请空间，数组大小为按字节计算的宽字节字节大小
    char * pbuffer = new char[len+1];    //以字节为单位
    //宽字节编码转换成多字节编码
    WideCharToMultiByte(CP_ACP,0,str,str.GetLength(),pbuffer,len,NULL, NULL);
    pbuffer[len]=0;
    m_len_w_to_m=len;
    return pbuffer;
}
CString CCommunicate_ceDlg::M_To_W(char* pBuf)
{
    int charLen = strlen(pBuf);   //计算 char *数组大小，以字节为单位，一个汉字占两
                                      个字节
    CString str;
    str.Format(_T("%d"),charLen);
//  MessageBox(str);
    int len = MultiByteToWideChar(CP_ACP,0,pBuf,charLen,NULL,0);//计算多字节
                                          字符的大小，按字符计算。
    TCHAR *buf = new TCHAR[len + 1];//为宽字节字符数组申请空间，数组大小为按字节计
                                算的多字节字符大小
    MultiByteToWideChar(CP_ACP,0,pBuf,charLen,buf,len);//多字节编码转换成宽字节编码
    buf[len] = '\0';
    CString str1;
    str1.Format(_T("%s"),buf);
    delete [] buf;
    return str1;
}
```

其中 Write_to_JL(CString str)是将消息写入到消息记录中，在类中添加函数 void Write_to_JL (CString str)的声明。函数 void Write_to_JL(CString str)在源文件中的定义如下。

```
    //将消息写入到消息记录文件中
    void CCommunicate_ceDlg::Write_to_JL(CString str)
    {
        char* pbuffer=W_To_M(str);//UNICODE 转成 ANSI 写入
        CFile file_write(_T("jl.text"),CFile::modeNoTruncate| CFile::modeWrite);
        file_write.SeekToEnd();
        file_write.Write (pbuffer,m_len_w_to_m);
        file_write.Close ();
        delete [] pbuffer;
    }
```

13.1.6　添加事件处理程序

切换视图到资源视图，打开对话框，分别选中发送按钮和消息记录按钮，右击选择添加事件处理程序，将函数设置成如图 13.1.9 所示，单击"添加编辑"按钮。

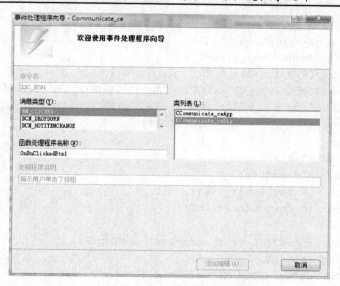

图 13.1.9　添加事件处理程序

在对话框类中添加 CRect 类型变量 m_rectLarge，m_rectSmall，用于存放有消息记录和无消息记录对话框的位置和大小。再添加 int 类型标志变量 m_flag，该变量用来标志刚开始显示的框为小的框，在对话框类的构造函数 CCommunicate_ceDlg::CCommunicate_ceDlg(CWnd* pParent /*=NULL*/)中初始化该变量，设为 0。最后添加 CString 变量 m_IP，用于存放对方的 IP 地址，在构造函数中初始化变量为空字符。构造函数定义如下：

```
CCommunicate_ceDlg::CCommunicate_ceDlg(CWnd* pParent /*=NULL*/)
    : CDialog(CCommunicate_ceDlg::IDD, pParent)
{
    m_hIcon = AfxGetApp()->LoadIcon(IDR_MAINFRAME);
    m_IP=_T("");
    m_flag=0;
}
```

在生成的函数中添加代码，添加的代码如下所示：

```
void CCommunicate_ceDlg::OnBnClickedBtn1()
{
    //TODO: 在此添加控件通知处理程序代码
    GetDlgItemText(IDC_IPADDRESS1,m_IP);
    if(m_IP.GetLength () >= 20)
    {
        MessageBox(_T("IP 地址输入错误"),_T("错误提醒"));
        return;
    }
    else
        if(m_IP.GetLength () == 0)
        {
            MessageBox(_T("IP 地址不能为空"),_T("错误提醒"));
            return;
```

```
        }
    int len=m_IP.GetLength ();
    char* pIP=new char [len+1];
    memset(pIP,0,len+1);
    WideCharToMultiByte(CP_OEMCP, NULL, (LPCWSTR)m_IP, -1,NULL, 0, NULL, FALSE);
    WideCharToMultiByte(CP_OEMCP, NULL, (LPCWSTR)m_IP, -1,(LPSTR)pIP, len,
                        NULL, FALSE);

    pIP[len]='\0';
    SOCKADDR_IN addrto;
    addrto.sin_family=AF_INET;
    addrto.sin_port=htons(6000);

    addrto.sin_addr.S_un.S_addr=inet_addr(pIP);
    CString strSend;
    GetDlgItemText(IDC_SEND,strSend);
    delete [] pIP;
    CString str;//临时变量，放写入自己发送的内容
    CString strTemp;
    GetDlgItemText(IDC_RECV,strTemp);

str.Format(_T("%s 说：%s"),_T("我"),strSend);
    str+=_T("\r\n");
    //将收到的消息写入到消息记录文档中，jl.text 为消息记录的文档
    //char* pbuffer=W_To_M(str);//UNICODE 转成 ANSI 写入
    Write_to_JL(str);

    //发送消息后消息记录框内容的实时更新
    CString str1;
    if(GetDlgItemText(IDC_BTN2,str1),str1 == "关闭消息记录<<")
    {
        CFile file_read(_T("jl.text"),CFile::modeRead|CFile::modeNoTruncate|
                        CFile::modeCreate);
        file_read.SeekToBegin ();
        char * pBuf=new char [file_read.GetLength ()+1];
        pBuf[file_read.GetLength ()]='\0';
        file_read.Read( pBuf,file_read.GetLength ());
        file_read.Close ();

        CString str1=M_To_W(pBuf);//ANSI 转成 UNICODE 显示
        delete [] pBuf;
        SetDlgItemText(IDC_INFOM,str1);
    }
    str+=strTemp;
    SetDlgItemText(IDC_RECV,str);
    char buf[200] = {'\0'};
WideCharToMultiByte(CP_ACP,0,strSend.GetBuffer(0),strSend.GetLength(),
```

```
                              buf,200,0,0);
        sendto(m_socket,buf,sizeof(buf),0,(SOCKADDR*)&addrto,sizeof(SOCKADDR));
        SetDlgItemText(IDC_SEND,_T(""));
}
void CCommunicate_ceDlg::OnBnClickedBtn2()
{
        //TODO：在此添加控件通知处理程序代码
        CFile file_read1(_T("jl.text"),CFile::modeRead|CFile::modeNoTruncate|
                        CFile::modeCreate);
        file_read1.SeekToBegin ();
        char * pBuf=new char [file_read1.GetLength ()+1];
        pBuf[file_read1.GetLength ()]='\0';
        file_read1.Read( pBuf,file_read1.GetLength ());
        file_read1.Close ();
        CString str1=M_To_W(pBuf);//ANSI 转成 UNICODE 显示
        //大小框矩形的获得
         static CRect rectLarge;

static CRect rectSmall;
        if(rectLarge.IsRectNull ())
        {
            CRect rectSep;
            GetWindowRect(&rectLarge);
            GetDlgItem(IDC_SPE)->GetWindowRect (&rectSep);
            rectSmall.top = rectLarge.top ;
            rectSmall.left =rectLarge.left ;
            rectSmall.right = rectSep.left ;
            rectSmall.bottom =rectLarge.bottom;
            m_rectSmall=rectSmall;
            m_rectLarge=rectLarge;
        }
        //大小框的切换
        CString str;
        if(GetDlgItemText(IDC_BTN2,str),str == "关闭消息记录<<")
        {
            SetWindowPos(NULL,0,0,m_rectSmall.Width (),m_rectSmall.Height (),
                    SWP_NOMOVE|SWP_NOZORDER);
            SetDlgItemText(IDC_BTN2,_T("打开消息记录>>"));
        }
        else
        {
            SetDlgItemText(IDC_INFOM,str1);
            SetWindowPos(NULL,0,0,m_rectLarge.Width (),m_rectLarge.Height (),
                    SWP_NOMOVE|SWP_NOZORDER);
            SetDlgItemText(IDC_BTN2,_T("关闭消息记录<<"));
        }
        delete [] pBuf;
```

```
        GetDlgItem(IDC_STATIC1)->SetWindowTextW (_T("消息记录"));
        GetDlgItem(IDC_INFOM)->ShowWindow (true);
        GetDlgItem(IDC_TRANSF_TIP)->ShowWindow (false);
        GetDlgItem(IDC_STOP_TRANSF)->ShowWindow (false);
        GetDlgItem(IDC_ALREADY_SR)->ShowWindow (false);
    }
```

在 OnInitDialog()增加以下代码：

```
    if(m_flag == 0)
    {
        CCommunicate_ceDlg::OnBnClickedBtn2();
        m_flag=1;
    }
```

在资源视图中将消息记录按钮的标题改成"关闭消息记录<<"，以上两个都是为了让刚开始显示的是小框。

截至此步骤，就能实现发送和接收消息以及消息记录的存储和显示。

13.2 文 件 传 输

13.2.1 添加 CMessage 类

首先添加三个 C++类。

第一个类为 CMessage 类，基类为 CObject，该类主要用来传输控制信息，采用 CSocket 类的串行化技术，控制信息包括套接字的状态，传递文件大小和文件名。该类添加 int 类型变量 m_Type，用来传递消息的类型；CString 类型变量 m_FileName，用来传递文件名；DWORD 类型变量 m_FileSize，用来传递文件大小。在类中添加两个一般构造函数，在这些构造函数中对这些变量进行初始化，构造函数在类中声明如下。该类还重载了 Serialize 函数实现数据的串行化。该类的头文件如下：

```
    #pragma once
    #include "afx.h"
    class CMessage :public CObject
    {
    public:
        CMessage(void);
        CMessage(int Type);
        CMessage(int Type, CString FileName, DWORD FileSize);
        virtual ~CMessage(void);
    public:
        int m_Type;                              //消息的类型
        CString m_FileName;                      //文件的名称
        DWORD m_FileSize;                        //文件的大小
        virtual void Serialize(CArchive& ar);    //数据串行化
    };
```

该类的源文件代码如下所示：

```
include "StdAfx.h"
#include "Message.h"
CMessage::CMessage(void)                         //默认构造函数
{
    m_Type = -1;
    m_FileName = _T("");
    m_FileSize = 0;
}
CMessage::CMessage(int Type)

{

    m_Type = Type;
    m_FileName = _T("");
    m_FileSize = 0;
}
////需要发送文件名及大小时使用
CMessage::CMessage(int Type, CString FileName, DWORD FileSize)
{
    m_Type = Type;
    m_FileName = FileName;
    m_FileSize = FileSize;


}
CMessage::~CMessage(void)
{
}


void CMessage::Serialize(CArchive& ar)
{
    if (ar.IsStoring())
    {   //storing code
        ar<<m_Type;
        ar<<m_FileName;
        ar<<m_FileSize;
    }
    else
    {   //loading code
        ar>>m_Type;
        ar>>m_FileName;
        ar>>m_FileSize;
    }
}
```

13.2.2　添加 CServerSocket 类

第二个类为 CServerSocket 类，基类为 CSocket，主要负责监听的服务器套接字类，该类将服务器的套接字与对话框关联起来。在该类中添加对话框类指针变量 m_pdlgMain，通过构造函数与主对话框联系起来。由于该类添加了主对话框类变量，因此添加主对话框类的头文件，即 #include "Communicate_ceDlg.h"。该类重载了函数 OnAccept()，调用了对话框的过程接收函数，该类的头文件如下所示：

```
#pragma once
#include "afxsock.h"
#include "Communicate_ceDlg.h"

class CServerSocket :public CSocket
{
public:
    CServerSocket(void);
    ~CServerSocket(void);
public:
    CServerSocket(CCommunicate_ceDlg* pdlgMain);
protected:
    CCommunicate_ceDlg* m_pdlgMain;//m_pdlgMain 为指向主对话框类 CCommunicate_
                                    ceDlg 的指针


public:
    virtual void OnAccept(int nErrorCode);
};
```

该类的源文件代码如下所示：

```
include "StdAfx.h"
#include "ServerSocket.h"

CServerSocket::CServerSocket(void)
{
    m_pdlgMain = NULL;
}

CServerSocket::~CServerSocket(void)
{

}
CServerSocket::CServerSocket(CCommunicate_ceDlg* pdlgMain)
{
    m_pdlgMain=pdlgMain;
}

void CServerSocket::OnAccept(int nErrorCode)
{
    //TODO: 在此添加专用代码和/或调用基类

    m_pdlgMain->ProAccept();
    CSocket::OnAccept(nErrorCode);
}
```

在主对话框类中添加公有函数 void ProAccept()。

13.2.3　添加 CClientSocket 类

第三个类为 CClientSocket，基类为 CSocket，主要负责连接的管理，该类封装了串行化功能。该类添加了 4 个变量，CSocketFile 指针类型变量 m_pFile、CArchive 指针类型变量 m_pArchiveIn、CArchive 指针类型变量 m_pArchiveOut 和 CCommunicate_ceDlg 指针类型变量 m_pdlgMain，通过构造函数将其初始化。再添加函数 void Init_Serialize()（该函数用于串行化的初始化），void Abort_Serialize()（该函数用于对 m_pArchiveOut 指针进行释放），BOOL Send_Message (CMessage* pMsg)（该函数用于发送信息），void Receive_Message (CMessage* pMsg)（该函数用于接受信息）。最后该类重载了 OnReceieve()，该函数的作用是当有信息发送到时，调用主对话框类的 ProReceive 函数进行信息的接收。由于定义了主对话框类型变量和 CMessge 类型的传参，所以在该头文件添加#include "Message.h "和#include "Communicate_ceDlg.h"。CClientSocket 头文件代码如下所示：

```
#pragma once
#include "afxsock.h"
#include "Message.h"
#include "Communicate_ceDlg.h"
class CClientSocket :public CSocket
{
    public:
        CClientSocket(void);
        CClientSocket(CCommunicate_ceDlg* pdlgMain);
        ~CClientSocket(void);
    public:
        CSocketFile* m_pFile;
        CArchive* m_pArchive_In;
        CArchive* m_pArchive_Out;
    protected:
        CCommunicate_ceDlg* m_pdlgMain;
    public:
        void Init_Serialize();//Init 成员函数用于串行化的初始化
        void Abort_Serialize();//Abort 成员函数用于对 m_pArchiveOut 指针进行释放
        BOOL Send_Message(CMessage* pMessage);//SendMsg 成员函数用于发送信息
        void Receive_Message(CMessage* pMessage);//ReceiveMsg 成员函数用于接受信息
        virtual void OnReceive(int nErrorCode);
};
```

CClientSocket 源文件代码如下所示：

```
#include "StdAfx.h"
#include "ClientSocket.h"
CClientSocket::CClientSocket(void)

{
    m_pdlgMain = NULL;
}
CClientSocket::CClientSocket(CCommunicate_ceDlg* pdlgMain)
{
```

```
        m_pdlgMain = pdlgMain;

}
CClientSocket::~CClientSocket(void)
{

}
void CClientSocket::Init_Serialize()
{
    m_pFile = new CSocketFile(this);
    m_pArchive_In = new CArchive(m_pFile,CArchive::load);//?
    m_pArchive_Out = new CArchive(m_pFile,CArchive::store);
}
//Abort_Serialize 成员函数用于对 m_pArchiveOut 指针进行释放
void CClientSocket::Abort_Serialize()
{
    if (m_pArchive_Out != NULL)
    {
        m_pArchive_Out->Abort();//关闭串行化
        delete m_pArchive_Out;
        m_pArchive_Out = NULL;
    }
}
BOOL CClientSocket::Send_Message(CMessage* pMsg)//Send_Message 成员函数用于发送信息
{
    if (m_pArchive_Out != NULL)
    {
        TRY
        {
            pMsg->Serialize(*m_pArchive_Out);//数据串行化到 m_pArchiveOut
            m_pArchive_Out->Flush();//数据写入 CFile 文件或派生类对象
            return TRUE;
        }
        CATCH(CFileException, e)
        {
            m_pArchive_Out->Abort();
            delete m_pArchive_Out;
            m_pArchive_Out = NULL;
        }

        END_CATCH
    }
    return FALSE;
}
void CClientSocket::Receive_Message(CMessage* pMsg)//Receive_Message 成员函
                                            数用于接受信息
{
```

```
    //采用串行化技术进行信息的接收
    pMsg->Serialize (*m_pArchive_In);
}
void CClientSocket::OnReceive(int nErrorCode)
{
    //TODO：在此添加专用代码和/或调用基类
    m_pdlgMain->ProReceive(this);
    CSocket::OnReceive(nErrorCode);
}
```

在主对话框中的头文件中声明类 CClientSocket，然后在类 Communicate_ceDlg 中声明函数 void ProReceive(CClientSocket*pSocket)。在主对话框中的头文件添加#include "ServerSocket.h"、#include "ClientSocket.h"以及#include"Resource.h"。

13.2.4　添加对话框控件

切换到资源视图，添加一个进度条控件，一个静态编辑框控件，两个按钮控件，将其 ID 分别设置为 IDC_TRANSF_TIP，IDC_ALREADY_SR，IDC_SELECT_FILE，IDC_STOP_TRANSF，并将进度条控件的 Smooth 设置为 Ture，再添加 CProgressCtrl 控件变量 m_Progress，ID 为 IDC_SELECT_FILE 的按钮标题设为"选择文件"，ID 为 IDC_STOP_TRANSF 的按钮标题设为"停止传输"，ID 为 IDC_ALREADY_SR 的标题设为空。最后对话框如图 13.2.1 所示。

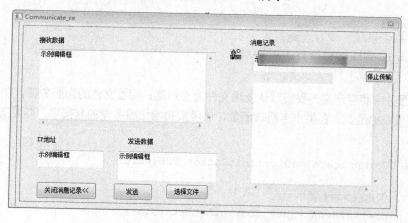

图 13.2.1　放置控件

在主对话框类进行书写，对该类所需的宏定义进行添加。代码如下所示：

```
#define PORT_FILE 1024                    //文件传输套接字的端口号
#define BLOCK_SIZE 1024                   //每次要发送或是接受的文件大小
#define CONNECT_BE_ACCEPT    0x00         //客户端的连接申请被接受
#define CONNECT_BE_REFUSE    0x01         //客户端的连接申请被拒绝
#define REQUEST_SEND         0x02         //请求发送文件
#define ACCEPT_SEND          0x03         //同意发送文件
#define REFUSE_SEND          0x04         //拒绝发送文件
#define CANCEL_SEND          0x05         //取消文件的发送
```

在主对话框头文件中定义 class CServerSocket，接下来对主对话框类添加变量，由于服务端和客户端写在同一个程序中，所以在主对话框类中分别定义 CServerSocket 指针类型变量 m_pServerSock，CClientSocket 指针类型变量 m_pClientSock，UINT 类型变量 m_Port（该变量表示绑定的端口号），CString 类型变量 m_FileName，m_FileSize，m_Path，分别用来存放文件名，文件大小，文件发送或存储路径。添加 DWORD 类型变量 m_dwFileSize，用来存放文件的大小，BOOL 类型变量 m_bIsClient，m_bIsStop，m_bIsWait，m_bIsTransmitting，用来表示是否是客户端，是否停止传输，是否处于等待之中，是否正在传输内容，在构造函数中初始这些变量，代码如下所示：

```
CCommunicate_ceDlg::CCommunicate_ceDlg(CWnd* pParent /*=NULL*/)
    : CDialog(CCommunicate_ceDlg::IDD, pParent)
{
    m_hIcon = AfxGetApp()->LoadIcon(IDR_MAINFRAME);
    m_IP=_T('\0');
    m_IP=_T("");
    m_flag=0;

    m_Port=9600;
    m_pServerSock = NULL;//就多了这几句
    m_pClientSock = NULL;
    m_Path = _T("");
    m_dwFileSize = 0;

    m_bIsStop = FALSE;
    m_bIsWait = FALSE;
    m_bIsTransmitting = FALSE;
}
```

为了区分服务端和客户端，我们默认发送文件为客户端，接收文件的为服务器，在 OnInitDialog() 添加 InitSocket_TCP() 函数，在类中声明该函数，该函数初始化服务端的套接字，即监听的套接字，代码如下：

```
bool CCommunicate_ceDlg::InitSocket_TCP(void)
{
    //创建服务器套接字
    m_pServerSock = new CServerSocket(this);
    if(!m_pServerSock->Create(m_Port))
    {
        delete m_pServerSock;
        m_pServerSock = NULL;
        MessageBox(_T("创建服务器套接字失败"));
        return false;
    }
    //监听
    if(!m_pServerSock->Listen())
    {
        delete m_pServerSock;
        m_pServerSock = NULL;
        MessageBox(_T("服务器套接字监听失败"));
```

```
        return false;
    }
    return true;
}
```

13.2.5 创建套接字

在单击"选择文件"进行客户端套接字的初始化，为该按钮添加事件处理程序，具体代码如下所示。

在资源视图中，为按键"选择文件"添加时间处理程序，添加函数名为 **OnBnClickeSelectFile**，具体代码如下：

```
void CCommunicate_ceDlg::OnBnClickeSelectFile()
{
    //TODO: 在此添加控件通知处理程序代码
    if(m_pClientSock == NULL) //另外一端选择文件发送时，客户端套接字不空
    {
        delete m_pServerSock;
        m_pServerSock = NULL;
    }
    //初始化客户端的套接字
    if(m_pClientSock == NULL) //另外一端选择文件发送或本端再次选择文件发送时，客户
                              端套接字不空
    {
        m_pClientSock = new CClientSocket(this);
        if(!m_pClientSock->Create())
        {

            delete m_pClientSock;
         m_pClientSock = NULL;
            MessageBox(_T("创建套接字失败"));
            return;
        }
        //   与服务器建立连接
        CString strIPAddress1;
        GetDlgItem(IDC_IPADDRESS1)->GetWindowText(strIPAddress1);
        if(!m_pClientSock->Connect(strIPAddress1, m_Port))
        {
            delete m_pClientSock;
            m_pClientSock = NULL;
            MessageBox(_T("连接失败"));
            return;
        }
        //   初始化套接字
        m_pClientSock->Init_Serialize();
    }
    //打开文件
    CFileDialog filedlg(true,NULL,NULL,OFN_HIDEREADONLY|OFN_OVERWRITEPROMPT,
        _T("txt(.txt)|*.txt|text(.text)|*.text|All Files (*.*)|*.*||"),
```

```
    this);//拓展名，说明|拓展名|说明|拓展名||结尾
filedlg.m_ofn.lpstrTitle=_T("打开");
if(IDOK == filedlg.DoModal())
{
    m_bIsWait = TRUE;
    m_bIsClient = TRUE;

    m_Path = filedlg.GetPathName();//获得发送文件路径
    m_FileName = filedlg.GetFileName();//获得发送文件名字
    //发送文件的长度读取
    CFile file_read(m_Path,CFile::modeRead);
    m_dwFileSize= file_read.GetLength ();
    m_FileSize.Format (_T("%d 字节"),m_dwFileSize);
    file_read.Close ();
    UpdateData(FALSE);

    //发出文件发送请求
    CMessage* pMsg = new CMessage(REQUEST_SEND, m_FileName, m_dwFileSize);
    m_pClientSock->Send_Message(pMsg);//??
    //设置 ID 为的等待超时定时器

    SetTimer(1, 50000, NULL);

    SetWindowPos(NULL,0,0,m_rectLarge.Width (),m_rectLarge.Height (),
        SWP_NOMOVE|SWP_NOZORDER);
    GetDlgItem(IDC_STATIC1)->SetWindowTextW (_T("文件传输"));
    GetDlgItem(IDC_STOP_TRANSF)->SetWindowTextW (_T("停止发送"));

    GetDlgItem(IDC_INFOM)->ShowWindow (false);
    GetDlgItem(IDC_TRANSF_TIP)->ShowWindow (true);
    GetDlgItem(IDC_STOP_TRANSF)->ShowWindow (true);
    GetDlgItem(IDC_ALREADY_SR)->ShowWindow (true);


    }
}
```

在该函数中首先对服务端套接字的初始化进行清除，再初始化客户端的套接字，最后选择文件，获取文件名、文件大小、文件路径，并发出文件发送请求，定时器 1 开始定时，超过则请求无效。

接下来对主对话框函数 void ProAccept()进行定义，以及 void ProReceive(CClientSocket* pSocket)进行声明和定义，其代码如下所示：

```
void CCommunicate_ceDlg::ProAccept()
{
    CClientSocket* pSocket = new CClientSocket(this);
    //将请求接收下来，得到一个新的套接字 pSocket(套接字为对方的套接字)
    if(m_pServerSock->Accept(*pSocket))
    {
```

```
            //初始化套接字 pSocket
//    MessageBox(_T("连接成功"));
        pSocket->Init_Serialize();
            MessageBox(_T("接收连接"));
        CMessage* pMsg;
        //如果 m_psockClient 套接字为空，则表示还没有和任何客户端建立连接
    if(m_pClientSock == NULL)
    {
            //向客户端发送一个消息，表示连接被接受
        pMsg = new CMessage(CONNECT_BE_ACCEPT);
            pSocket->Send_Message(pMsg);
            m_pClientSock = pSocket;
    }
    else
    {

            //否则向客户端发一个信息，服务器已经存在连接
        pMsg = new CMessage(CONNECT_BE_REFUSE);
            pSocket->Send_Message(pMsg);
    }
    }
}
//客户端套接字收到信息时的处理函数
void  CCommunicate_ceDlg::ProReceive(CClientSocket* pSocket)
{
        //获取信息 jn
     CMessage* pMsg = new CMessage();
    pSocket->Receive_Message(pMsg);
        //获得消息的类型
     if(pMsg->m_Type == CONNECT_BE_ACCEPT)
     {
            MessageBox(_T("连接发送成功"));
            return ;
     }
     if(pMsg->m_Type == CONNECT_BE_REFUSE)
     {
            MessageBox(_T("服务器已经和另外的客户端建立连接，请等一下再连接。"),_T
                    ("错误"), MB_ICONHAND);

            delete m_pClientSock;
            m_pClientSock = NULL;
            return ;
     }

     if(pMsg->m_Type == REQUEST_SEND)
     {
         m_bIsWait = TRUE;
```

```
//    MessageBox(_T("请求发送成功"));
        SetWindowPos(NULL,0,0,m_rectLarge.Width (),m_rectLarge.Height
            (),SWP_NOMOVE|SWP_NOZORDER);
        GetDlgItem(IDC_STATIC1)->SetWindowTextW (_T("文件传输"));
GetDlgItem(IDC_STOP_TRANSF)->SetWindowTextW (_T("停止接收"));

        GetDlgItem(IDC_INFOM)->ShowWindow (false);
        GetDlgItem(IDC_TRANSF_TIP)->ShowWindow (true);
        GetDlgItem(IDC_STOP_TRANSF)->ShowWindow (true);
        GetDlgItem(IDC_ALREADY_SR)->ShowWindow (true);
        m_FileName =pMsg->m_FileName;

m_dwFileSize = pMsg->m_FileSize;
        CFileDialog filedlg(false,NULL,NULL,OFN_HIDEREADONLY|OFN_
            OVERWRITEPROMPT,_T("txt(.txt)|*.txt|text(.text)|*.text|
            All Files (*.*)|*.*||"),this);//拓展名,说明|拓展名|说明|拓展
                                    名|结尾
        filedlg.m_ofn.lpstrTitle=_T("另存为");
        wcscpy(filedlg.m_ofn.lpstrFile,m_FileName.GetBuffer(m_FileName.
            GetLength()));//获得文件名

        if(IDOK == filedlg.DoModal ())
        {
            if(m_bIsWait == FALSE)
            {
                MessageBox(_T("对方已经取消文件发送"), _T("警告"),
                        MB_ICONEXCLAMATION);
                return ;
            }
            m_bIsClient = FALSE;

            m_Path = filedlg.GetPathName();
            m_FileSize.Format(_T("%ld 字节"), m_dwFileSize);

//          MessageBox(_T("开始启动监听线程"));
            //接收文件线程
            AfxBeginThread(_ListenThread, this);
             return;//自己加的
        }
        //如果没有选择文件保存,表示对方拒绝文件发送请求
        if(m_bIsWait == TRUE)
        {
            //告诉对方文件发送请求被拒绝
            CMessage* pMsg = new CMessage(REFUSE_SEND);
            m_pClientSock->Send_Message(pMsg);
        }
        m_bIsWait = FALSE;
```

```
                    return ;
              //}
          }
       //当对方同意且准备好接收文件时执行该 if 语句里面的内容
       if(pMsg->m_Type == ACCEPT_SEND)
       {
           KillTimer(1);
           m_bIsWait = FALSE;
```

//启动文件发送线程
```
           //pThreadSend =
           AfxBeginThread(_SendThread, this);
           return ;
       }

       //当发送文件请求被拒绝时执行该 if 语句里面的内容
       if(pMsg->m_Type == REFUSE_SEND)
       {
           m_bIsWait = FALSE;

           MessageBox(_T("请求被拒绝"), _T("警告"), MB_ICONEXCLAMATION);
           return ;
       }
       //当对方取消文件传输时执行该 if 语句里面的内容
    if(pMsg->m_Type == CANCEL_SEND)
       {
           m_bIsWait = FALSE;
           return ;
       }
       return;
    }
```

13.2.6　添加线程函数

在源文件的开始声明这两个线程函数，代码如下：

```
UINT _ListenThread( LPVOID lparam );
UINT _SendThread( LPVOID lparam );
```

对发送文件线程和接收文件线程进行定义，代码如下所示：

```
UINT _ListenThread( LPVOID lparam )
{
    AfxSocketInit();
    CCommunicate_ceDlg* pDlg=(CCommunicate_ceDlg*)lparam;
    //创建套接字
    CSocket sockSrvr;
    if(!sockSrvr.Create(pDlg->m_Port +PORT_FILE))
    {
```

```
        ::MessageBox((HWND)lparam,_T("创建服务器接收文件套接字失败") , _T("提示"),
            MB_ICONHAND|MB_OK);
        return -1;
    }

//开始监听
    if(!sockSrvr.Listen())
    {
        ::MessageBox((HWND)lparam,_T("服务器接收文件套接字监听失败") , _T("提示"),
            MB_ICONHAND|MB_OK);
        return -1;
    }
//::MessageBox((HWND)lparam,_T("开始监听成功") , _T("提示"), MB_ICONHAND|
    MB_OK);

    //向主对话框发送一个自定义消息 WM_ACCEPT_TRANSFERS
    //发送一个信息告诉发送方可以开始发送文件
    pDlg->SendMessage(WM_ACCEPT_TRANSF);

    //接受连接
    CSocket recSo;
    if(!sockSrvr.Accept(recSo))
    {
        ::MessageBox((HWND)lparam,_T("客户端器接收文件套接字"接受"失败") , _T("
            提示"), MB_ICONHAND|MB_OK);
        return -1;
    }
    sockSrvr.Close();
    //调用主对话框类中的 ReceiveFile 成员函数进行文件的接受
    pDlg->Receive_File(recSo);
    return 1;
}
//发送文件线程
UINT _SendThread( LPVOID lparam )
{
    AfxSocketInit();
    CCommunicate_ceDlg* pDlg = (CCommunicate_ceDlg*)lparam;

    //创建套接字
    CSocket sockClient;
    if(!sockClient.Create())//套接字创建失败
    {
        ::MessageBox((HWND)lparam,_T(""创建"客户端发送文件套接字失败") , _T("
                提示"), MB_ICONHAND|MB_OK);
        return -1;
    }
    CString strIPAddress;
```

```
UINT nPort;
if(!pDlg->m_pClientSock->GetPeerName(strIPAddress,nPort))//获得对方套接
                                                              字地址
{
    ::MessageBox((HWND)lparam,_T("获得对方套接字地址失败"), _T("提示"),
        MB_ICONHAND|MB_OK);
    return -1;
}
if(!sockClient.Connect(strIPAddress, pDlg->m_Port +PORT_FILE))//连接服
                                                              务器失败
{
    ::MessageBox((HWND)lparam,_T("连接服务器失败"), _T("提示"), MB_
                ICONHAND|MB_OK);
    return -1;
}
//调用主对话框类中的 SendFile 成员函数进行文件的发送
pDlg->Send_File(sockClient);
return 0;
}
```

13.2.7　添加收发文件函数

在主对话框类中添加公有函数 void Send_File(CSocket &senSo)和 void Receive_File(CSocket &recSo)，分别用来发送文件内容和接收文件内容，函数代码如下所示：

```
void CCommunicate_ceDlg:: Send_File(CSocket &senSo)
{
    m_bIsTransmitting = TRUE;
    CFile file;
    //打开文件
    file.Open(m_Path, CFile::modeRead | CFile::typeBinary);
    m_Progress.SetRange32(0, m_dwFileSize);//设置进度条范围

    int nSize = 0, nLen = 0;
    DWORD dwCount = 0;
    char buf[BLOCK_SIZE] = {0};
    file.Seek(0, CFile::begin);
    //开始传送文件
    for(;;)
    {
        //每次读取 BLOCKSIZE 大小的文件内容
        nLen = file.Read(buf, BLOCK_SIZE);
        if(nLen == 0)
            break;

        //发送文件内容
        nSize = senSo.Send(buf, nLen);
        dwCount += nSize;
        m_Progress.SetPos(dwCount);//进度条显示进度
```

```
//显示文件已完成发送字节数和文件大小

CString strTransfersSize;
strTransfersSize.Format(_T("%ld 字节/%ld 字节"),dwCount,m_dwFileSize);
SetDlgItemText(IDC_ALREADY_SR,strTransfersSize);

//用户是否要停止发送
if(m_bIsStop)
{
    m_bIsStop = FALSE;
    break;
}
if(nSize == SOCKET_ERROR)
    break;
}
//关闭文件，关闭套接字
file.Close();
senSo.Close();
m_Progress.SetPos(0);//发送完毕进度条初始化
m_bIsTransmitting = FALSE;

//文件发送完成恢复原来的摸样，小框
SetWindowPos(NULL,0,0,m_rectSmall.Width (),m_rectSmall.Height (),SWP_
            NOMOVE|SWP_NOZORDER);

//文件发送完显示框的更新
CString str;//临时变量，放写入自己发送的内容
CString strTemp;
GetDlgItemText(IDC_RECV,strTemp);

if(m_dwFileSize == dwCount)
    str.Format(_T("发送文件" %s "成功"),m_Path);
else
    str.Format(_T("发送文件" %s "失败"),m_Path);
str+=_T("\r\n");

//将接收结果写入消息记录里
//char* pbuffer=W_To_M(str);//UNICODE 转成 ANSI 写入
Write_to_JL(str);

str+=strTemp;
SetDlgItemText(IDC_RECV,str);

}
void CCommunicate_ceDlg:: Receive_File(CSocket &recSo)
{
    KillTimer(2);
    m_bIsWait = FALSE;
    m_bIsTransmitting = TRUE;
```

```
m_Progress.SetRange32(0, m_dwFileSize);//进度条范围设置
int nSize = 0;
DWORD dwCount = 0;
char buf[BLOCK_SIZE] = {0};
//创建一个文件
CFile file(m_Path, CFile::modeCreate|CFile::modeWrite);
for(;;)
{
    //每次接收 BLOCKSIZE 大小的文件内容
    nSize = recSo.Receive(buf, BLOCK_SIZE);
    if(nSize == 0)
        break;
    //将接收到的文件写到新建的文件中去
    file.Write(buf, nSize);
    dwCount += nSize;
    m_Progress.SetPos(dwCount);//进度条显示进度
    CString strTransfersSize;
    strTransfersSize.Format(_T("%ld 字节/ %ld 字节"), dwCount,m_dwFileSize);
    SetDlgItemText(IDC_ALREADY_SR,strTransfersSize);//显示文件已完成接收
                                                    字节数和文件大小
    //用户是否要停止接收
    if(m_bIsStop)
    {
        m_bIsStop = FALSE;
        break;
    }
}


//关闭文件，关闭套接字
file.Close();
recSo.Close();
m_Progress.SetPos(0);//接收完毕进度条初始化
m_bIsTransmitting = FALSE;

//文件接收完成恢复原来的摸样，小框
SetWindowPos(NULL,0,0,m_rectSmall.Width (),m_rectSmall.Height (),SWP_
            NOMOVE|SWP_NOZORDER);

//文件接收完显示框的更新
CString str;//临时变量，放写入自己发送的内容
CString strTemp;
GetDlgItemText(IDC_RECV,strTemp);

if(m_dwFileSize == dwCount)
    str.Format(_T("接收文件"%s "成功"),m_Path);
else
    str.Format(_T("接收文件"%s "失败"),m_Path);

str+=_T("\r\n");
```

```
//将接收结果写入消息记录里
//char* pbuffer=W_To_M(str);//UNICODE 转成 ANSI 写入
//将接收结果写入消息记录里
Write_to_JL(str);

str+=strTemp;
SetDlgItemText(IDC_RECV,str);
}
```

13.2.8　消息处理

再定义一个消息 WM_ACCEPT_TRANSF。首先在头文件中添加消息声明 #define WM_ACCEPT_
TRANSF WM_USER+102；再在类中添加消息响应函数声明 LRESULT OnAcceptTransf(WPARAM
wParam, LPARAM lParam)；在源文件中将消息响应和消息响应函数联系起来，在 BEGIN_MESSAGE_
MAP()和 END_MESSAGE_MAP()之间添加 ON_MESSAGE(WM_ACCEPT_TRANSF, OnAcceptTransf)，在
源文件中对 OnAcceptTransf(WPARAM wParam,LPARAM lParam)消息响应函数进行定义,代码如下所示:

```
LRESULT CCommunicate_ceDlg::OnAcceptTransf(WPARAM wParam, LPARAM lParam)
{
    //告诉对方文件请求被接受且准备好接收
    CMessage* pMsg = new CMessage(ACCEPT_SEND);
    m_pClientSock->Send_Message(pMsg);
    //设置一个 ID 为的超时几时器
    SetTimer(2, 5000, NULL);
    return 0;
}
```

最后为停止传输按钮添加事件处理程序，具体代码如下所示:

```
void CCommunicate_ceDlg::OnBnClickeStopTransf()
{
    //TODO: 在此添加控件通知处理程序代码
    if(m_bIsWait)//如果正在请求连接的等待中，还未连接
    {
        if(MessageBox(_T("真的要停止等待吗? "), _T("警告"), MB_ICONEXCLAMATION|
                MB_YESNO) == IDYES)
        {
            m_bIsWait = FALSE;
            if(!m_bIsClient)//客户端等待
            {
                //停止 ID 为的计时器
              if(KillTimer(2))
                {
                    //结束监听
                CSocket sockClient;
                    sockClient.Create();
                    sockClient.Connect(_T("127.0.0.1"), m_Port + PORT_FILE);
                    sockClient.Close();
                }
            }
```

```
            else//服务端等待
            {
             //停止 ID 为的计时器
                if(KillTimer(1))
                {
                        //告诉对方发送等待被取消
                 CMessage* pMsg = new CMessage(CANCEL_SEND);
                    m_pClientSock->Send_Message(pMsg);
                }
            }
        //文件停止传输恢复原来的摸样，小框
        SetWindowPos(NULL,0,0,m_rectSmall.Width (),m_rectSmall.Height
            (),SWP_NOMOVE|SWP_NOZORDER);
        //文件停止传输显示框的更新
        CString str;//临时变量，放写入自己发送的内容
        CString strTemp;
        GetDlgItemText(IDC_RECV,strTemp);

        str.Format(_T("停止文件"%s "传输"),m_Path);
        str+=_T("\r\n");
        //将接收结果写入消息记录里

        //char* pbuffer=W_To_M(str);//UNICODE 转成 ANSI 写入
        Write_to_JL(str);

        str+=strTemp;
        SetDlgItemText(IDC_RECV,str);
    }

    return ;
}


if(MessageBox(_T("真的要停止文件传输吗? "),_T("警告"),MB_ICONEXCLAMATION|
    MB_YESNO) == IDYES)
{
    m_bIsStop = TRUE;

    //文件停止传输恢复原来的摸样，小框
    SetWindowPos(NULL,0,0,m_rectSmall.Width (),m_rectSmall.Height (),SWP_
        NOMOVE|SWP_NOZORDER);

    //文件停止传输显示框的更新
    CString str;//临时变量，放写入自己发送的内容
    CString strTemp;
    GetDlgItemText(IDC_RECV,strTemp);

    str.Format(_T("停止文件"%s "传输"),m_Path);
    str+=_T("\r\n");

    //将接收结果写入消息记录里
```

```
                    //char* pbuffer=W_To_M(str);//UNICODE 转成 ANSI 写入
                    Write_to_JL(str);

                    str+=strTemp;
                    SetDlgItemText(IDC_RECV,str);
                    return ;
                }
            }
```

最后添加 WM_TIMER 的消息函数,在类视图中选中主对话框类,右击选择属性,在消息中找到 WM_TIMER,添加 On OnTimer(UINT_PTR nIDEvent)函数,具体代码如下所示:

```
        void CCommunicate_ceDlg::OnTimer(UINT_PTR nIDEvent)
        {
            //TODO:在此添加消息处理程序代码和/或调用默认值

            switch(nIDEvent)
            {
                //ID 为的计时器
            case 1:
                {
                    //结束 ID 为的计时器
                    KillTimer(1);
                    m_bIsWait = FALSE;

                    //告诉对方发送等待被取消
                    CMessage* pMsg = new CMessage(CANCEL_SEND);
                    m_pClientSock->Send_Message(pMsg);

                    MessageBox(_T("等待超时"), _T(" 警告"), MB_ICONEXCLAMATION);
                    break;
                }

                //ID 为的计时器

            case 2:
                {
                    //结束 ID 为的计时器
                    KillTimer(2);

                    //结束监听

                    CSocket sockClient;
                    sockClient.Create();
                    sockClient.Connect(_T("127.0.0.1"), m_Port + PORT_FILE);
                    sockClient.Close();
                    break;
                }
            }
            CDialog::OnTimer(nIDEvent);
        }
```

13.2.9　实验结果

　　编写好代码后，将运行文件分别复制到两台 Windows CE 设备中，连接好网线并设置好两台设备的 IP 地址。然后在两台设备中双击运行程序，在一台设备的对话框的 IP 控件中填写另一台设备的 IP 地址，就可以发送消息。收发信息如图 13.2.2 所示。

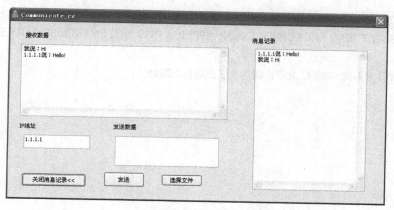

图 13.2.2　收发信息

　　如果要收发文件，那么先在单击对话框中的"选择文件"按键，选择需要发送的文件并单击发送，如图 13.2.3 所示。

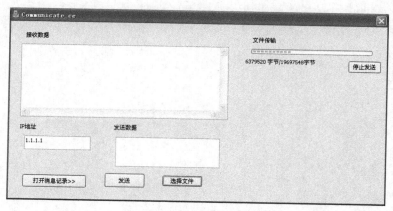

图 13.2.3　收发信息

习　　题

1. 在实验中改用 TCP 协议完成 Windows CE 的聊天程序设计，并与之前的效果进行对比。
2. 在实验中改用 UDP 完成 Windows CE 的文件收发程序设计，并与之前的效果进行对比。
3. 思考为什么聊天程序一般使用 UDP 协议。
4. 简述 TCP 协议与 UDP 协议的特点和使用场合。

参 考 文 献

[1] S3C 2440A 32-BIT RISC MICROPROCESSOR USER'S MANUAL Revision 0.12, 2004.

[2] S3C 2440A 32-BIT RISC MICROPROCESSOR APPLICATION NOTES PRELIMINARY REVISION 0.191 2004.

[3] 杜春雷. ARM 体系结构与编程. 北京：清华大学出版社，2015.